卓越工程师教育培养计划系列教材

获 2016 年中国石油和化学工业优秀出版物奖

化工原理课程设计

第二版

王卫东　　庄志军　主编

化学工业出版社

·北京·

本书从培养学生工程设计基本技能出发，针对高等院校化工原理课程设计的需要编写。

全书包括 8 部分内容，即绪论、化工设计计算基础、化工设计绘图基础、板式精馏塔的设计、填料吸收塔的设计、换热器的设计、干燥器的设计、课程设计说明书撰写。化工设计的一般原则、要求、内容和步骤等，分别融合在各具体的化工单元操作与设备设计或选型过程中。

本书可供高等院校化工类及相关专业作为化工原理课程设计的指导书，也可供从事化学工程及设备设计的工程技术人员参考。

图书在版编目（CIP）数据

化工原理课程设计/王卫东，庄志军主编 . —2 版 .
北京：化学工业出版社，2015.8（2024.7 重印）
卓越工程师教育培养计划系列教材
ISBN 978-7-122-24517-5

Ⅰ.①化…　Ⅱ.①王…②庄…　Ⅲ.①化工原理-课
程设计-高等学校-教材　Ⅳ.①TQ02-41

中国版本图书馆 CIP 数据核字（2015）第 149854 号

责任编辑：徐雅妮　张　亮　　　　　　装帧设计：关　飞
责任校对：王素芹

出版发行：化学工业出版社（北京市东城区青年湖南街 13 号　邮政编码 100011）
印　　装：河北延风印务有限公司
787mm×1092mm　1/16　印张 13¾　字数 341 千字　　2024 年 7 月北京第 2 版第 9 次印刷

购书咨询：010-64518888　　　　　　售后服务：010-64518899
网　　址：http://www.cip.com.cn
凡购买本书，如有缺损质量问题，本社销售中心负责调换。

定　　价：36.00 元

前　言

为了更好地满足工程素质教育的需要，我们对《化工原理课程设计》第一版教材进行了修订。本次修订根据教学实践过程中教师和学生的反馈意见，在保持第一版教材原有风格的基础上，结合实际教学内容，增补了干燥器设计的内容，以期读者了解更多常见单元操作设备的设计方法。

本书包括化工设计计算基础、化工设计绘图基础，化工生产中常用的精馏、吸收、干燥和换热器的工艺设计，以及课程设计说明书撰写的内容。本书注重理论联系实际，以培养学生的工程观点和解决实际问题的能力。本书可作为高等学校化工类专业本科化工原理课程设计教材或参考书，亦可供从事化学工程及设备设计的工程技术人员参考。

本书由吉林化工学院王卫东、庄志军主编，王卫东统稿，戴传波教授审定。具体编写分工为：绪论（王卫东、张振坤编写）；第1章化工设计计算基础（徐洪军、张振坤编写）；第2章化工设计绘图基础（刘放、刘保雷编写）；第3章板式精馏塔的设计（王卫东编写）；第4章填料吸收塔的设计［刘放、孙国富（许昌学院）编写］；第5章换热器的设计［李忠玉、徐松（常州大学）编写］；第6章干燥器的设计（刘放、计海峰编写）；第7章课程设计说明书撰写（庄志军、曾庆荣编写）。

在本书的编写过程中，常州大学 李忠玉教授、徐松副教授，许昌学院孙国富副教授给予了鼓励和支持，在此致以诚挚的感谢。

由于编者水平有限，书中不足之处恳请读者提出宝贵意见，在此深表谢意。

编　者

2015 年 4 月

第一版前言

　　本书从培养学生工程设计基本技能出发，针对高等院校化工原理课程设计的教学实际需要，按照化工原理课程教学体系的基本要求，结合吉林化工学院及兄弟院校多年的教学实践经验和教学改革成果，在参阅了国内外最新的有关化工设计资料的基础上编写而成。

　　本书简明扼要地阐述了课程设计的一般原则、要求、内容和步骤，选择典型的单元操作，主要编写了板式精馏塔设计、填料吸收塔设计及换热器设计的内容，对设计方案的确定，工艺设计的方法及步骤，设备的结构设计和附属设备的选型进行了详细介绍，并附有设计所需的公式、图表、数据以供查用。所介绍的单元操作过程都有示例，并附设计任务书数则，可供不同专业课程设计时选用。此外，为强化学生科技论文的撰写能力，本书还增加了课程设计说明书撰写的内容。

　　本书可供高等院校化工类及相近专业作为化工原理课程设计的指导书，也可供从事化学工程及设备设计的工程技术人员参考。

　　本书各章由王卫东主编，部分章节参编人员如下：绪论张振坤参编；第 1 章张福胜、徐洪军参编；第 2 章张卫华、刘放参编；第 4 章孙国富（许昌学院）参编；第 5 章李忠玉、徐松（常州大学）参编；第 6 章庄志军、曾庆荣参编。全书由王卫东统稿，吉林化工学院张鹏教授审定。

　　在本书的编写过程中，吉林化工学院林琨智教授对书稿提出了许多宝贵意见，常州大学、许昌学院等兄弟院校给予了鼓励和支持，在此致以诚挚的感谢。

　　由于时间仓促和水平有限，书中难免存在缺点和错误，恳请读者批评指正。

编 者
2011 年 5 月

目　录

0

绪　　论

0.1　化工原理课程设计的性质和目的

化工原理课程设计是一门重要的实践课程，是综合运用"化工原理"课程和有关先修课程所学知识，完成以化工单元操作为主的一次设计实践。通过课程设计，对学生进行设计技能的基本训练，培养学生综合运用所学知识解决实际问题的能力，也为毕业设计打下基础。因此，化工原理课程设计重在培养学生的技术经济观、过程优化观、生产实际观、工程全局观，是提高学生实际工作能力的重要教学环节。其基本目的包括：

① 使学生掌握化工设计的基本步骤与方法；

② 结合设计课题，培养学生查阅有关技术资料及物性参数获取信息的能力；

③ 通过查阅技术资料，选用设计计算公式，搜集数据，分析工艺参数与结构尺寸间的相互影响，增强学生分析问题、解决问题的能力；

④ 对学生进行化工工程设计的基本训练，使学生了解一般化工工程设计的基本内容与要求；

⑤ 通过编写设计说明书，提高学生文字表达能力，掌握撰写技术文件的有关要求；

⑥ 了解一般化工制图基本要求，对学生进行绘图基本技能训练。

0.2　化工原理课程设计的基本内容及步骤

0.2.1　化工原理课程设计的基本内容

化工原理课程设计应以化工单元操作的典型设备为对象，课程设计的题目尽量从科研和生产实际中选题。其基本内容包括：

① 设计方案简介，包括对给定或选定的工艺流程、主要设备的型式进行简要的论述；

② 主要设备的工艺设计计算，包括工艺参数的选定、物料衡算、热量衡算、设备的工艺尺寸计算及结构设计、流体力学验算；

③ 典型辅助设备的选型和计算，包括典型辅助设备的主要工艺尺寸计算和设备型号规格的选定；

④ 带控制点的工艺流程图，以单线图的形式绘制，标出主体设备和辅助设备的物料流向、物流量、能流量和主要化工参数测量点；

⑤ 主体设备工艺条件图，图面上应包括设备的主要工艺尺寸、技术特性表和接管表及组成设备的各部件名称等。

0.2.2　化工原理课程设计的基本步骤

（1）课程设计的准备工作

进行课程设计，首先要认真阅读、分析下达的设计任务书，领会要点，明确所要完成的主要任务。为完成该任务应具备哪些条件，开展设计工作的初步设想。然后，进行一些具体准备工作。而准备工作大体分两类：一类是结合任务进行生产实际的调研；另一类是查阅、收集技术资料。在设计中所需的资料一般有以下几种：

① 设备设计的国内外状况及发展趋势，有关新技术及专利状况，所涉及的计算方法等；

② 有关生产过程的资料，如工艺流程、生产操作条件、控制指标和安全规程等；

③ 设计所涉及物料的物性参数；

④ 在设计中所涉及工艺设计计算的数学模型及计算方法；

⑤ 设备设计的规范及实际参考图等。

（2）确定操作条件和流程方案

① 确定设备的操作条件，如温度、压力和物流比等；

② 确定设备结构型式，比较各类设备结构的优缺点，结合本设计的具体情况，选择高效、可靠的设备型式；

③ 热能的综合利用、安全和环保措施等；

④ 确定单元设备的简单工艺流程图。

（3）主体设备的工艺设计计算

选择适宜的数学模型和计算方法，按照任务书规定要求、给定的条件以及现有资料进行工艺设计计算。主要包括：

① 主体设备的物料与热量衡算；

② 设备特征尺寸计算，如精馏、吸收设备的塔径、塔高，换热设备的传热面积等，可根据有关设备的规范和不同结构设备的流体力学、传质、传热动力学计算公式计算；

③ 流体力学验算，如流动阻力与操作范围验算。

（4）结构设计

在设备型式及主要尺寸确定的基础上，根据各种设备常用结构，参考有关资料与规范，详细设计设备各零部件的结构尺寸。如填料塔要求设计液体分布器、再分布器、填料支承、填料压板、各种接口；板式塔要求确定塔板布置、溢流管、各种进出口结构、塔板支承、液体收集箱与侧线出入口、破沫网等。

（5）编写设计说明书

（6）绘制带控制点的工艺流程简图和主体设备工艺条件图

0.3　化工原理课程设计的要求

化工原理课程设计要求每位学生完成设计说明书一份、图纸两张。各部分的具体要求如下。

0.3.1 设计说明书的编排和要求

工艺设计说明书是整个工作的书面总结，也是后续设计工作的主要依据。应采用简练、准确的文字图表，实事求是地介绍设计计算过程和结果，具体内容包括：

① 封面，包括课程设计题目、学生班级及姓名、指导教师、时间；

② 目录（标题及页数）；

③ 设计任务书；

④ 中、外文摘要；

⑤ 概述及设计方案的说明论证（附流程示意图）；

⑥ 设计条件及主要物性参数表；

⑦ 工艺设计计算，包括物料与热量衡算、主要设备尺寸计算；

⑧ 辅助设备的计算及选型，包括机泵规格、换热器型式与换热面积等；

⑨ 设计结果汇总表，主要是两个表，一是系统物料衡算表，二是设备操作条件及结构尺寸一览表；

⑩ 设计评述（结束语），主要介绍设计者对本设计的评价及设计的学习体会；

⑪ 设计参考资料目录（资料的编号、书名、作者、出版单位及时间）；

⑫ 主要符号说明。

说明书必须书写（排版打印）工整、图文清晰。说明书中所有公式必须注明编号，所有符号必须注明意义和单位。

0.3.2 图纸要求

(1) 工艺流程图

本设计要求画"带控制点的工艺流程图"一张。采用 A2（594mm×420mm）或 A3（420mm×293mm）图纸。以单线图的形式绘制，标出主体设备和辅助设备的物料流向、物流量、能流量和主要化工参数测量点。

(2) 主体设备工艺条件图

通常化工工艺设计人员的任务是根据工艺要求通过工艺条件确定设备结构型式、工艺尺寸，然后提出附有工艺条件图的"设备设计条件单"。设备设计人员据此对设备进行机械设计，最后绘制设备装配图。

本设计要求画"主体设备工艺条件图"一张，采用 A2（594mm×420mm）或 A3（420mm×293mm）图纸。一般按 1:100 比例绘制，图面上应包括设备的主要工艺尺寸、技术特性表和接管表。

图纸要求：布局美观，图面整洁，图表清楚，尺寸标识准确，字迹工整，各部分线型粗细符合国家化工制图标准。

本设计从手绘图及计算机绘图两方面锻炼学生的绘图能力，可要求学生对一张图纸进行手绘，另一张采用计算机绘图。

0.3.3 设计的有关说明

① 课程设计不同于解题，设计计算时的依据和答案往往不是唯一的。故在设计过程中选用经验数据时，务必注意从技术上的可行性与经济上的合理性两个方面进行分析比较。一

个合理的设计往往必须进行多方案的比较，必须进行反复多次设计计算方能得到。

② 在设计过程中指导教师原则上不负责审核运算数字的正确性。因此学生从设计一开始就必须以严肃认真的态度对待设计工作，要训练自己独立分析判断结果正确性的能力。

③ 整个设计由论述、计算和绘图三部分组成，所以只有计算，缺少论述或绘图的设计是不允许的。

④ 设计中，每个人在完成规定任务的同时，还可以酌情在某些方面加深、提高。如精馏塔的设计中精馏方案的选定，可多查阅一些参考资料以便充实设计方案的论证材料；对塔板结构的设计计算进行多种方案的选择比较；还可以适当增加辅助设备的设计计算内容，或增加自行编程计算等。

0.3.4　化工原理课程设计中计算机的应用

计算机的使用是提高设计质量的有力保证，尤其是在方案对比、参数选择、优化设计、图形绘制等方面更是如此。在可能的条件下要尽可能多地使用计算机进行计算及绘图。特别是优化设计计算（例如：在精馏设计中，所涉及的理论塔板的计算；泡、露点的计算等），要求学生自编程序，自己上机操作，在说明书中要附上框图、计算机程序及符号说明。

第1章

化工设计计算基础

1.1 物料衡算

物料衡算是化工设计计算中最基本、最重要的内容之一。在决定设计设备尺寸之前要定出所处理的物料量。整个过程或其某一步骤中原料、产物、副产物之间的关系可通过物料衡算确定。

1.1.1 物料衡算式

根据质量守恒定律可得进入任何过程的物料质量应等于从该过程离开的物料质量与积存于该过程中的物料质量之和，即

$$输入物料量＝输出物料量＋累积物料量$$

若此过程为稳态过程，则上式可简化为

$$输入物料量＝输出物料量$$

上述关系可在整个过程的范围内使用，亦可在一个或几个设备的范围内使用。它即可针对全部物料运用，在没有化学反应发生时还可针对化合物的任一组分来运用。

1.1.2 衡算步骤

① 画出简单过程流程图，并用箭头指明进、出物流，把有关的已知量、未知量标在图上；

② 写出化学方程式（如果有的话）；

③ 用虚线框标明物料衡算范围；

④ 确定衡算对象并选择计算基准；

⑤ 建立方程式求解。

1.2 热量衡算

化工生产中所需的能量以热能为主，用于改变物料的温度与聚集状态以及提供反应所需的热量等。若操作中有几种能量相互转化，则其间的关系可通过能量衡算确定；若只涉及热能，能量衡算便简化为热量衡算。

1.2.1 热量衡算式

根据能量守恒定律对热量衡算可写成：

$$\Sigma Q_{I} = \Sigma Q_{O} + \Sigma Q_{L} \tag{1-1}$$

式中　ΣQ_{I}——随物料进入系统的总热量；

　　　ΣQ_{O}——随物料离开系统的总热量；

　　　ΣQ_{L}——向系统周围散失的热量。

热量衡算中需要考虑的项目是进、出设备的物料本身的焓与外界输入或向外界输出的热量，有化学反应时则还包括反应所吸收或放出的热（反应热）。

1.2.2 衡算基本方法及步骤

热量衡算有两种情况：一种是在设计时根据给定的进、出物料量及已知温度求另一股物料的未知物料量或温度。常用于计算换热设备的蒸汽量或冷却水用量。另一种是在原有装置上对某个设备利用实际测定（有时也要作一些相应的计算）的数据计算出另一些不能或很难直接测定的热量或能量，由此对设备作出能量上的分析。如根据各股物料进、出口量及温度找出该设备的热利用和热损失情况。

热量衡算也需要确定基准，画出流程图，列出热量衡算表等。此外由于焓值的大小与温度有关，因而热量衡算还要指明基准温度。物料的焓值常从 0℃算起，若以 0℃为基准亦可不必再指明。有时为方便计算以进料温度或环境温度为基准，有时温度或采用数据资料的基温（例如反应热的基温是 25℃），此时一定要指明。

1.3 物性数据的查取和估算

设计计算中的物性数据应尽可能使用实验测定值或从有关手册和文献中查取。有时手册上也以图表的形式提供某些物性的推算结果。常用的物性数据可由《化工原理》或《物理化学》附录、《化学工程手册》、《石油化工手册》、《化工工艺手册》、《化工工艺算图》等工具书查取。从物性手册中收集到的物性数据，常常是纯组分的物性，而设计所遇到物系一般为混合物。通常采用一些经验混合规则作近似处理，从而获取混合物的物性参数。下面仅就部分常规物系经验混合规则介绍如下。

1.3.1 密度

(1) 混合气体密度 ρ_{gm}

对压力不太高的气体混合物的密度可由下式求得：

$$\rho_{gm} = \sum_{i=1}^{n} \rho_{gi} y_{i} \quad 或 \quad \rho_{gm} = \frac{p M_{m}}{RT} \tag{1-2}$$

式中　ρ_{gi}, y_i——混合气中 i 组分的密度和摩尔分数；

　　　M_m——混合气平均分子量，对压力较高的混合气应引入压缩因子 Z_i 给予校正；

　　　p——计算混合气体密度所取的压力，Pa；

　　　T——计算混合气体密度所取的温度，K。

(2) 混合液体的密度 ρ_{Lm}

$$1/\rho_{Lm} = \sum_{i=1}^{n}(\omega_i/\rho_{Li}) \tag{1-3}$$

式中 ω_i，ρ_{Li}——液体混合物中 i 组分的质量分数及密度。

1.3.2 黏度

(1) 纯液体黏度的计算

$$\lg\mu_L = \frac{A}{T} - \frac{A}{B} \tag{1-4}$$

式中 μ_L——液体温度为 T 时的黏度，mPa·s；

T——温度，K；

A、B——液体黏度常数，见表1-1。

表 1-1　液体的黏度常数

名称	黏度常数		名称	黏度常数	
	A	B		A	B
甲醇	555.30	260.64	1,2-二氯乙烷	473.93	277.98
乙醇	686.64	300.88	3-氯丙烯	368.27	210.61
苯	545.64	265.34	1,2-二氯丙烷	514.36	261.03
甲苯	467.33	255.24	二硫化碳	274.08	200.22
氯苯	477.76	276.22	四氯化碳	540.15	290.84
氯乙烯	276.90	167.04	丙酮	367.25	209.68
1,1-二氯乙烷	412.27	239.10			

(2) 互溶液体的混合物黏度 μ_{Lm}

由 Kendall-Mouroe 混合规则得：

$$\mu_{Lm}^{1/3} = \sum_{i=1}^{n}(x_i\mu_{Li}^{1/3}) \tag{1-5}$$

式中 μ_{Li}——与混合液同温度下 i 组分的黏度，mPa·s；

x_i——i 组分的摩尔分数。

此式适用于非电解质、非缔合性液体两组分的分子量差及黏度差（$\Delta\mu_i > 15\text{mPa·s}$）不大的液体。对油类计算误差为 2%～3%。

对于互溶非缔合性混合液体亦可用下列公式：

$$\mu_{Lm} = \sum_{i=1}^{n}x_i\lg\mu_{Li} \tag{1-6}$$

简单估算时可用下式：

$$\mu_{Lm} = \sum_{i=1}^{n}x_i\mu_{Li} \tag{1-7}$$

(3) 混合气体黏度 μ_{gm}

① 常压下纯气体黏度 μ_{gi} 计算

$$\mu_{gi} = \mu_{ogi}\left(\frac{T}{273.15}\right)^m \tag{1-8}$$

式中 μ_{ogi}——气体在 0℃、常压下的黏度，mPa·s；

m——关联指数。

某些常用气体的 μ_{ogi}、m 值分别由表1-2、表1-3可以查得。

表 1-2　0℃时常压气体的黏度（μ_{ogi} 值）

气体	$\mu_{ogi}/\text{mPa}\cdot\text{s}$	气体	$\mu_{ogi}/\text{mPa}\cdot\text{s}$
CO_2	1.34×10^2	CS_2	0.89×10^2
H_2	0.84×10^2	SO_2	1.22×10^2
N_2	1.66×10^2	NO_2	1.79×10^2
CO	1.66×10^2	NO	1.35×10^2
CH_4	1.20×10^2	HCN	0.98×10^2
O_2	1.87×10^2	NH_3	0.96×10^2
H_2S	1.10×10^2	空气	1.71×10^2

表 1-3　μ_{ogi} 计算式的 m 值

气体	m 值	气体	m 值
CH_4	0.80	CO	0.758
CO_2	0.935	NO_2	0.89
H_2	0.771	NH_3	0.981
N_2	0.756	空气	0.768

② 压力对气体黏度的影响　不同压力下的气体黏度 μ_p 可由对比态原理从压力对气体黏度的影响图中查出。

③ 气体混合物黏度 μ_{gm}　在低压下混合气黏度由下式求得：

$$\mu_{gm}=\frac{\sum y_i\mu_{gi}\ (M_i)^{1/2}}{\sum y_i\ (M_i)^{1/2}} \tag{1-9}$$

式中　μ_{gi}——i 组分的黏度；

M_i——i 组分的相对分子质量。

上式对含 H_2 较高的混合气不适用，误差高达 10%。式中各组分的黏度 μ_{gi} 可由式（1-8）估算获得或查物性手册获得。

1.3.3　热导率

(1) 液体混合物热导率 λ_{Lm}

① 有机混合物热导率

$$\lambda_{Lm}=\sum_{i=1}^{n}\omega_i\lambda_{Li} \tag{1-10}$$

式中　ω_i——液体混合物中 i 组分的质量分数；

λ_{Li}——液体混合物中 i 组分的热导率。

② 有机液体水溶液混合物热导率

$$\lambda_{Lm}=0.9\sum_{i=1}^{n}\omega_i\lambda_{Li} \tag{1-11}$$

③ 胶体分散液及乳液

$$\lambda_{Lm}=0.9\lambda_C \tag{1-12}$$

式中　λ_C——连续相组分的热导率。

(2) 气体混合物的热导率 λ_{gm}

① 非极性气体混合物　由 Broraw 法则估算：

$$\lambda_{gm}=0.5\ (\lambda_{sm}+\lambda_{rm}) \tag{1-13}$$

式中
$$\lambda_{sm} = \sum_{i=1}^{n} \lambda_{gi} y_i \qquad (1-14)$$

$$\lambda_{rm} = 1 / \sum_{i=1}^{n} (y_i / \lambda_{gi}) \qquad (1-15)$$

② 一般气体混合物

$$\lambda_{gm} = \frac{\sum\limits_{i=1}^{n} \lambda_{gi} y_i (M_i)^{\frac{1}{3}}}{\sum\limits_{i=1}^{n} y_i (M_i)^{\frac{1}{3}}} \qquad (1-16)$$

式中　λ_{gi}——系统总压及温度下 i 组分的热导率,其他符号同前。

1.3.4　比热容

(1) 理想气体定压比热容

$$C_p^0 = A + BT + CT^2 + DT^3 \qquad (1-17)$$

式中　C_p^0——理想气体定压比热容,J/(mol·K);

　　　T——计算比热容所取的温度,K;

A,B,C,D——理想气体比热容方程系数,见表1-4。

表 1-4　理想气体比热容方程系数

名　称	A	B	C	D
甲醇	5.052	1.694×10^{-2}	6.179×10^{-6}	-6.811×10^{-9}
乙醇	2.153	5.113×10^{-2}	-2.004×10^{-5}	0.328×10^{-9}
苯	-8.101	1.133×10^{-1}	-7.206×10^{-5}	1.703×10^{-8}
甲苯	-5.817	1.224×10^{-1}	-6.605×10^{-5}	1.173×10^{-8}
氯苯	-8.094	1.343×10^{-1}	-1.080×10^{-4}	3.407×10^{-8}
氯乙烯	1.421	4.823×10^{-2}	-3.669×10^{-5}	1.140×10^{-8}
1,1-二氯乙烷	2.979	6.439×10^{-2}	-4.896×10^{-5}	1.505×10^{-8}
1,2-二氯乙烷	4.893	5.518×10^{-2}	-3.435×10^{-5}	8.094×10^{-9}
3-氯丙烯	0.604	7.277×10^{-2}	5.442×10^{-5}	1.742×10^{-8}
1,2-二氯丙烷	2.496	8.729×10^{-2}	-6.219×10^{-5}	1.849×10^{-8}
二硫化碳	6.555	1.941×10^{-2}	-1.831×10^{-5}	6.384×10^{-8}
四氯化碳	9.725	4.893×10^{-2}	-5.421×10^{-5}	2.112×10^{-8}
丙酮	1.505	6.224×10^{-2}	-2.992×10^{-5}	4.867×10^{-9}

(2) 气体或液体混合物的比热容

气体或液体混合物的比热容由下式估算:

$$C_{pm} = \sum_{i=1}^{n} x_i C_{pi} \quad \text{或} \quad C'_{pm} = \sum_{i=1}^{n} \omega_i C'_{pi} \qquad (1-18)$$

式中　C_{pm}, C_{pi}——每千摩尔混合物及 i 组分的比热容;

　　　C'_{pm}, C'_{pi}——每千克混合物及 i 组分的比热容。

使用条件:①各组分不互溶;②低压气体混合物;③相似的非极性液体混合物(如碳氢化合物、液体金属);④非电解质水溶液(如有机物水溶液);⑤有机溶液;⑥不适用于混合热较大的互溶混合液。

1.3.5　汽化潜热

化合物汽化潜热 γ_m 既可由质量加权平均,也可按摩尔分数加权平均计算:

$$\gamma_{m} = \sum_{i=1}^{n} x_i \gamma_i \quad \text{或} \quad \gamma'_{m} = \sum_{i=1}^{n} \omega_i \gamma'_i \tag{1-19}$$

式中　γ_i——i 组分分子汽化潜热，kJ/kmol；

　　　γ'_i——i 组分汽化潜热，kJ/kg。

1.3.6 表面张力

(1) 非水溶液混合物

混合物表面张力 σ_m 由下式求得：

$$\sigma_{m} = \sum_{i=1}^{n} x_i \sigma_i \tag{1-20}$$

式中　x_i——液相 i 组分摩尔分数；

　　　σ_i——i 组分表面张力。

本式仅适用于系统小于或等于大气压的条件，大于大气压条件时则参考有关数值手册。

(2) 含水溶液的表面张力

有机分子中烃基是疏水性的有机物，在表面的浓度小于主体部分的浓度，因而当少量的有机物溶于水时，足以影响水的表面张力，如有机溶质含量不超过 1% 时，可应用下式求取溶液的表面张力 σ：

$$\sigma/\sigma_{w} = 1 - 0.411\lg\left(1 + \frac{x}{\alpha}\right) \tag{1-21}$$

式中　σ_w——纯水的表面张力，$10^{-3}\,\text{N/m}$；

　　　x——有机溶质的摩尔分数；

　　　α——物性常数，见表 1-5。

表 1-5　式 (1-21) 中的物性常数 α 值

化合物	$\alpha \times 10^4$	化合物	$\alpha \times 10^4$	化合物	$\alpha \times 10^4$
丙酸	26	异丁醇	7	乙戊酸	1.7
正丙醇	26	甲醇丙酯	8.5	正戊醇	1.7
异丙醇	26	乙酸乙酯	8.5	异戊酸	1.7
乙酸甲酯	26	丙酸甲酯	8.5	丙酸丙酯	1.0
正丙胺	19	二乙酮	8.5	正己酸	0.75
甲乙酮	19	丙酸乙酯	3.1	正庚酸	0.17
正丁酸	7	乙酸丙酯	3.1	正辛酸	0.034
异丁酸	7	正戊酸	1.7	正癸酸	0.0025
正丁醇	7				

二元有机物-水溶液的表面张力在宽浓度范围内可用下式求取：

$$\sigma_{m}^{1/4} = \varphi_{sw}\sigma_{w}^{1/4} + \varphi_{so}\sigma_{o}^{1/4} \tag{1-22}$$

式中

$$\varphi_{sw} = x_{sw}V_{w}/V_{s} \tag{1-23}$$

$$\varphi_{so} = x_{so}V_{o}/V_{s} \tag{1-24}$$

可以用下列关联式求出 φ_{sw}、φ_{so}：

$$\varphi_{sw} + \varphi_{so} = 1 \tag{1-25}$$

$$A = B + Q \tag{1-26}$$

$$A = \lg(\varphi_{sw}^{q}/\varphi_{so}) \tag{1-27}$$

$$B = \lg(\varphi_{w}^{q}/\varphi_{o}) \tag{1-28}$$

$$Q = 0.441(q/T)\left(\frac{\rho_o V_o^{2/3}}{q} - \rho_w V_w^{2/3}\right) \tag{1-29}$$

$$\sigma_w = x_w V_w/(x_w V_w + x_o V_o) \tag{1-30}$$

$$\sigma_o = x_o V_o/(x_w V_w + x_o V_o) \tag{1-31}$$

上述关联式中 w、o、s 分别为水、有机物及表面部分；x_w、x_o 为主体部分的摩尔分数；V_w、V_s 为主体部分的摩尔体积；σ_w、σ_o 为纯水及有机物的表面张力；q 值决定于有机物类型与分子的大小，见表 1-6。

表 1-6　某些有机物的 q 值

物　　质	q 值	举　　例
脂肪酸、醇类	碳原子数	乙酸 $q=2$
酮类	碳原子数－1	丙酮 $q=2$
脂肪酸的卤代衍生物	碳原子数乘以卤代衍生物与原脂肪酸摩尔体积之比	氯代乙醇 $q=2\dfrac{V_s(氯代乙酸)}{V_s(乙酸)}$

若用于非水溶液 $q=$ 溶质摩尔体积/溶剂摩尔体积。本法对 14 个水系统、2 个醇-醇系统，当 q 值小于 5 时，误差小于 10%；当 q 值大于 5 时，误差小于 20%。

1.3.7　液体的饱和蒸气压

液体的饱和蒸气压可由 Antoine 方程计算：

$$\lg p^0 = A - \frac{B}{T+C} \tag{1-32}$$

式中　p^0——温度 T 时的饱和蒸气压，kPa；

T——温度，K；

A、B、C——Antoine 常数，常见物质的 Antoine 常数见表 1-7。

表 1-7　常见物质的 Antoine 常数

名　　称	A	B	C	名　　称	A	B	C
甲醇	16.5675	3626.55	－34.29	1,2-二氯乙烷	16.1764	2927.17	－50.22
乙醇	18.9119	3803.98	－41.68	3-氯丙烯	15.9772	2531.92	－47.15
苯	15.9008	2788.51	－52.36	1,2-二氯丙烷	16.0385	2985.07	－52.16
甲苯	16.0137	3096.52	－53.67	二硫化碳	15.9844	2690.85	－31.62
氯苯	16.0676	3295.12	－55.60	四氯化碳	15.8742	2808.19	－45.99
氯乙烯	14.9601	1803.84	－43.15	丙酮	16.0313	240.46	－35.93
1,1-二氯乙烷	16.0842	2697.29	－45.03				

1.3.8　二组分汽液平衡组成与温度（或压力）的关系

(1) 乙醇-水（101.3kPa，见表 1-8）

表 1-8　乙醇-水汽液平衡组成与温度的关系

乙醇（摩尔分数）/%		温度/℃	乙醇（摩尔分数）/%		温度/℃	乙醇（摩尔分数）/%		温度/℃
液相	汽相		液相	汽相		液相	汽相	
0	0	100	23.37	54.45	82.7	57.32	68.41	79.3
1.90	17.00	95.5	26.08	55.80	82.3	67.63	73.85	78.74
7.21	38.91	89.0	32.73	58.26	81.5	74.72	78.15	78.41
9.66	43.75	86.7	39.65	61.22	80.7	89.43	89.43	78.15
12.38	47.04	85.3	50.79	65.64	79.8			
16.61	50.89	84.1	51.98	65.99	79.7			

(2) 苯-甲苯 （101.3kPa，见表1-9）

表1-9　苯-甲苯汽液平衡组成与温度的关系

苯(摩尔分数)/%		温度/℃	苯(摩尔分数)/%		温度/℃	苯(摩尔分数)/%		温度/℃
液相	汽相		液相	汽相		液相	汽相	
0	0	110.6	39.7	61.8	95.2	80.3	91.4	84.4
8.8	21.2	106.1	48.9	71.0	92.1	90.3	95.7	82.3
20.0	37.0	102.2	59.2	78.9	89.4	95.0	97.9	81.2
30.0	50.0	98.6	70.0	85.3	86.8	100.0	100.0	80.2

(3) 二硫化碳 （CS₂）-四氯化碳 （CCl₄）（101.3kPa，见表1-10）

表1-10　二硫化碳-四氯化碳汽液平衡组成与温度的关系

CS₂(摩尔分数)/%		温度/℃	CS₂(摩尔分数)/%		温度/℃	CS₂(摩尔分数)/%		温度/℃
液相	汽相		液相	汽相		液相	汽相	
0	0	76.7	14.35	33.25	68.6	66.30	82.90	52.3
2.96	8.23	74.9	25.85	49.50	63.8	75.74	87.80	51.4
6.15	15.55	73.1	39.08	63.40	59.3	86.04	93.20	48.5
11.06	26.60	70.3	53.18	74.70	55.3	100.0	100.0	46.3

(4) 丙酮-水 （101.3kPa，见表-11）

表1-11　丙酮-水汽液平衡组成与温度的关系

丙酮(摩尔分数)/%		温度/℃	丙酮(摩尔分数)/%		温度/℃	丙酮(摩尔分数)/%		温度/℃
液相	汽相		液相	汽相		液相	汽相	
0	0	100.0	20	81.5	62.1	80	89.8	58.2
1	25.3	92.7	30	83.0	61.0	90	93.5	57.5
2	42.5	86.5	40	83.9	60.4	95	96.3	57.0
5	62.4	75.8	50	84.9	60.0	100.0	100.0	56.13
10	75.5	66.5	60	85.9	59.7			
15	79.8	63.4	70	87.4	59.0			

(5) 甲醇-水 （见表1-12）

表1-12　甲醇-水汽液平衡组成与温度、压力的关系

甲醇(摩尔分数)/%		温度/℃	压力/kPa	甲醇(摩尔分数)/%		温度/℃	压力/kPa	甲醇(摩尔分数)/%		温度/℃	压力/kPa
液相	汽相			液相	汽相			液相	汽相		
15.23	61.64		13.79	5.31	28.34	92.9	101.3	70.83	90.07		43.21
18.09	64.86		14.64	7.67	40.01	90.3	101.3	80.37	94.06		46.45
20.32	67.34		15.79	9.26	43.53	88.9	101.3	90.07	96.27		49.80
25.57	72.63		17.60	13.15	54.55	85.0	101.3	33.33	69.18	76.7	101.3
28.66	73.83		18.43	20.83	62.73	81.6	101.3	46.20	77.56	73.8	101.3
37.16	80.53		20.70	28.18	67.75	78.0	101.3	52.92	79.71	72.7	101.3
43.62	82.38		22.32	12.18	47.41		20.93	59.37	81.83	71.3	101.3
50.33	84.57		23.38	14.78	52.20		22.62	68.49	84.92	70.0	101.3
59.33	86.19		25.09	21.31	61.94		26.13	85.62	89.62	68.0	101.3
67.13	88.35		27.00	26.93	71.06		29.02	87.41	91.94	66.9	101.3
80.02	95.36		29.74	32.52	78.80		31.54				
94.61	97.36		52.14	51.43	82.03		37.73				
100.0	100.0		53.94	62.79	86.54		40.85				

第2章

化工设计绘图基础

化工工艺图和化工设备图是化工行业中常用的工程图样。

化工工艺图是以化工工艺人员为主导,根据所生产的化工产品及其有关技术数据和资料,设计并绘制的反映工艺流程的图样。化工工艺图的设计绘制是化工工艺人员进行工艺设计的主要内容,也是进行工艺安装和指导生产的重要技术文件。化工工艺人员以此为依据,向化工设备、土建采暖通风、给排水、电气、自动控制及仪表等专业人员提出要求,以达到协调一致,密切配合,共同完成化工厂设计。化工工艺图主要包括工艺流程图、设备布置图和管道布置图。

化工设备图是表达化工设备的结构、形状、大小、性能和制造、安装等技术要求的工程图样。为了能完整正确清晰地表达化工设备,常用的图样有化工设备总图、装配图、部件图、零件图、管口方位图、表格图及预焊接件图,作为施工设计文件的还有工程图、通用图和标准图等。

在化工原理课程设计中主要绘制工艺流程图和设备工艺条件图。

2.1 工艺流程图的分类

工艺流程图用于表示出由原料到成品的整个生产过程中物料被加工的顺序以及各股物料的流向,同时表示出生产中所采用的化学反应、化工单元操作及设备之间的联系,据此可进一步制定化工管道流程和计量—控制流程,它是化工过程技术经济评价的依据。

按设计阶段不同,先后有工艺流程草(简)图(simplified flowsheet)、工艺物料流程图(process flowsheet)、带控制点的工艺流程图(process and control flowsheet)等种类。

工艺流程草(简)图是在路线选定后定性地表达物料由原料到成品或半成品的工艺流程,以及所采用的各种化工过程及设备的一种流程图。它是一个半图解式的工艺流程图,只带有示意的性质,供化工计算时使用,不列入设计文件。

工艺物料流程图是在工艺流程草(简)图的基础上,用图形与表格相结合的形式,反映设计中工艺流程草(简)图物料衡算和热量衡算结果的图样。物料流程图为审查提供资料,又是进一步设计的依据,同时它还可以为实际生产操作提供参考。工艺物料流程图列入初步设计阶段的设计文件中。

带控制点的工艺流程图是一种示意性的图样,它以形象的工艺流程草(简)图形、符号、代号表示出化工设备、管路、附件和仪表自控等,借以表达出一个生产中物料及能量的变化始末。它是在物料流程图的基础上绘制出来的，可作为设计的正式成果列入初步设计阶段的设计文件中。

2. 2 带控制点的工艺流程图的绘制

2.2.1 图样内容

图样内容包括：

① 图形 将各设备的简单形式按工艺流程次序展示在同一平面上，再配以连接的主辅管线及管件、阀门、仪表控制点符号等；

② 标注 注写设备位号及名称、管道标号、控制点代号、必要的尺寸和数据等；

③ 图例 代号、符号及其他标注的说明，有时还有设备位号的索引等；

④ 标题栏 注写图名、图号、设计阶段等。

2.2.2 图的绘制范围

工艺流程图必须反映全部工艺物料和产品所经过的设备。

① 应全部反映出主要物料管路，并表达出进、出装置界区的流向；

② 冷却水、冷冻盐水、工艺用的压缩空气、蒸汽（不包括副产品蒸汽）及蒸汽冷凝系统等的整套设备和管线不在图内表示，仅示意工艺设备使用点的进、出位置；

③ 标注有助于用户确认及上级或有关领导审批用的一些工艺数据（例如温度、压力、物流的质量流量或体积流量、密度、换热量等）；

④ 图上必要的说明和标注，并按图签规定签署；

⑤ 必须标注工艺设备、工艺物流线上的主要控制点及调节阀等，这里指的控制点包括被测变量的仪表功能（如调节、记录、指示、积算、连锁、报警、分析、检测等）。

2.2.3 比例与图幅、图框

(1) 比例

绘制流程图不按比例绘制，一般设备（机器）图例只取相对比例。允许实际尺寸过大的设备（机器）比例适当缩小，实际尺寸过小的设备（机器）比例可以适当放大。因此，在标题栏中的"比例"一栏，不予注明。流程图中可以相对示意出各设备位置的高低。整个图面要协调、美观。

(2) 图幅大小与格式

图纸幅面尺寸根据 GB/T 14689—1993 的规定，绘制技术图样时优先采用表 2-1 所规定的基本幅面（如图 2-1 所示），必要时也允许选用符合规定的加长幅面。

表 2-1 图纸基本幅面及图框尺寸

幅面代号	A0	A1	A2	A3	A4
$B \times L$	841×1189	594×841	420×594	297×420	210×297
a			25		
c		10			5
e		20		10	

(3) 图框格式及标题栏位置

图框采用粗实线绘制，给整个图（包括文字说明和标题栏在内）以框界。图框格式分为留有装订边和不留装订边两种，同一产品只能采用一种格式。留有装订边的图框格式如图 2-2 所示，不留装订边的图框格式如图 2-3 所示。

两种图框格式尺寸按表 2-1 的规定。

标题栏位于图纸的右下角，看图的方向与标题栏的方向一致。

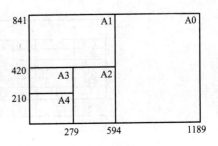

图 2-1　图纸基本幅面

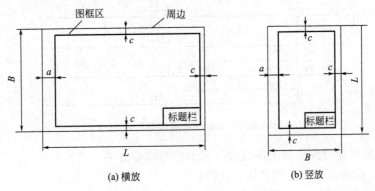

(a) 横放　　　　　　　　　　(b) 竖放

图 2-2　留有装订边的图框格式

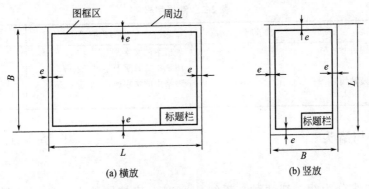

(a) 横放　　　　　　　　　　(b) 竖放

图 2-3　不留装订边的图框格式

(4) 标题栏

国家标准 GB/T 14689—1993 规定了标题栏的组成、尺寸及格式等内容。

标题栏一般由更改区、签字区、其他区、名称及代号区组成。标题栏的作用是表明图名、设计单位、设计人、制图人、审核人等的姓名（签名），绘图比例和图号等，如图 2-4 所示。标题栏也可按实际需要增加或减少。学习阶段做练习可采用如图 2-5 所示标题栏的简化格式。

2.2.4　字体

① 对于手画图，图纸和表格中文字（包括数字）的书写必须字体端正、笔画清楚、排列整齐、间距均匀、粗细均匀；

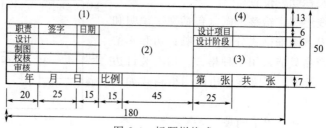

图 2-4　标题栏格式

（1）填写设计单位；（2）填写图样名称；（3）填写图样编号；（4）填写工程名称（一般不写）

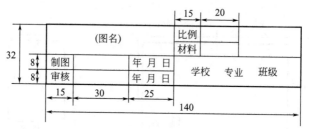

图 2-5　标题栏的简化格式

② 汉字要尽可能写成长仿宋体或者（至少）写成正楷字（除签名外），并要以国家正式公布的简化字为标准，不准任意简化、杜撰；

③ 字号（即字体高度）参照表 2-2 选用；

④ 外文字母的大小同表 2-2，外文字母必须全部大写，不得书写草体。

表 2-2　常用字号

书写内容	推荐字号/mm	书写内容	推荐字号/mm
图标中的图名及视图符号	7	表格中的文字	5
工程名称	5	图纸中的数字及字母	3，3.5
图纸中的文字说明及轴线号	5	表格中的文字（格子小于 6mm）	3.5
图名	7		

2.2.5　图线与箭头

（1）图线

按宽度，图线分为粗、细两种。粗线的宽度 b 应按图的大小和复杂程度，在 $0.9\sim1.2mm$ 之间选择，细线的宽度约为 $b/3$。按线条型式，图线有多种，如表 2-3 所示。

表 2-3　图线的名称、型式、代号和宽度

图线名称	图线型式及代号	图线宽度	图线名称	图线型式及代号	图线宽度
粗实线	▬▬▬▬	b	虚线	- - - - - - -	约 $b/3$
细实线	────	约 $b/3$	细点划线	─ · ─ · ─	约 $b/3$
波浪线	〜〜〜	约 $b/3$	粗点划线	▬ · ▬ · ▬	b
双折线	─╲╱─	约 $b/3$	双点划线	══ · ══ · ══	约 $b/3$

（2）箭头

箭头的型式如图 2-6 所示，适用于各类的图样。

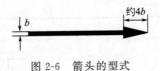

图 2-6 箭头的型式

2.2.6 设备的表示方法

(1) 设备的画法

① 图形 用细实线（0.3mm）画出设备简单外形，设备一般按 1∶100 或 1∶50 的比例绘制，如果某种设备过高（如精馏塔）、过大或过小，则可适当缩小或放大。常用设备外形可参考表 2-4。

对无示例的设备可绘出其象征性的简单外形，表明设备的特征即可。有时也可画出具有工艺特征的内部结构示意图，如板式塔的塔板、填料塔的填料、反应搅拌釜的搅拌器、加热管、夹套、冷却管、插入管等，这些内部结构可以用细虚线绘制，也可以将设备画成剖视图形式表示。设备上的管口一般不用画出，若需画出时可采用单线表示法兰，设备上的转动装置应简单示意画出。

表 2-4 工艺流程图中装置、设备图例（HG 20519.32—1992）（摘录）

类型	代号	图 例		
塔	T	板式塔	填料塔	喷淋塔
反应器	R	固定床反应器	列管式反应器	流化床反应器
换热器	E	换热器(简图) 浮头列管式换热器	固定管板式列管换热器 套管式换热器	U形管式换热器 釜式换热器

类型	代号	图 例
工业炉	F	圆筒炉　　　　　圆筒炉　　　　　箱式炉
容器	V	球罐　　锥顶罐　　圆顶锥底容器　　卧式容器 丝网除沫分离器　旋风分离器　干式气柜　湿式气柜
泵	P	离心泵　　旋转泵、齿轮泵　　水环真空泵　　旋涡泵 往复泵　　螺杆泵　　隔膜泵　　喷射泵
压缩机	C	鼓风机　　卧式　立式　　往复式压缩机 旋转式压缩机 离心式鼓风机　二段往复式压缩机(L型)　四段往复式压缩机
其他机械	M	压滤机　　转鼓式过滤机　　无孔　　有孔 有孔壳体离心机

② 相对位置　设备间和楼面间的相对位置，一般也按比例绘制。低于地面的需要在地平线以下尽可能地符合实际安装情况。对于有位差要求的设备，还要注明其限定尺寸。设备间的横向距离，则视管线绘制及图面清晰的要求而定，应避免管线过长或设备图形过于密集而导致标注不便，图面不清晰。设备的横向顺序应与主物料线一致，勿使管线形成过多的往返。除有位差要求者外，设备可不按高低相对位置绘制。

③ 相同系统（或设备）的处理　两个或两个以上的系统（或设备），一般应全部画出，但有时也可只画出其中一套。当只画出一套时，被省略的系统（或设备）需用细双点划线绘出矩形框表示。框内注明设备的位号、名称，并绘制引至该系统（或设备）的一段支管。

(2) 设备的标注

① 标注的内容　设备在图上应标注位号和名称，设备位号在整个系统内不得重复，且在所有工艺图上设备位号需一致。

② 标注的方式　设备位号应在两个地方进行标注：一是在图的上方或下方，标注的位号排列要整齐，尽可能地排在相应设备的正上方或正下方，并在设备位号线下方标注设备的名称；二是在设备内或其近旁，此处仅注位号，不注名称。但对于流程简单、设备较少的流程，也可直接从设备上用细实线引出，标注设备位号。

③ 位号的组成　每台设备只编一个位号，由四个单元组成，如图 2-7 所示。

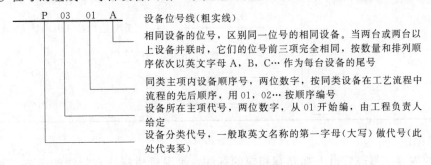

图 2-7　设备位号标注

④ 设备分类代号　设备分类代号见表 2-5。

表 2-5　常用设备分类代号

设备类别	代号	设备类别	代号
塔	T	火炬、烟囱	S
泵	P	容器(槽、罐)	V
压缩机、风机	C	起重运输设备	L
换热器	E	计量设备	W
反应器	R	其他机械	M
工业炉	F	其他设备	X

2.2.7　管道表示方法

流程图中一般应画出所有工艺物料管道和辅助管道（如蒸汽、冷却水、冷冻盐水等）及仪表控制线。当辅助管道系统比较简单时，可将其总管道绘制在流程图的上方或下方，其支管道则下引至有关设备。物料流向一般在管道上画出箭头表示。对各流程间的衔接的管道，应在始（末）端注明连续图的图号（写在 30mm×6mm 的矩形框内）及所来自（或去）的设备位号或管道号（写在矩形框的上方）。

（1）管道画法

工艺物料管道用粗实线绘制，辅助管道用中实线绘制，仪表管线用细虚线或细实线绘制。有些图样上保温、伴热等管道除了按规定线型画出外，还示意画出一小段（约 10mm）保温层。有关各种常用管道规定线型画法见表 2-6。绘制管线时，为了使图面美观，管线应横平竖直，不能用斜线。若斜线不能避免时，应只画出一小段，以保持图面整齐。同时，应尽量注意避免穿过设备或使管道交叉。在不能避免时，应采用断开画法。采用这种画法时，一般规定"细让粗"，当同类物料管道交叉时尽量统一，即全部"横让竖"或"竖让横"。若管道上有取样口、放气口、排液管、液封管等应全部画出。U 形液封管应尽可能按实际比例长度表示。

表 2-6　工艺流程图中管道图例（HG 20519.32.92）（摘录）

名　　称	图　　例	备　　注
工艺物料管道	————	粗实线（0.9～1.2mm）
辅助物料管道	————	中实线（0.5～0.7mm）
引线、设备、管件、阀门、仪表等图例	————	细实线（0.13～0.3mm）
原有管道	— — —	管线宽度与其相接的管线宽度相同
可拆管道	– – –	
伴热（冷）管道	——·——	
电伴热管道	——··——	

（2）管道标注

① 标注的内容　每段管道上都要有相应的标注，水平管道标注在管线的上方，垂直管道标注在管线的左方。若标注位置不够时，可在引出线上标注。标注内容一般包括四个部分，即管道号（管段号）（由三个单元组成）、管径、管道等级和隔热或隔声，总称为管道组合号。管道号和管径为一组，用一短横线隔开；管道等级和隔热为另一组，用一短横线隔开，两组间留适当的空隙。一般标注在管道的上方。

② 管道尺寸　标注管道尺寸时，一般标注公称直径，有时也注明管径、壁厚，公称直径以 mm 为单位只注数字，不注单位，英制管径以英寸为单位，需标注英寸的符号 in。但在标注公制管径时，必须标注外径×壁厚。如 PG0201-50×2.5。

③ 物料代号　物料代号以物料英文名称的首字母为代号。常用物料代号见表 2-7。

④ 标注方法　一般情况下，横向管道标注在管道上方，竖向管道标注在管道的左侧。也可将管道口、管径、管道等级和隔热（或隔声）分别标注在管道的上下方。其标注内容见图 2-8。

对于工艺流程简单、管道品种规格不多时，管道组合号中的管道等级及隔热或隔声代号可省略。管道尺寸可直接填写管子的外径×壁厚，并标注工程规定的管道材料代号。

⑤ 管道等级　管道按温度、压力、介质腐蚀性等情况，预先设计各种不同管材规格，作出等级规定，见图 2-9。在管道等级与材料选用表尚未实施前可暂不标注。

表 2-7　常用物料代号

物料名称	代号	物料名称	代号
工艺气体	PG	高压蒸汽(饱和或微过热)	HS
气液两相流工艺物料	PGL	高压过热蒸汽	HUS
气固两相流工艺物料	PGS	低压蒸汽(饱和或微过热)	LS
工艺液体	PL	低压过热蒸汽	LUS
液固两相流工艺物料	PLS	中压蒸汽(饱和或微过热)	MS
工艺固体	PS	中压过热蒸汽	MUS
工艺水	PW	蒸汽冷凝水	SC
空气	AR	伴热蒸汽	TS
压缩空气	CA	锅炉给水	BW
仪表空气	IA	化学污水	CSW
燃料气	FG	循环冷却水回水	CWR
液体燃料	FL	循环冷却水上水	CWS
固体燃料	FS	脱盐水	DNW
天然气	NG	饮用水、生活用水	DW
热水回水	HWR	消防水	FW
热水上水	HWS	氟利昂液体	FRL
原水、新鲜水	RW	气体丙烯或丙烷	PRG
软水	SW	液体丙烯或丙烷	PRL
生产废水	WW	冷冻盐水回水	RWR
污油	DO	冷冻盐水上水	RWS
燃料油	FO	排液、导淋	DR
填料油	GO	溶盐	FSL
润滑油	LO	火炬排放气	FV
原油	RO	氢	H
密封油	SO	加热油	HO
气氨	AG	惰性气	IG
液氨	AL	氮	N
气体乙烯或乙烷	ERG	氧	O
液体乙烯或乙烷	ERL	泥浆	SL
氟利昂气体	FRG	真空排放气	VE
工艺空气	PA	放空	VT

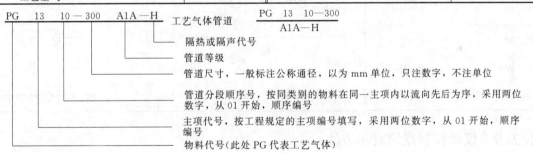

图 2-8　管道标注

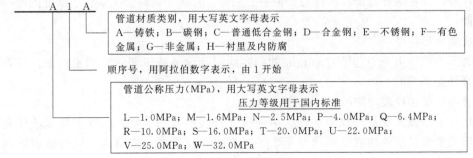

图 2-9　管道等级

2.2.8 阀门与管件的表示方法

在管道上需用细实线画出全部阀门和部分管件的符号，并标注其规格代号。管件及阀门的图例见表2-8。管件中的一些连接件如弯头、三通、法兰及接管头等，若无特殊需要，均不予画出。竖管上的阀门在图上的高低位置应大致符合实际高度。

图 2-10　变径管道标注

管道上的阀门、管件、管道附件的公称通径与所在管道公称通径不同时，要注出它们的尺寸，如有必要还需要注出它们的型号。它们之中的特殊阀门和管道附件还要进行分类编号，必要时以文字、放大图和数据表加以说明。

同一管道号只是管径不同时，可以只注管径，如图2-10所示。

表 2-8　常用管件与阀门的图形符号（HG 20519.32.92）（摘录）

名　称	图　例	名　称	图　例	名　称	图　例
Y形过滤器		角式截止阀		直流截止阀	
T形过滤器		球阀		底阀	
锥形过滤器		隔膜阀		疏水器	
阻火器		蝶阀		敞口（封闭）漏斗	敞口　封闭
		减压阀			
		旋塞阀		放空帽（管）	帽　管
文氏管		三通旋塞阀		同心异径管	
消声器		四通旋塞阀		视镜	
喷射器					
截止阀				爆破膜	
节流阀		弹簧安全阀			
闸阀		止回阀		喷淋管	

2.2.9 仪表控制点的表示方法

工艺生产流程中的仪表及控制点以细实线在相应的管道上用符号画出。符号包括图形符号和字母代号，二者结合起来表示仪表、设备、元件、管线的名称及工业仪表所处理的被测变量和功能。

(1) 仪表图形符号

仪表的图形符号用一个直径为10mm的细实线引到设备或工艺管道测量点上。仪表的功能图形符号见表2-9。

(2) 被测变量和仪表功能的字母代号

字母代号表示被测变量和仪表功能，第一位字母表示被测变量，后继字母表示仪表功能，常用被测变量和仪表功能字母代号见表2-10。一台仪表或一个圆内，同时出现下列后继字母时，应按I、R、C、T、Q、S、A的顺序排列，如同时存在I、R时，只需注明R。

表 2-9　仪表图形符号

符号	○	⊖	⊙	⊽	⬭	⬭	⊞	S	M	⊗	▼	⊥
含义	就地安装	集中安装	通用执行机构	无弹簧气动阀	有弹簧气动阀	带定位气动阀	活塞执行机构	电磁执行机构	电动执行机构	变速器	转子流量计	孔板流量计

表 2-10　常用被测变量和仪表功能的字母代号

字母	首位字母		后继字母功能	字母	首位字母		后继字母功能
	被测变量	修饰词			被测变量	修饰词	
A	分析		报警	L	物位		指示灯
C	电导率		调节	M	水分或湿度		
D	密度	差		P	压力或真空		实验点（接头）
F	流量	比		Q	数量或件数		累计
G	长度		玻璃	R	放射性	累计	记录或打印
H	手动（人工触发）			S	速度或频率	安全	开关或连锁
I	电流		指示	T	温度		传送

(3) 连接和信号线

仪表的连接和信号线见图 2-11。

——————————— 过程连接或机械连接线

— — — — — — — 气动信号线

- - - - - - - - - - - - 电动信号线

图 2-11　连接和信号线图形示例

(4) 仪表图形符号的表示方法

仪表图形符号的表示方法如图 2-12 所示。

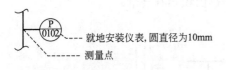

就地安装仪表，圆直径为10mm

测量点

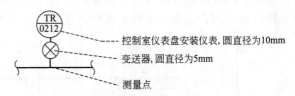

控制室仪表盘安装仪表，圆直径为10mm

变送器，圆直径为5mm

测量点

说明:(1) P表示测量压力点；
　　　(2) 0102是压力测量点编号(01为主项代号
　　　　　02为压力测量点顺序号)

说明:(1) TR表示温度记录仪表；
　　　(2) 0212是温度测量点编号(02为主项代号
　　　　　12为温度测量点顺序号)

图 2-12　仪表图形符号表示方法示例

(5) 控制执行器

执行器的图形符号由调节机构（控制阀）和执行机构的图形组合而成。如对执行机构无要求，可省略不画。常用的调节机构——调节阀体的图形符号见表 2-8。二者的组合形式示例如图 2-13 所示。

因为课程设计所要求绘制的是初步设计阶段的带控制点工艺流程图，其表述内容比施工

气开式气动薄膜调节阀　　　气闭式气动薄膜调节阀

图 2-13　执行机构和控制阀组合图形符号示例

图设计阶段的要简单些，只对主要和关键设备进行稍详细的设计，对自控仪表方面要求也比较低，画出过程的主要控制点即可。

2.2.10 化工典型设备的自控流程

（1）离心泵的流量自控

离心泵的流量自控一般采用节流的方法，常见的流量调节方案见图 2-14。

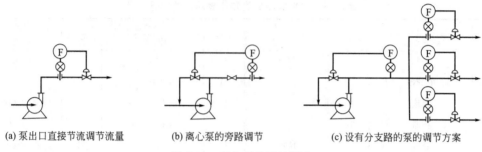

(a) 泵出口直接节流调节流量　　　(b) 离心泵的旁路调节　　　(c) 设有分支路的泵的调节方案

图 2-14　离心泵的流量调节

（2）换热器的温度自控

常用的换热器温度控制方案有以下几种。

① 调节换热介质流量　见图 2-15(a)，用流体 1 的流量作调节参数控制流体 2 的出口温度。这是一种应用最广泛的调节方案，有无相变均可使用。

② 调节传热面积　见图 2-15(b)，它适用于冷凝器，调节阀装在凝液管路上。液体 1 的温度高于给定值时，调节阀关小使凝液积聚，有效冷凝面积减小，传热量随之减小，直至平衡为止，反之亦然。这种方案滞后大，而且还要有较大的传热面积余量。但使用这种方法调节时传热量的变化比较缓和，可以防止局部过热，对热敏性介质有好处。

③ 分流调节　见图 2-15(c)，当换热器的两股流体的流量都不允许改变时，可用其中一股流体部分走旁路的办法来调节温度，三通阀可装在换热器的进口处，用分流阀；也可装在换热出口处，用合流阀。这种方案很迅速及时，但传热面积要有余量。

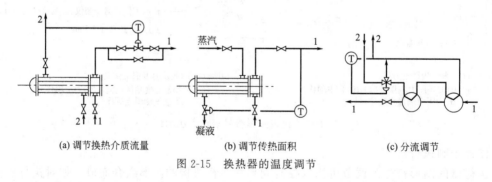

(a) 调节换热介质流量　　　(b) 调节传热面积　　　(c) 分流调节

图 2-15　换热器的温度调节

（3）精馏塔的控制方案

① 精馏塔的基本控制方案　精馏塔的基本控制方案很多，但基本形式通常只有两种。

a. 按精馏段指标控制　取精馏段某点成分或温度为被控制参数，而回流量 L_R、采出量 D 或塔内上升蒸汽量 V_s 作为调节参数。它适合于馏出液的纯度要求比釜液高的情况，例如主产品为馏出液时。

用精馏段塔板温度控制 L_R，并保持 V_s 流量恒定，这是精馏控制中最常用的方案，如图 2-16(a) 所示；用精馏塔塔板温度控制 D，并保持 V_s 流量恒定，这在回流比很大时较为适用，如图 2-16(b) 所示。

b. 按提馏段指标控制　当对釜液的成分要求比对馏出液高时，如塔底为主要产品，常采用此方案。

目前应用最多的控制方案是用提馏段塔板温度控制加热蒸汽量，从而控制 V_s，并保持 L_R 恒定，D 和 W 都按物料平衡关系，由液位调节器控制，如图 2-17 (a) 所示。还可以有另外的控制方案，即用提馏段塔板温度控制釜液流量 W，并保持 L_R 恒定，D 由回流罐的液位调节，蒸汽量由再沸器的液位调节，如图 2-17 (b) 所示。

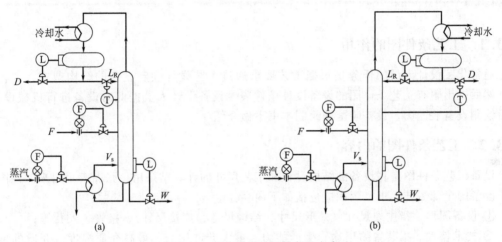

图 2-16　按精馏段指标控制的方案

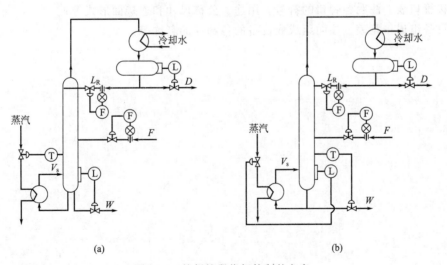

图 2-17　按提馏段指标控制的方案

② 精馏塔的塔顶流程与调节方案　塔顶方案的基本要求是：把出塔蒸汽的绝大部分冷凝下来，把不凝气体排走；调节 L_R 和 D 的流量，并保持塔内压力稳定。按操作压力，有如图 2-18 所示的流程与调节方案。

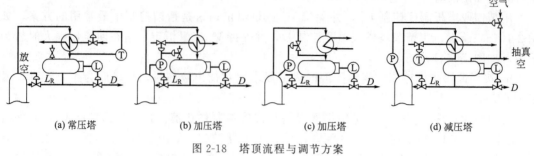

   (a) 常压塔   (b) 加压塔   (c) 加压塔   (d) 减压塔

图 2-18 塔顶流程与调节方案

2.3 设备的工艺条件图

2.3.1 工艺条件图的作用

  通常化工设计人员的任务是根据工艺要求通过工艺设计确定设备的结构型式、工艺尺寸，然后提出附有工艺条件图的设备设计条件表。设备设计人员据此对设备进行机械设计，最后绘制设备装配图。设备装配图绘制本书不做介绍。

2.3.2 工艺条件图的内容

  设备工艺条件图是将设备的结构设计和工艺尺寸的计算结果用一张图表示出来。该图提供了设备的全部工艺要求。图面应包括如下内容：

  ① 设备图形 指主要尺寸（外形尺寸、结构尺寸、连接尺寸）、接管、人孔等；

  ② 技术特性 指装置的用途、生产能力、最大允许压力、最高介质温度、介质的毒性和爆炸危险性；

  ③ 接管口表 注明各管口的符号、用途、公称尺寸和连接面形式等；

  ④ 设备组成一览表 注明组成或设备的各部件的名称等。

第3章

板式精馏塔的设计

3.1 概述

　　塔设备是炼油、化工、石油化工、生物化工、制药等生产中最重要的设备之一。它可使气（或汽）液或液液两相之间进行紧密接触，达到相际传质及传热的目的。可在塔设备完成的常见单元操作有精馏、吸收、解吸和萃取等。

　　在化工厂、炼油厂，塔设备的性能对于整个装置的产品产量、质量、生产能力和消耗定额，以及三废处理和环境保护等各个方面都有重大影响。据有关资料报道，塔设备的投资费用占整个工艺设备投资费用较大比例（见表3-1）；它所耗用的钢材重量在各类工艺设备中也属较多（见表3-2）。因此，塔设备的设计和研究，受到了化工、炼油等行业的极大重视。

　　塔设备经过长期发展，形成了型式繁多的结构，以满足各方面的特殊需要。为了便于研究和比较，人们从不同的角度对塔设备进行分类。例如，按操作压力分为加压塔、常压塔和减压塔；按单元操作分为精馏塔、吸收塔、解吸塔、反应塔和萃取塔。但长期以来，最常用的分类是按塔内汽液接触部件的结构形式，分为板式塔与填料塔两大类。精馏操作既可采用板式塔，也可采用填料塔。

表 3-1　化工生产装置中各类工艺设备所占投资的比例　　　　　　单位：%

装置名称	工艺设备类别				
	搅拌设备	反应设备	换热设备	塔设备	合计
化工和石油化工	6.15	22.91	45.55	25.39	100
炼油和煤化工	2.63	13.02	49.50	34.85	100
人造纤维	12.19	2.30	40.61	44.90	100
药物和制药	33.61	30.60	25.92	9.87	100
油脂工业	19.58	8.99	50.94	20.49	100
油漆和涂料	53.66	22.03	12.91	11.40	100
橡胶	15.38	12.04	57.47	15.11	100

表 3-2　化工生产装置中塔设备所占质量比例

化工装置名称	塔设备质量所占百分比/%	化工装置名称	塔设备质量所占百分比/%
250万吨/年常压蒸馏	16.9	7万吨及16万吨/年芳烃抽提	21.0~27.6
250万吨/年常减压蒸馏	45.5	10万吨/年苯	38.3
60万吨及120万吨/年催化裂化	48.9	4.5万吨/年丁二烯	54.0
11.5万吨及30万吨/年催化裂化	25.0~28.3	8万吨/年氯乙烯	33.3

板式塔内设置一定数量的塔板，气体以鼓泡或喷射形式穿过板上液层，进行传质与传热。在正常操作下，气相为分散相，液相为连续相，气相组成呈阶梯变化，属逐级接触逆流操作过程。

填料塔内设置一定高度的填料层，液体自塔顶沿填料表面下流，气体逆流向上（有时也采用并流向下）流动，汽液相密切接触进行传质与传热。在正常操作状况下，气相为连续相，液相为分散相，气相组成呈连续变化，属微分接触逆流操作过程。

工业上对塔设备的主要要求：①生产能力大；②传质、传热效率高；③气流的摩擦阻力小；④操作稳定，适应性强，操作弹性大；⑤结构简单，材料耗用量少；⑥制造安装容易，操作维修方便；⑦不易堵塞，腐蚀。

实际上，任何塔设备都难以满足上述所有要求，因此，设计者应根据塔型特点、物系性质、生产工艺条件、操作方式、设备投资、操作与维修费用等技术经济评价以及设计经验等因素，依矛盾的主次综合考虑，选取适宜的塔型。本章将着重介绍板式精馏塔的设计。

3.2 精馏塔设计的内容及要求

3.2.1 精馏塔设计的内容

① 设计方案确定和说明。根据给定任务，对精馏装置的流程、操作条件、主要设备型式及其材质的选择等进行论述。

② 精馏塔的工艺计算，确定塔高和塔径。

③ 计算塔板的各主要工艺尺寸，进行流体力学校核计算，并画出塔板的操作负荷性能图。

④ 管路及附属设备如再沸器、冷凝器的计算与选型。

⑤ 抄写或打印设计说明书。

⑥ 绘制精馏装置工艺流程图和精馏塔的工艺条件图。

为了概要地说明精馏塔的化工设计内容与顺序，将设计的主要程序用框图示于图 3-1。

有下述情况时，需对图 3-1 中的 (1)～(5) 项作重复计算。

① 溢流区设计算得的出口堰长度使气体通道面积不够或不在限定的范围内；

② 孔的排列间距及开孔面积不在限定的范围内；

③ 雾沫夹带量超过限度或发生液泛；

④ 允许压力降及漏液量超出限度；

⑤ 降液管内的液体高度超出限度。

3.2.2 绘图要求

① 绘制二元体系的 y-x 图，用图解法求取理论塔板数，并画出塔板的操作负荷性能图；

② 绘制精馏装置工艺流程图；

③ 绘制精馏塔设备工艺条件图，对于板式精馏塔还需绘制塔板结构图。

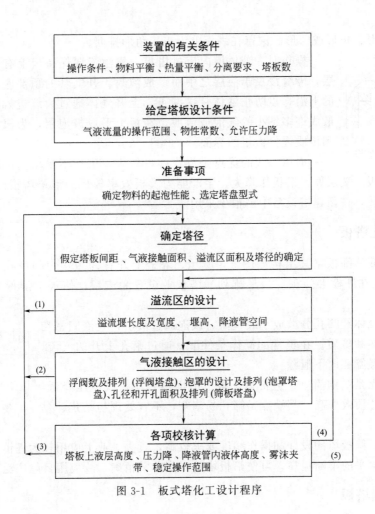

图 3-1　板式塔化工设计程序

3.3　板式塔的类型

板式塔大致可分两类:一类是有降液管塔板,如泡罩、浮阀、筛板、导向筛板、新型垂直筛板、舌形、弓形、多降液管塔板等;另一类是无降液管塔板,如穿流式筛板、穿流式波纹板等。欧美与日本的统计数据如表 3-3 所示。在工业生产中,以有降液管式塔板应用最为广泛,在此只讨论有降液管式塔板。

表 3-3　板式塔型使用比例

塔型	浮阀塔	筛板塔	泡罩塔及其他
欧美	20%~30%	60%	10%~20%
日本	50%	25%	25%

3.3.1　泡罩塔板

泡罩塔板是工业上应用最早的塔板,其结构如图 3-2 所示,它主要由升气管及泡罩构成。泡罩安装在升气管的顶部,分圆形和条形两种,以前者使用较广。泡罩有 $\phi80mm$、$\phi100mm$、$\phi150mm$ 三种尺寸,可根据塔径的大小选择。泡罩的下部周边开有很多齿缝,齿缝一般为三角形、矩形或梯形。泡罩在塔板上为正三角形排列。

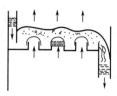

图 3-2　泡罩塔板

操作时，液体横向流过塔板，靠溢流堰保持板上有一定厚度的液层，齿缝浸没于液层之中而形成液封。升气管的顶部应高于泡罩齿缝的上沿，以防止液体从中漏下。上升气体通过齿缝进入液层时，被分散成许多细小的气泡或流股，在板上形成鼓泡层，为汽液两相的传热和传质提供大量的界面。

泡罩塔板的优点是操作弹性较大，塔板不易堵塞；缺点是结构复杂、造价高，板上液层厚，塔板压降大，生产能力及板效率较低。泡罩塔板已逐渐被筛板、浮阀塔板所取代，在新建塔设备中已很少采用。

3.3.2　筛孔塔板

筛孔塔板简称筛板，其结构如图 3-3 所示。塔板上开有许多均匀的小孔，孔径一般为 3~8mm。筛孔在塔板上为正三角形排列。塔板上设置溢流堰，使板上能保持一定厚度的液层。

操作时，气体经筛孔分散成小股气流，鼓泡通过液层，气液间密切接触而进行传热和传质。在正常的操作条件下，通过筛孔上升的气流，应能阻止液体经筛孔向下泄漏。

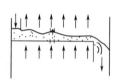

图 3-3　筛板

筛板的优点是结构简单、造价低，板上液面落差小，气体压降低，生产能力大，传质效率高。其缺点是筛孔易堵塞，不宜处理易结焦、黏度大的物料。

应予指出，筛板塔的设计和操作精度要求较高，过去工业上应用较为谨慎。近年来，由于设计和控制水平的不断提高，可使筛板塔的操作非常精确，故应用日趋广泛。

3.3.3　浮阀塔板

浮阀塔板具有泡罩塔板和筛孔塔板的优点，应用广泛。浮阀的类型很多，国内常用的如图 3-4 所示的 F_1 型、V-4 型及 T 型等。

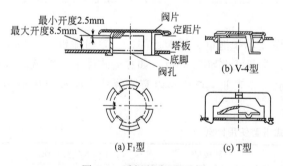

图 3-4　浮阀的主要型式

浮阀塔板的结构特点是在塔板上开有若干个阀孔，每个阀孔装有一个可上下浮动的阀片，阀片本身连有几个阀腿，插入阀孔后将阀腿底脚拨转 90°，以限制阀片升起的最大高度，并防止阀片被气体吹走。阀片周边冲出几个略向下弯的定距片，当气速很低时，由于定距片的作用，阀片与塔板呈点接触而坐落在阀孔上，在一定程度上可防止阀片与板面的黏结。

操作时，由阀孔上升的气流经阀片与塔板间隙沿水平方向进入液层，增加了汽液接触时间，浮阀开度随气体负荷而变，在低气量时，开度较小，气体仍能以足够的气速通过缝隙，避免过多的漏液；在高气量时，阀片自动浮起，开度增大，使气速不致过大。

浮阀塔板的优点是结构简单、造价低，生产能力大，操作弹性大，塔板效率较高。其缺点是处理易结焦、高黏度的物料时，阀片易与塔板黏结；在操作过程中有时会发生阀片脱落或卡死等现象，使塔板效率和操作弹性下降。

3.3.4 喷射型塔板

上述几种塔板，气体是以鼓泡或泡沫状态和液体接触，当气体垂直向上穿过液层时，使分散形成的液滴或泡沫具有一定的、向上的初速度。若气速过高，会造成较为严重的液沫夹带，使塔板效率下降，因而生产能力受到限制。为克服这一缺点，近年来开发出喷射型塔板，大致有以下几种类型。

(1) 舌形塔板

舌形塔板的结构如图 3-5 所示，舌形塔板是在塔板上冲出许多舌孔，方向朝塔板液体流出口一侧张开。舌片与板面成一定的角度，有 18°、20°、25°三种（一般为 20°），舌片尺寸有 50mm×50mm 和 25mm×50mm 两种。舌孔按正三角形排列，塔板的液体流出口一侧不设溢流堰，只保留降液管，降液管截面积要比一般塔板设计得大些。

操作时，上升的气流沿舌片喷出，其喷出速度可达 20～30m/s。当液体流过每排舌孔时，即被喷出的气流强烈扰动而形成液沫，被斜向喷射到液层上方，喷射的液流冲至降液管上方的塔壁后流入降液管中，流到下一层塔板。

舌形塔板的优点是生产能力大，塔板压降低，传质效率较高；缺点是操作弹性较小，气体喷射作用易使降液管中的液体夹带气泡流到下层塔板，从而降低塔板效率。

(2) 浮舌塔板

如图 3-6 所示，与舌形塔板相比，浮舌塔板的结构特点是其舌片可上下浮动。因此，浮舌塔板兼有浮阀塔板和固定舌形塔板的特点，具有处理能力大、压降低、操作弹性大等优点，特别适宜于热敏性物系的减压分离过程。

图 3-5　舌形塔板　　　　图 3-6　浮舌塔板

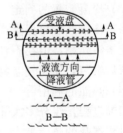

图 3-7　斜孔塔板

(3) 斜孔塔板

斜孔塔板的结构如图 3-7 所示。在板上开有斜孔，孔口向上与板面成一定角度。斜孔的开口方向与液流方向垂直，同一排孔的孔口方向一致，相邻两排开孔方向相反，使相邻两排孔的气体向相反的方向喷出。这样，气流不会对喷，既可得到水平方向较大的气速，又阻止了液沫夹带，使板面上液层低而均匀，气体和液体不断分散和聚集，其表面不断更新，汽液接触良好，传质效率提高。

斜孔塔板克服了筛孔塔板、浮阀塔板和舌形塔板的某些缺点。斜孔塔板的生产能力比浮阀塔板大 30％左右，效率与之相当，且结构简单，加工制造方便，是一种性能优良的塔板。

3.4　板式精馏塔设计方案的确定及有关知识

确定设计方案是指确定精馏装置的流程、设备的结构及一些操作指标，例如组分的分离顺序、操作压力、进料状况、塔顶蒸汽的冷凝方式及测量仪表的设置等。

3.4.1 蒸馏方式的选定

蒸馏装置包括精馏塔、原料预热器、蒸馏釜（再沸器）、冷凝器、釜液冷却器和产品冷却器等设备。蒸馏过程按操作方式的不同，可分为连续蒸馏和间歇蒸馏两种流程。连续蒸馏具有生产能力大，产品质量稳定等优点，工业生产中以连续蒸馏为主。间歇蒸馏具有操作灵活、适应性强等优点，适合小规模、多品种或多组分物系的初步分离。蒸馏方式可选用简单蒸馏、水蒸气蒸馏、间歇蒸馏、连续精馏或特殊精馏等。

3.4.2 装置流程的确定

(1) 物料的储存和输送

在流程中应设置原料槽、产品槽及离心泵。原料可由泵直接送入塔内，也可以通过高位槽送料，以免受泵操作波动的影响。为使过程连续稳定地进行，产品还需用泵送入下一工序。

(2) 参数的检测和调控

流量、压力和温度等是生产中的重要参数，必须在流程中的适当位置装设仪表，以测量这些参数。

同时，在生产过程中，物流的状态（流量、温度、压力）、加热剂和冷却剂的状态都不可能避免地会有一定程度的波动，因此必须在流程中设置一定的阀门（手动或自动）进行调节，以适应这种波动，保证产品达到规定的要求。

(3) 冷凝装置的确定

塔顶冷凝装置根据生产情况以决定采用分凝器或全凝器。一般塔顶分凝器对上升蒸汽虽有一定增浓作用，但在石油等工业中获取产品时往往采用全凝器，以便于准确地控制回流比。若后继装置使用气态物料，则宜用分凝器。

(4) 热能的利用

精馏过程是组分多次部分汽化和多次部分冷凝的过程，耗能较多，如何节约和合理利用精馏过程本身的热能是十分重要的。

选取适宜的回流比，使过程处于最佳条件下进行，可使能耗降至最低。与此同时，合理利用精馏过程本身的热能也是节约的重要举措。

若不计进料、馏出液和釜液间的焓差，塔顶冷凝器所输出的热量近似等于塔底再沸器所输入的热量，其数量是相当可观的。然而，大多数情况下，这部分热量由冷却剂带走而损失。如果采用釜液产品去预热原料，塔顶蒸汽的冷凝潜热去加热能级低一些的物料，可以将塔顶蒸汽冷凝潜热及釜液产品的余热充分利用。

此外，通过精馏系统的合理设置，也可以取得节能的效果。例如，采用中间再沸器和中间冷凝器的流程，可以提高精馏塔的热力学效率。因为设置中间再沸器，可以利用温度比塔底低的热源，而中间冷凝器则可以回收温度比塔顶高的热量。

总之，确定流程时要较全面，合理地兼顾设备、操作费用，操作控制及安全诸因素。

3.4.3 操作条件的确定

(1) 操作压力的选取

精馏操作可在常压、减压和加压下进行。操作压强取决于冷凝温度。一般，除热敏性物料以外，凡通过常压蒸馏不难实现分离要求，并能用江河水或循环水将馏出物冷凝下来的系统，都应采用常压蒸馏；对热敏性物料或混合液沸点过高的系统则宜采用减压蒸馏；对常压下馏出物的冷凝温度过低的系统，需提高塔压或采用深井水、冷冻盐水作冷却剂，而常压下气态的物料（如石油气常压呈气态）必须采用加压蒸馏。

(2) 加料状态的选择

蒸馏操作的进料状态以进料热状态参数 q 表示，即

$$q = \frac{使每摩尔进料变成饱和蒸汽所需热量}{每摩尔进料的汽化潜热}$$

有五种进料状况：冷液进料 $q>1$；饱和液体进料 $q=1$；汽液混合物进料 $0<q<1$；饱和蒸汽进料 $q=0$；过热蒸汽进料 $q<0$。进料热状况不同，影响塔内各层塔板的汽、液相负荷。

原则上，在供热量一定情况下，热量应尽可能由塔底输入，使产生的汽相回流在全塔发挥作用，即宜冷进料。但为使塔的操作稳定，免受季节气温影响，精、提馏段利用相同塔径，以便于制造，则常采用饱和液体（泡点）进料，此时需增设原料预热器。若工艺要求减少塔釜加热量避免釜温过高、料液产生聚合或结焦，则应采用气态进料。

(3) 加热方式

蒸馏大多采用间接蒸汽加热，设置再沸器。有时也可采用直接蒸汽加热。例如，蒸馏釜残液中的主要组分是水，且在低浓度下轻组分的相对挥发度较大时（如乙醇与水混合液）宜用直接蒸汽加热。其优点是可以利用压强较低的加热蒸汽以节省操作费用，并省掉间接加热设备。但由于直接蒸汽的加入，对釜内溶液起一定稀释作用，在进料条件和产品纯度、轻组分收率一定的前提下，釜液浓度相应降低，故需在提馏段增加塔板数以达到生产要求。

值得提及的是，采用直接蒸汽加热时，加热蒸汽的压力要高于釜中的压力，以便克服蒸汽喷出小孔的阻力及釜中的液柱静压力。对于乙醇-水二元物系一般采用 $0.4\sim0.7\text{kPa}$（表压）的加热蒸汽。

(4) 回流比的选择

选择回流比，主要从经济观点出发，力求使设备费用和操作费用之和最低。一般经验值为 $R=(1.1\sim2.0)R_{\min}$。其中 R 为操作回流比；$R_{\min}$ 为最小回流比。

对特殊物系与特殊场合，则应根据实际需要选定回流比。在课程设计过程时，也可参考同类生产的 R 经验值选定。必要时可选若干 R 值，利用吉利兰图（简捷法）求出对应理论板数 N，作出 N-R 曲线，从中找出适宜操作回流比 R。也可作出 R 对精馏操作费用的关系曲线，从中确定适宜回流比 R。

(5) 塔顶冷凝器的冷凝方式与冷却介质的选择

塔顶冷凝温度不要求低于 30℃ 时，工业上多用水冷，冷却水可以是江、河及湖水，如果用自来水就需要考虑用循环水。因此，冷却水进口温度不仅因气候条件而异，还要注意到冷却水循环系统的出口温度。如果要求冷却到低于 30℃，就需采用冷冻盐水或其他冷冻剂。

3.4.4 板式塔类型的选择

不同的塔板类型，都具有各自某些独特的优点，也都存在一定的缺点。因此，任何一种塔型都难以完全满足前述精馏对塔设备提出的所有要求，设计者只能根据所精馏物系的性质和其他某几项主要的要求，通过分析比较，选取一种相对来说比较合适的塔型。表3-4 可作为选型时的参考。

表 3-4　板式塔型的选取

序号	内容	泡罩	条形泡罩	S形泡罩	溢流式筛板	导向筛板	圆形浮阀	条形浮阀	栅板	穿流式筛板	穿流式管排	波纹筛板	异孔径筛板	条孔状塔板	蛇形板	文丘里式塔板
1	高气液负荷	C	B	D	E	E	E	E	E	E	E	E	E	E	E	F
2	低气液负荷	D	D	D	C	D	F	F	C	D	C	D	D	E	B	B
3	操作弹性大	E	B	E	D	F	E	F	B	B	B	C	D	D	D	D
4	阻力降小	A	A	A	D	C	D	C	D	D	E	D	D	C	D	E
5	液沫夹带量少	B	B	C	C	D	D	E	E	D	D	E	D	E	F	F
6	板上滞液量少	A	A	A	D	D	D	D	D	D	D	E	C	D	F	F
7	板间距小	D	D	D	E	F	F	E	E	E	E	F	F	E	D	E
8	效率高	E	D	E	F	F	F	E	E	E	E	E	E	E	E	E
9	塔生产能力大	C	B	E	E	F	F	E	E	E	E	E	E	E	E	F
10	气、液负荷的可变性	D	C	E	E	E	E	E	B	B	A	C	C	D	D	D
11	价格低廉	C	B	D	D	E	D	E	D	E	C	E	E	E	D	E
12	金属消耗量少	C	C	C	D	E	E	C	E	E	C	E	F	E	F	F
13	易于装卸	B	B	D	E	E	C	B	D	D	D	E	E	E	D	E
14	易于检查清洗和维修	C	B	D	E	C	D	D	F	E	D	E	E	D	D	E
15	有固体沉积时用液体进行清洗的可能性	B	A	A	B	A	B	E	E	F	E	E	E	C	D	C
16	开工和停工方便	E	E	E	C	D	E	C	C	D	D	D	D	D	D	D
17	加热和冷却的可能性	B	B	B	D	A	C	D	D	D	F	D	C	C	D	A
18	对腐蚀介质使用的可能性	B	B	C	D	C	C	E	E	D	D	C	D	D	D	C

注：A—不适合；B—尚可；C—合适；D—较满意；E—很好；F—最好。

3.4.5　设计方案确定的原则

确定设计方案必须考虑以下几点：①满足工艺和操作的要求；②满足经济上的要求；③保证安全生产、环保的要求。

以上三项原则在生产中同样重要。但在化工原理课程设计中，对第一个原则应作较多的考虑，对第二个原则只作定性的考虑，而对第三个原则要求作一般的考虑。

3.5　精馏塔的物料、热量衡算

为了对精馏塔进行设计计算和选取辅助设备，首先对其进行装置的物料衡算和热量衡算。

装置的物料衡算和热量衡算，就是根据给定的设计原始数据和选定的条件，利用质量或热量守恒规律确定流程中各设备的进、出口（或内部）物流的流量和热流的流量（又称热负荷）。

3.5.1　精馏塔的物料衡算

（1）二元精馏塔物料衡算

① 间接蒸汽加热情况下精馏塔物料衡算　设 F、D 和 W 分别为进料、馏出液和釜液的摩尔流量；x_F、x_D 和 x_W 分别为进料、馏出液和釜液中易挥发组分的摩尔分数；V 和 V' 分别为精馏段和提馏段上升蒸汽的摩尔流量；L 和 L' 分别为精馏段和提馏段下降液体的摩尔流量。

对于精馏装置的设计，F、x_F、x_D、x_W 和 q 为给定或选取的原始数据。由物料衡算式：

| 总物料 | $F=D+W$ | (3-1) |
| 易挥发组分 | $Fx_F=Dx_D+Wx_W$ | (3-2) |

可计算馏出液和釜液的摩尔分数。

基于恒摩尔流假设，当选定回流比 R 后即可计算精馏段、提馏段上升蒸汽和下降液体的摩尔流量：

精馏段上升蒸汽量	$V=(R+1)D$	(3-3)
精馏段下降液体量	$L=RD$	(3-4)
提馏段上升蒸汽量	$V'=V+(q-1)F$	(3-5)
提馏段下降液体量	$L'=L+qF$	(3-6)

应予指出：在后面设备尺寸计算中，物流的流量常采用质量流量和体积流量，因此，多数情况下，要进行必要的换算。

② 直接蒸汽加热情况下精馏塔物料衡算

| 总物料 | $F+S=D+W^*$ | (3-7) |
| 易挥发组分 | $Fx_F+Sy_O=Dx_D+W^*x_{W^*}$ | (3-8) |

式中　S，y_O——直接蒸汽量（kmol/h）及其组成（$y_O=0$）;

$\quad W^*$，x_{W^*}——直接蒸汽加热时釜液量（kmol/h）及其摩尔分数。

由式(3-1)、式(3-2) 和式(3-7)、式(3-8) 对比得：

$$W^*=W+S \tag{3-9}$$

$$x_{W^*}=\frac{W}{W+S}x_W \tag{3-10}$$

(2) 多元连续精馏物料衡算

| 总物料 | $F=D+W$ | (3-11) |
| 轻关键 i 组分 | $Fx_{Fi}=Dx_{Di}+Wx_{Wi}$ | (3-12) |

式中　x_i——轻关键 i 组分摩尔分数。

3.5.2　精馏塔的热量衡算

应用热量衡算可以确定加热蒸汽和冷却水的用量。对图 3-8 中虚线表示的范围作热量衡算。热量均以 0℃的液体为起点作计算。

(1) 进入系统的热量

① 加热蒸汽带入的热量 Q_B

$$Q_B=G_B\gamma_W \tag{3-13}$$

式中　G_B——加热蒸汽的用量，kg/h;

$\quad \gamma_W$——加热蒸汽的汽化潜热，kJ/kg。

② 进料带入的热量 Q_F

$$Q_F=G_FC_{pF}t_F \tag{3-14}$$

式中　G_F——进料质量流量，kg/h;

$\quad C_{pF}$——进料的比热容，kJ/(kg·K);

$\quad t_F$——进料温度，K。

③ 回流带入的热量 Q_R

$$Q_R=RG_DC_{pR}t_R \tag{3-15}$$

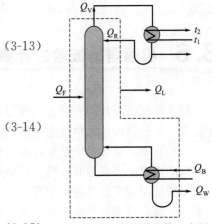

图 3-8　精馏塔热量衡算示意图

式中 G_D——塔顶馏出液质量流量，kg/h；

   R——回流比；

   C_{pR}——回流液比热容，kJ/(kg·K)；

   t_R——回流温度，K。

（2）离开系统的热量

① 塔顶蒸汽带出的热量 Q_V

$$Q_V = G_D(R+1)(C_{pD}t_D + \gamma_D) \tag{3-16}$$

式中 C_{pD}——塔顶饱和液比热容，kJ/(kg·K)；

   t_D——塔顶蒸汽露点温度，K；

   γ_D——塔顶蒸汽冷凝潜热，kJ/kg。

② 残液带出的热量 Q_W

$$Q_W = G_W C_{pW} t_W \tag{3-17}$$

式中 G_W——塔底残液质量流量，kg/h；

   C_{pW}——残液比热容，kJ/(kg·K)；

   t_W——塔底泡点温度，K。

③ 散于周围的热量 Q_L 一般情况下取

$$Q_L = (0.5\% \sim 10\%) \times Q_B \tag{3-18}$$

（3）热量衡算式

$$Q_B + Q_F + Q_R = Q_V + Q_W + Q_L \tag{3-19}$$

或

$$Q_B = Q_V + Q_W + Q_L - Q_F - Q_R \tag{3-20}$$

故

$$G_B = Q_B / \gamma_W \tag{3-21}$$

如果塔顶冷凝器为全凝器，则冷却水用量可用下式计算：

$$G_C = \frac{Q_V}{C_p(t_2 - t_1)} \tag{3-22}$$

式中 G_C——冷却水用量，kg/h；

   t_1, t_2——冷却水进、出口温度，K；

   C_p——冷却水的比热，一般可取 4.187kJ/(kg·K)。

在配置这些附属设备时，应当注意：一方面消耗着大量的加热蒸汽供给热量；另一方面又用大量冷却剂移出热量。因此，在可能的情况下，应考虑有效地回收一部分热量，以节约能源。

3.6 精馏塔塔板数的计算

板式精馏塔设计的一个主要内容是确定其所需的塔板数。由于塔板上两相的传质情况十分复杂，塔板数的计算常采用分解的方法，即先根据分离要求计算所需的理论塔板数，然后引入总板效率（又称全塔效率）进行校正，从而求得实际塔板数。

精馏塔理论塔板数的计算，可采用解析法、图解法或简捷法。不论采用何种方法，首先应查得被精馏物系的汽液平衡数据，并选定适宜的回流比。以下针对恒摩尔流条件下双组分物系的精馏，分别对平衡关系、操作线方程等基本关系式，以及上述三种计算理论塔板数的方法作一简单回顾。

3.6.1 平衡关系

平衡关系是指气、液两相达到平衡时组成之间的关系。

(1) 对双组分理想溶液，常以下式表示：

$$y = \frac{\alpha x}{1 + (\alpha - 1)x} \tag{3-23}$$

或

$$x = \frac{y}{\alpha - (\alpha - 1)y} \tag{3-24}$$

式中　y——气相中易挥发组分的组成，摩尔分数；

　　　x——与 y 相平衡的液相中易挥发组分的组成，摩尔分数；

　　　α——易挥发组分对难挥发组分的相对挥发度，简称相对挥发度，α 可根据操作温度下该两纯组分的饱和蒸气压数据求得。

式(3-23)、式(3-24) 常称为相平衡方程。

(2) 多组分理想系统的气液平衡关系

多组分理想系统的气液平衡关系，一般采用平衡常数法和相对挥发度表示。

① 平衡常数法

$$K_i = \frac{y_i}{x_i} \tag{3-25}$$

式中　K_i——平衡常数。

对理想气体，任意组分的平衡分压可用分压定律表示，即

$$p_i = P y_i \tag{3-26}$$

式中　P——总和，kPa；

　　　p_i——任意组分 i 的平衡分压，kPa；

　　　y_i——气相中任意组分 i 的摩尔分数。

对理想液体，任意组分的平衡分压可用拉乌尔定律表示，即

$$p_i = p_i^0 x_i \tag{3-27}$$

式中　p_i^0——任意组分 i 的饱和蒸气压，kPa；

　　　x_i——液相中任意组分 i 的摩尔分数。

气液两相达到平衡时，上两式相等，即

$$P y_i = p_i^0 x_i \tag{3-28}$$

所以

$$K = \frac{y_i}{x_i} = \frac{p_i^0}{P} \tag{3-29}$$

式(3-29) 只适用于理想系统。应予说明：平衡常数随温度变化较大，而相对挥发度随温度变化较小，全塔可取定值或平均值，故采用相对挥发度表示平衡关系可使计算大大简化。但在多组分精馏的计算中，相平衡常数可用来计算泡点温度、露点温度及汽化率。

a. 泡点温度及平衡气相组成的计算

因

$$y_1 + y_2 + \cdots + y_n = 1 \tag{3-30}$$

或

$$\sum_{i=1}^{n} y_i = 1 \tag{3-31}$$

将式(3-25) 代入式(3-31) 得：

$$\sum_{i=1}^{n} K_i x_i = 1 \tag{3-32}$$

利用式(3-29)～式(3-32)可计算液体混合物的泡点温度和平衡气相组成。显然，计算时要应用试差法，即先假设泡点温度，根据已知压强和所设温度，求出平衡常数，再校核 $\sum y_i$ 是否等于1。

若等于1，即表示所设的泡点温度正确。否则应另设温度，重复上面的计算，直至 $\sum y_i \approx 1$ 为止，此时的温度和气相组成即为所求。

b. 露点温度和平衡液相组成的计算

因

$$x_1 + x_2 + \cdots + x_n = 1 \tag{3-33}$$

或

$$\sum_{i=1}^{n} x_i = 1 \tag{3-34}$$

将式(3-25)代入式(3-34)得：

$$\sum_{i=1}^{n} \frac{y_i}{K} = 1 \tag{3-35}$$

利用式(3-33)～式(3-35)可计算气相混合物的露点温度及平衡液相组成。计算时也需用试差法。试差原则与计算泡点温度时的完全相同。

c. 多组分溶液的部分汽化　对一定量的原料液作物料衡算，得：

总物料

$$F = V + L \tag{3-36}$$

任一组分

$$F x_{\mathrm{F}i} = V y_i + L x_i \tag{3-37}$$

而

$$y_i = K_i x_i \tag{3-38}$$

联立上述三式：

$$y_i = \frac{x_{\mathrm{F}i}}{\dfrac{V}{F}\left(1 - \dfrac{1}{K_i}\right) + \dfrac{1}{K_i}} \tag{3-39}$$

式中　V/F——汽化率；

　　　$x_{\mathrm{F}i}$——液相混合物中任意组分 i 的组成；

　　　x_i——部分汽化后液相中组分 i 的组成；

　　　y_i——部分汽化后气相中组分 i 的组成。

当物系的温度和压强一定时，可用式(3-39)及式(3-30)～式(3-35)计算汽化率及相应的气液组成。反之，当汽化率一定时，也可计算汽化条件。

② 相对挥发度（α_{ij}）法　一般取较难挥发的组分 j 作为基准组分，得：

$$x_i = \frac{y_i / \alpha_{ij}}{\displaystyle\sum_{i=1}^{n} y_i / \alpha_{ij}} \tag{3-40}$$

$$y_i = \frac{\alpha_{ij} x_i}{\displaystyle\sum_{i=1}^{n} \alpha_{ij} x_i} \tag{3-41}$$

(3) 非理想溶液

对非理想溶液，平衡关系常根据实验测得的有限个平衡数据，在图中以曲线表示，该曲线称为平衡（曲）线。

常见物系的平衡关系可由有关手册或资料中查得。

3.6.2　操作方程及 q 线方程

(1) 双组分连续精馏

① 间接蒸汽加热的情况　依据物料衡算，可求得相邻两块理论塔板之间下降液体和上

升蒸汽组成之间的关系，这一关系的解析式就称为操作方程。

对于精馏塔进料板以上的精馏段，可求得精馏段操作方程为：

$$y_{n+1} = \frac{R}{R+1}x_n + \frac{x_D}{R+1} \tag{3-42}$$

式中　y，x——汽、液相中易挥发组分的组成，摩尔分数；

下标 n——由塔顶往下计数时精馏段理论塔板的序号；

其余符号的意义与前同。

上述方程在 x-y 图中为一直线，常称为精馏段操作线。

对于进料以下（包括进料板）的提馏段，可得到提馏段操作方程为：

$$y_{m+1} = \frac{L+qF}{L+qF-W}x_m - \frac{W}{L+qF-W}x_W \tag{3-43}$$

式中　下标 m——由塔顶往下计数时提馏段理论塔板的序号。

式(3-43) 在 x-y 图中亦为一直线，称为提馏段操作线。

精馏段操作线和提馏段操作线交点的轨迹称为 q 线。联立两操作方程并进行适当的简化，可导得描述 q 线的解析式。

$$y_q = \frac{q}{q-1}x_q - \frac{x_F}{q-1} \tag{3-44}$$

式中　x_q，y_q——两操作线交点的坐标值，摩尔分数；

式(3-44) 称为 q 线方程。

② 直接蒸汽加热的情况

精馏段操作线方程　　$$y_{n+1} = \frac{R}{R+1}x_n + \frac{1}{R+1}x_D \tag{3-45}$$

提馏段操作线方程　　$$y_{m+1} = \frac{W^*}{S}x_m - \frac{W^*}{S}x_{W^*} \tag{3-46}$$

(2) 多组分连续精馏

精馏段操作线方程　　$$y_{n+1,i} = \frac{R}{R+1}x_{n,i} + \frac{x_{D,i}}{R+1} \tag{3-47}$$

提馏段操作线方程　　$$y_{m+1,i} = \frac{L+qF}{L+qF-W}x_{m,i} - \frac{W}{L+qF-W}x_{W,i} \tag{3-48}$$

3.6.3　理论塔板数的计算

(1) 解析法

基于理论塔板的概念和物料衡算关系，从塔顶或塔底出发，交替利用相平衡方程和操作方程，逐板计算各理论塔板的汽、液相组成，直至达到规定的分离要求为止。这一计算理论塔板数和确定适宜进料位置的方法即为解析法，又称逐板计算法。此种方法概念清晰、结果准确，特别是对于相对挥发度较小难以分离的物系，若在采用图解法而产生较大误差的情况下，更应采用解析法。解析法的缺点是计算过程比较繁杂，手算时的工作量很大，但应用计算机编程计算还是非常简便的。图 3-9 给出了双组分精馏理论塔板数解析计算的参考框图。

(2) 图解法

为避免解析法计算之繁，常采用图解法。此法是在直角坐标上，先作出表示相平衡方程和操作方程的平衡线和操作线，然后在两线之间画梯级即可求得所需的理论塔板数和适宜的进料位置，实质上，它就是用图解代替解析计算的逐板计算法。尽管图解时会带来一定的误

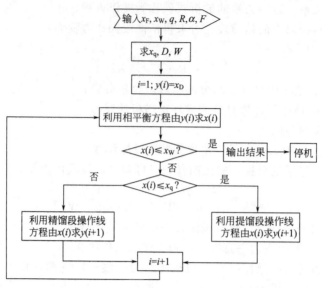

图 3-9　双组分精馏理论塔板数的计算框图

差，但图解法直观形象，又比较简便，因而仍得到广泛的应用。当分离要求较高和物系较难分离，其所需的理论塔板数较多时，为得到较准确的结果，宜采用适当比例将有关部分放大后再进行图解。

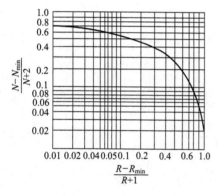

图 3-10　吉利兰图

(3) 简捷法

① 双组分情况　此法是利用最小回流比 R_{min}、实际回流比 R、最小塔板数 N_{min}（包括蒸馏釜）之间的经验关系来求取理论塔板数 N（包括蒸馏釜）。这一经验关系可用吉利兰图（图 3-10）或其近似式来表示。

吉利兰图中的曲线可近似用回归方程代替：

$$y = 0.75(1 - x^{0.5668}) \qquad (3-49)$$

式中

$$y = (N - N_{min})/(N + 2)$$

$$x = (R - R_{min})/(R + 1)$$

最小回流比和最少理论塔板数可按以下公式计算：

$$R_{min} = \frac{x_D - y_q}{y_q - x_q} \qquad (3-50)$$

$$N_{min} = \frac{\lg\left[\left(\dfrac{x_D}{1 - x_D}\right)\Big/\left(\dfrac{x_W}{1 - x_W}\right)\right]}{\lg\alpha} \qquad (3-51)$$

式中　y_q，x_q——q 线与平衡线交点的纵坐标值和横坐标值；

α——物系的平均相对挥发度。

$$\alpha = \sqrt{\alpha_D \alpha_W} \qquad (3-52)$$

根据计算所得 R_{min} 和 N_{min} 以及选取的回流比 R，利用吉利兰图或其近似式即可求得理论塔板数 N。

对于泡点液体进料，若近似认为精馏段也满足吉利兰图的经验关系，类似地，可确定进料位置。

简捷法求 N，计算简单但比较粗略，适于作方案的比较。此法只能用于理想溶液或相对挥发度变化不大的物系。

② 多组分情况

a. 根据分离要求确定关键组分。

b. 根据进料组成及分离要求进行物料衡算，初估各组分在塔顶和塔底产品的组成，并计算各组分的相对挥发度。

c. 用 Fenske 方法求最小理论板数 N_{min}。

多组分全回流的 Fenske 方程式可表示为：

$$N_{min}+1=\frac{\lg\left[\left(\dfrac{x_l}{x_h}\right)_D\left(\dfrac{x_h}{x_l}\right)_W\right]}{\lg\overline{\alpha}_{lh}} \tag{3-53}$$

式中　下标 l、h——分别表示轻重组分。

d. 用 Underwood 法求最小回流比 R_{min}，并选定操作条件下所需要的回流比 R。Underwood 方程式：

$$\sum_{i=1}^{n}\frac{\alpha_{ij}x_{Fi}}{\alpha_{ij}-\theta}=1-q \tag{3-54}$$

$$R_{min}=\sum_{i=1}^{n}\frac{\alpha_{ij}x_{Di}}{\alpha_{ij}-\theta}-1 \tag{3-55}$$

式中　α_{ij}——组分 i 对基准组分 j（一般为重组分或重关键组分）的相对挥发度，可取塔顶和塔底的几何平均值；

　　　θ——式(3-54) 的根，其值介于轻、重关键组分的相对挥发度之间。

若轻、重关键组分为相邻组分，θ 仅有一个值；若两关键组分之间有 k 个中间组分，则 θ 将有 $k+1$ 个值。

在求解上述两个方程时，需先用试差法由式(3-55) 求出 R_{min} 值，然后再由式(3-53) 求 N_{min}。当两关键组分之间有中间组分时，将可求得多个 R_{min} 值，设计时可取 R_{min} 的平均值。

Underwood 法的应用条件：塔内汽液相作恒摩尔流动；各组分的相对挥发度为常数。

e. 利用吉利兰图或其近似公式算出理论板层数 N。

f. 可仿照两组分精馏计算中所采用的方法确定进料板位置。若为泡点进料，也可用下面的经验公式计算，即：

$$\lg\frac{n}{m}=0.206\lg\left[\left(\frac{W}{D}\right)\left(\frac{x_{hF}}{x_{lF}}\right)\left(\frac{x_{lW}}{x_{hD}}\right)^2\right] \tag{3-56}$$

式中　n——精馏段理论板层数；

　　　m——提馏段理论板层数（包括再沸器）。

3.6.4　塔效率的估算

上述计算出理论板层数后，为了计算实际所需塔板数，仍需解决塔效率问题。全效率 E_T 为在指定分离要求与回流比下所需理论塔板数 N_T 与实际塔板数 N_P 的比值，即

$$E_T=N_T/N_P \tag{3-57}$$

塔效率与系统的物性、塔板结构及操作条件等都有密切的关系。由于影响因素多且复

杂，目前尚无精确的计算方法。工业上测定值通常在 0.3～0.7 之间。

塔板效率一般由下列估算方法确定：

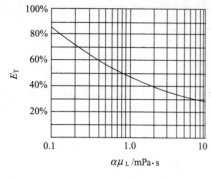

图 3-11　精馏塔全塔效率关联图

① 参考生产现场同类型的塔板，物系性质相同（或相近）的塔板效率的经验数据；

② 在生产现场对同类型塔板，类似物系进行实际查定，得出可靠的塔板效率数据；

③ 采用精馏塔全塔效率关联图（图 3-11），此图是对几十个工业生产中的泡罩塔和筛板塔实测的结果，实验证明此图可用于浮阀塔的效率估计。

下面介绍几个应用较广的关联方法。

(1) Drickamer 和 Brabford 法

图 3-11 中曲线可以用下式关联，即

$$E_T = 0.17 - 0.616 \lg \mu_L \tag{3-58}$$

式中　μ_L——进料液在塔顶与塔底平均温度下的黏度，mPa·s。

上式适用于液体黏度为 0.07～0.14mPa·s 的烃类物系。

进料混合物的黏度值有的可以从手册中查得，如手册缺乏时也可按下式计算：

$$\mu_L = \sum_{i=1}^{n} x_{Fi} \mu_{Li} \tag{3-59}$$

式中　x_i——加料中 i 组分摩尔分数；

μ_{Li}——进料中 i 组分在塔内平均温度下的液相黏度，mPa·s。

(2) O'connell 法

图 3-11 中曲线也可以用下式关联，即

$$E_T = 0.49 (\alpha \mu_L)^{-0.245} \tag{3-60}$$

式中　α——塔顶与塔底平均温度下的相对挥发度；

μ_L——进料液在塔顶与塔底平均温度下的黏度，mPa·s，获取方法同 Drickamer 和 Brabford 法。

对多组分物系，取关键组分的 α，液相的平均黏度 μ_L。

上式适用于 $\alpha \mu_L = 0.1 \sim 7.5$，且板上液流量 $\leqslant 1.0$m 的一般工业板式塔。

(3) Eduljee 法

图 3-11 中曲线亦可以用下式关联，即

$$E_T = 51 - 32.5 \lg (\mu_L \alpha) \tag{3-61}$$

式中　α、μ_L——同 O'connell 法。

上述几种方法只涉及物系的性质（相对挥发度 α 和液相黏度 μ_L）对塔效率的影响，并未包括塔板结构参数和操作条件的影响。

(4) 朱汝瑾法

朱汝瑾在 O'connell 方法的基础上，进一步考虑了板上液层高度及液气比对塔板效率的影响，提出了下列计算式：

$$\lg E_T = 1.67 + 0.30 \lg \left(\frac{L}{V} \right) - 0.25 \lg (\alpha \mu_L) + 0.301 h_L \tag{3-62}$$

式中　L、V——液相及汽相流量，kmol/h；

α、μ_L——同 O'connell 法；

h_L——有效液层高度（对筛板塔，$h_L = h_W + h_{OW}$），m；

h_W——堰高，m；

h_{OW}——堰上方液层高度，m。

3.7 板式塔主要工艺尺寸的设计计算

板式塔工艺尺寸设计计算的主要内容包括：板间距、塔径、塔板型式、溢流装置、塔板布置、流体力学校核、负荷性能图以及塔高等。

板式塔设计的主要原始数据包括：①汽液两相的体积流量；②操作温度和压力；③流体的物性常数（如密度、表面张力等）；④实际塔板数。

通常，由于进料状态和各处温度压力的不同，沿塔高方向上两相的体积流量和物性常数有所变化，故常先取某一截面（例如塔顶或塔底等）条件下的值作为设计依据，以此确定塔板的尺寸，然后适当调整部分塔板的某些尺寸，或必要时分段设计（一般均尽量保持塔径不变），以适应两相体积流量的变化。作为课程设计训练，这里只讨论所选截面塔板的设计。

3.7.1 板式塔主要尺寸设计的特点、方法和基本思路

(1) 板式塔主要尺寸设计的特点和方法

塔板设计的任务是以流经塔内汽液的物流量、操作条件和系统物性为依据设计出具有良好性能（压降小、弹性宽、效率高）的塔板结构尺寸。但因在一定操作条件下，塔板的性能与其结构、尺寸密切相关，又因必须由设计确定的塔板结构参数实在太多，无法一一找出结构参数、物性、操作条件与流体力学性能之间的定量关系，故为了简化设计程序又可得到合理的结果，设计中通常是选定若干参数（如板间距、塔径、塔板型式等）作为确定塔板结果型式与尺寸的独立变量，定出这些变量之后，再对其流体力学性能进行校核计算，并绘制塔板负荷性能图，从而确定该塔板的适当操作区。必须指出，在设计中不论是确定独立变量还是进行流体力学性能校核都是以经验数据作为设计的依据和比较的标准。

(2) 塔板设计的基本思路

以通过某一块板的汽液处理量和板上汽液组成、温度、压力等条件为依据，首先参考经验数据初步确定有关的独立变量，然后进行流体力学计算，校核其是否符合所规定的经验数据范围，并绘制出负荷性能图，如不符合要求就必须修改结果参数，重复上述设计步骤，直到满意为止。

3.7.2 塔高和塔径

(1) 塔高

板式塔的高度由各层塔板之间的有效高度、顶部空间高度、底部空间高度以及支座高度等几部分所组成，其中主要是有效高度。若已知实际板数 N_P 和板间距 H_T，则板式塔的有效高度 Z 为：

$$Z \approx H_T (N_P - 1) \tag{3-63}$$

板间距的选定很重要，它与塔高、塔径、物系性质、分离效果、塔的操作弹性以及塔的安装、检修等都有关。设计时通常根据塔径的大小，由表 3-5 列出的塔板间距的经验值选取。

表 3-5 塔板间距与塔径关系

塔径 D_T/m	$0.3\sim0.5$	$0.5\sim0.8$	$0.8\sim1.6$	$1.6\sim2.0$	$2.0\sim2.4$	>2.4
塔板间距 H_T/mm	$200\sim300$	$250\sim350$	$350\sim450$	$450\sim600$	$500\sim800$	$\geqslant800$

化工生产中常用板间距有 300mm、350mm、400mm、450mm、500mm、600mm、700mm、800mm。选取塔板间距时，还要考虑实际情况，例如塔板层数很多时，可选用较小的板间距，适当加大塔径以降低塔的高度；塔内各段负荷差别较大时，也可采用不同的板间距以保持塔径一致；对易起泡沫的物系，板间距应取大一些，以保证塔的分离效果；对生产负荷波动较大的场合，也需要加大板间距以保持一定的操作弹性。在设计中，有时需反复调整，选定适宜的板间距。

此外，考虑安装检修的需要，在塔体人孔处的板间距不应小于 600~700mm，以便有足够的工作空间，对只需开手孔的板间距可取为 450mm 以下。

(2) 塔径

板式塔设计中，一般按防止出现过量液沫夹带液泛的原则，首先确定液泛气速，然后根据它选取一适宜的设计气速来计算所需的塔径。

① 初步计算塔径 依据流量公式计算塔径，即

$$D=\sqrt{\frac{4V_s}{\pi u}} \tag{3-64}$$

式中 V_s——塔内的汽相体积流量，m^3/s；

u——空塔气速，m/s。

$$u=(0.6\sim0.8)u_f \tag{3-65}$$

式中 u_f——液泛气速，m/s。

$$u_f=C\sqrt{\frac{\rho_L-\rho_V}{\rho_V}} \tag{3-66}$$

式中 ρ_L，ρ_V——液、汽相密度，kg/m^3；

C——气体负荷因子，m/s。

考虑到实际情况，发现气体负荷因子 C 还和板间距 H_T、液体的表面张力 σ，以及塔板上汽液两相的流动情况有关。Fair 等定义了两相流动参数 F_{LV} 来反映后一因素对 C 的影响。

$$F_{LV}=\frac{L_s}{V_s}\sqrt{\frac{\rho_L}{\rho_V}}=\frac{W_L}{W_V}\sqrt{\frac{\rho_L}{\rho_V}}=\frac{L_h}{V_h}\sqrt{\frac{\rho_L}{\rho_V}} \tag{3-67}$$

式中 V_s，L_s——汽、液相的体积流量，m^3/s；

V_h，L_h——汽、液相的体积流量，m^3/s；

W_V，W_L——汽、液相的质量流量，kg/s。

Fair 等还对文献上的许多液泛气速数据进行了关联，得到了筛板塔（以及浮阀塔）的气体负荷因子 C_{20} 和板间距 H_T，两相流动参数 F_{LV} 的关系如图 3-12 所示。由图 3-12 可查负荷因子，亦可由下式计算 C_{20}：

$$C_{20}=0.0162-0.0648X+0.181Y+0.0162X^2-0.139XY+0.185Y^2 \tag{3-68}$$

其中 $$X=\left(\frac{L_s}{V_s}\right)\left(\frac{\rho_L}{\rho_V}\right)^{0.5} \qquad Y=H_T-h_L$$

式中 V_s，L_s——汽、液相的体积流量，m^3/s；

H_T——板间距，m；

h_L——塔板清液层高度，m。

板上的清液层高度，应由设计者首先选定。对常压塔一般在 50～100mm 之间（通常取 50～80mm），对于减压塔应取低些，可降低至 25～30mm。

图 3-12 中的 C_{20} 为液体表面张力 $\sigma=20\text{mN/m}$ 时的气体负荷因子。若实际液体的表面张力不等于上述值，则可由下式计算气体负荷因子 C。

$$C=C_{20}\left(\frac{\sigma}{20}\right)^{0.2} \tag{3-69}$$

式中　σ——液体的表面张力，mN/m。

当由式(3-69)求得 C 值后，即可利用式(3-66)计算液泛气速 u_f。

为防止产生过量液沫夹带液泛，设计的气速 u 必须小于液泛气速 u_f，二者之比 u/u_f 称为泛点率。对于一般液体，设计的泛点率可取 0.6～0.8，对于易起泡的液体，可取 0.5～0.6。这样就可确定设计气速 u，并进而由式(3-70)计算所需的气体流通面积。

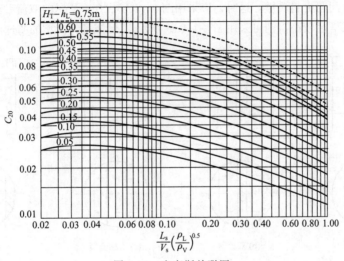

图 3-12　史密斯关联图

$$A=V_s/u \tag{3-70}$$

式中　A——气体流通面积，m^2；

　　　u——设计的气速，m/s；

　　　V_s——汽相的体积流量，m^3/s。

应予指出：对于上述有降液管的塔板，气体的流通截面积 A 并非塔的截面积，而是塔板上方空间的截面积，亦即塔的截面积 A_T 与降液管的截面积 A_f 之差（液泛气速和设计气速均以此为基准），这样，塔径的设计稍为复杂。由 $A=A_T-A_f$，有：

$$\frac{A}{A_T}=1-\frac{A_f}{A_T} \quad \text{或} \quad A_T=\frac{A}{1-A_f/A_T} \tag{3-71}$$

若选定了降液管截面积与塔截面积之比 A_f/A_T，则可由式(3-71)求 A_T，这样，塔板的直径 D 即可按下式求得。

$$D=\sqrt{\frac{4A_T}{\pi}} \tag{3-72}$$

② 塔径的圆整　依上述方法计算的塔径应按化工机械标准圆整，并核算实际气体流通截面积、设计气速和设计泛点率。塔径在 1m 以下者，标注先按 100mm 增值变化；塔径在 1m 以上者，按 200mm 增值变化。常用标准塔径为：400mm、500mm、600mm、700mm、800mm、

1000mm、1200mm、1400mm、1600mm、1800mm、2000mm、2200mm 等。此外，还应复核前面所选的塔板间距 H_T 是否和所得塔径 D 相当，否则，需重选 H_T，并要重新进行塔径的计算。实际上，这一塔径也只是初估值，还是可能在以后的多项校核中加以调整和修正。另外，对于精馏过程，精馏段和提馏段的汽、液相负荷及物性数据是不同的，故设计中两段的塔径应分别计算。若二者相差不大，应取较大者作为塔径；若二者相差较大，应采用变径塔。

3.7.3　塔板上液流型式的选择

液体横过塔板的流动型式，最常见是由塔的一侧流至另一侧的单流型，如图 3-13(a) 所示。这种液流型式结构简单，制造安装方便，而且液体横过塔板流动的行程较长，有利于汽、液两相的接触提高塔板效率，直径在 2.2m 以下的塔普遍采用此型。但由于液体流动时存在阻力将形成液面落差，使得通过塔板上升的气体分布不均，并使塔板效率降低，当流体流量很大或塔径过大时，这一问题更趋严重，这时，应采用图 3-13(b)、(c) 所示的双流型或阶梯流型等。反之，若流体流量或塔径较小，则可采用图 3-13(d) 所示 U 形流型。流型的初选可参考表 3-6。

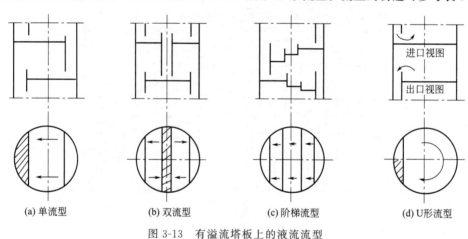

(a) 单流型　　　　(b) 双流型　　　　(c) 阶梯流型　　　　(d) U形流型

图 3-13　有溢流塔板上的液流流型

表 3-6　板上液流型式的选择

塔径	液体流量/(m³/h)			
	U 形流型	单流型	双流型	阶梯流型
600	<5	5~25		
800	<7	7~25		
1000	<9	<45		
1200	<9	9~70		
1400	<10	<70		
1600	<11	11~80		
2000	<11	11~110	110~160	
2400	<11	11~110	110~180	
3000	<11	<110	110~200	200~300

3.7.4　溢流装置的设计计算

溢流装置包括降液管、溢流堰和受液盘等几部分，其结构和尺寸对塔的性能有着重要的影响。

(1) 降液管

降液管是塔板间液体的通道，也是溢流液体中夹带的气体得以分离的场所。降液管有圆形和弓形两种，前者制造方便，但流通面积较小，只在液体流量很小或塔径较小时应用，故一般采用弓形。常用的弓形降液管的结构如图 3-14 所示。其中图 3-14(a) 是将堰与塔壁之间的全部截面均作为降液管，降液管的截面积相对较大，多用于塔径较大的塔中。当塔径小时，上述结构制作不便，可采用图 3-14(b) 的型式，即将弓形降液管固定在塔板上。图 3-14(c) 所示为双流型时的弓形降液管，其下部倾斜是为了增加塔板上汽、液两相接触区的面积。

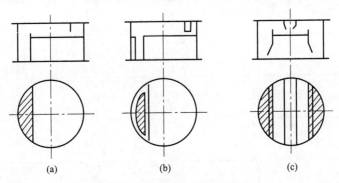

图 3-14　降液管的结构型式

降液管截面积 A_f 是塔板的重要参数，且常以它与塔截面积 A_T 之比 A_f/A_T 表示。A_f/A_T 过大，气体的通道截面积 A 和塔板上汽液两相接触传质的区域都相对较小，单位塔截面积的生产能力和塔板效率将较低。但 A_f/A_T 过大，则不易产生气泡夹带，且液体流动不畅，甚至可能引起降液管液泛。对于圆形降液管 $A_f = (\pi/4)d^2$。对于弓形降液管可根据堰长与塔径 D 之比用式(3-73)算得 A_f/A_T 后，即可求得 A_f。

$$\frac{A_f}{A_T} = \frac{\sin^{-1}\dfrac{l_W}{D} - \dfrac{l_W}{D}\sqrt{1 - \left(\dfrac{l_W}{D}\right)^2}}{\pi} \tag{3-73}$$

根据经验，对于单流型弓形降液管，一般取 $A_f/A_T = 0.06\sim0.12$；对于双流型可适当取得大些。具体的值往往又和塔径有一定联系，选取时可参照表 3-7～表 3-9。

表 3-7　单流型塔板某些参数推荐值

塔径 D/mm	塔截面积 A_T/m²	A_f/A_T/%	l_W/D	弓形降液管		降液管面积 A_f/m²
				堰长 l_W/mm	堰宽 b_d/mm	
600	0.2610	7.2	0.677	406	77	0.0188
		9.1	0.714	428	90	0.0238
		11.02	0.734	440	103	0.0289
700	0.3590	6.9	0.666	466	87	0.0248
		9.06	0.614	500	105	0.0325
		11.0	0.750	525	120	0.0395
800	0.5027	7.227	0.661	529	100	0.0363
		10.0	0.726	581	125	0.0502
		14.2	0.800	640	160	0.0717
1000	0.7854	6.8	0.650	650	120	0.0534
		9.8	0.714	714	150	0.0770
		14.2	0.800	800	200	0.1120
1200	1.1310	7.22	0.661	794	150	0.0816
		10.2	0.730	876	190	0.1150
		14.2	0.800	960	240	0.1610

塔径 D/mm	塔截面积 A_T/m	A_f/A_T/%	l_w/D	弓形降液管		降液管面积 A_f/m^2
				堰长 l_w/mm	堰宽 b_d/mm	
1400	1.5390	6.63	0.645	9.03	165	0.1020
		10.45	0.735	1029	225	0.1610
		13.40	0.790	1104	270	0.2065
1600	2.0110	7.21	0.660	1056	199	0.1450
		10.3	0.732	1171	255	0.2070
		14.5	0.805	1286	325	0.2913
1800	2.5450	6.74	0.647	1165	214	0.1710
		10.1	0.730	1312	284	0.2570
		13.9	0.797	1434	354	0.3540
2000	3.1420	7.00	0.654	1308	244	0.2190
		10.0	0.727	1456	314	0.3155
		14.2	0.799	1599	399	0.4457
2200	3.8010	10.0	0.726	1598	344	0.3800
		12.1	0.766	1686	394	0.4600
		14.0	0.795	1750	434	0.5320
2400	4.5240	10.0	0.726	1742	374	0.4524
		12.0	0.763	1830	424	0.5430
		14.2	0.798	1916	479	0.6430

表 3-8　双流型塔板某些参数推荐值

塔径 D/mm	塔截面积 A_T/m²	A_f/A_T/%	l_w/D	弓型降液管			降液管总面积 A_f/m^2
				堰长 l_w/mm	堰宽 b_d/mm	堰宽 b_d'/mm	
2200	3.8010	10.15	0.585	1287	208	200	0.3801
		11.80	0.621	1368	238	200	0.4561
		14.70	0.665	1462	278	240	0.5398
2400	5.3090	10.1	0.597	1434	238	200	0.4524
		11.6	0.620	1486	258	240	0.5429
		14.2	0.660	1582	298	280	0.6424
2600	5.3090	9.70	0.587	1526	248	200	0.5309
		11.4	0.617	1606	278	240	0.6371
		14.0	0.655	1702	318	320	0.7539
2800	6.1580	9.30	0.577	1619	258	240	0.6158
		12.0	0.626	1752	308	280	0.7389
		13.75	0.652	1824	338	320	0.8744
3000	7.0690	9.80	0.589	1768	288	240	0.7069
		12.4	0.632	1896	338	280	0.8482
		14.0	0.655	1968	368	360	1.0037
3200	8.0430	9.75	0.588	1882	306	280	0.8043
		11.65	0.620	1987	346	320	0.9651
		14.2	0.660	2108	396	360	1.1420
3400	9.0790	9.80	0.594	2002	326	280	0.9079
		12.5	0.634	2157	386	320	1.0895
		14.5	0.661	2252	426	400	1.2893
3600	10.1740	10.2	0.597	8148	356	280	1.0179
		11.5	0.620	2227	386	360	1.2215
		14.2	0.659	2372	446	400	1.4454
3800	11.3410	9.94	0.590	2242	366	320	1.1340
		11.9	0.624	2374	416	360	1.3609
		14.5	0.662	2516	476	440	1.6104
4200	13.8500	9.88	0.584	2482	406	360	1.3854
		11.7	0.622	2613	456	400	1.6625
		14.1	0.662	2781	526	480	1.9410

表 3-9　小直径塔板某些参数推荐值

D/mm	A_T/m	l_W/mm	b_d/mm	l_W/D	$A_f \times 10^4/\text{m}^2$	$A_f/A_T/\%$
300	0.0706	164.4	21.4	0.60	20.9	0.0269
		173.1	26.9	0.65	29.2	0.0413
		191.8	33.2	0.70	39.7	0.0562
		205.5	40.4	0.75	52.8	0.0747
		219.2	48.4	0.80	69.3	0.0980
350	0.0960	194.4	26.4	0.60	31.1	0.0323
		210.6	32.9	0.65	43.0	0.0447
		226.8	40.3	0.70	57.9	0.0602
		243.0	48.3	0.75	76.4	0.0794
		259.2	58.8	0.80	100.0	0.1039
400	0.1253	224.4	31.4	0.60	43.4	0.0345
		243.1	38.9	0.65	59.6	0.0474
		261.8	47.5	0.70	79.8	0.0635
		280.5	57.3	0.75	104.7	0.0833
		299.2	68.8	0.80	236.3	0.1085
450	0.1590	254.4	36.4	0.60	57.7	0.0363
		275.6	44.9	0.65	78.8	0.0495
		296.8	54.6	0.70	104.7	0.0658
		318.0	65.8	0.75	137.3	0.0863
		339.2	78.8	0.80	178.1	0.1120
500	0.1960	284.4	41.4	0.60	74.3	0.0378
		308.1	50.9	0.65	100.6	0.0512
		331.8	61.8	0.70	133.4	0.0679
		355.5	74.2	0.75	174.0	0.0886
		379.2	88.8	0.80	225.5	0.1148

　　降液管的截面积应保证溢流液中的气泡得以分离，液体在降液管内的停留时间一般等于或大于 3～5s。如果停留时间不足 3～5s，应将求得的降液管直径或堰长适当加大，再进行校核，以满足停留时间的要求。根据经验，对低发气泡系统可取低值，对高发气泡系统及高压操作的塔，停留时间应加长些。故在求得降液管的截面积之后，应按下式验算液体在降液管内的停留时间，即

$$\tau = \frac{A_f H_T}{L_s} \geqslant 3 \sim 5\text{s} \qquad (3\text{-}74)$$

式中　τ——液体在降液管中的停留时间，s；

　　　A_f——降液管的截面积，m^2。

(2) 溢流堰

　　溢流堰又称出口堰，它的作用是维持塔板上有一定的液层，并使液体能较均匀地横过塔板流动。其主要尺寸为堰高 h_W 和堰长 l_W。板上清液层高度 h_L 即为堰高 h_W 与堰上液层高度 h_{OW} 之和，故：

$$h_L = h_W + h_{OW} \qquad (3\text{-}75)$$

　　h_W 直接影响塔板上的液层厚度。h_W 过小，液层过低使相际传质面积过小不利于传质；但 h_W 过大，液层过高将使夹带量增多而降低塔板效率，且塔板阻力亦过大。根据经验，对常压和加压塔，一般取 $h_W = 50 \sim 80\text{mm}$。对减压塔或要求塔板阻力很小的情况，可取 $h_W = 25\text{mm}$ 左右。当液体量很大时，h_W 可适当减小。

　　对于弓形降液管，如图 3-15 可知，当降液管截面积与塔截面积之比 A_f/A_T 选定后，堰长与塔径之比 l_W/D 即由几何关系随之而定（正由于 A_f/A_T 和 l_W/D 互为函数关系，亦可

先选定 l_W/D，从而选定 A_f/A_T）。对于单流型，一般取 $l_W/D=0.6\sim0.75$；对于双流型，一般取 $l_W/D=0.5\sim0.7$，其值可由图 3-16 查得，而 D 已求得，故可计算 l_W。

堰长 l_W 的大小对溢流堰上方的液头高度 h_{OW} 有影响，从而对液层高度也有重大影响，为使液层高度不过大，通常应使单位堰长的液体流量 L_h/l_W（常称为溢流强度）不大于 $100\sim300\text{m}^3/(\text{m}\cdot\text{h})$，否则，需调整 A_f/A_T 或重新选取液流型式。

对于平直堰，堰上方液层高度 h_{OW} 可用弗兰斯（Francis）公式计算，即

$$h_{OW}=2.84\times10^{-3}E\left(\frac{L_h}{l_W}\right)^{2/3} \tag{3-76}$$

式中　h_{OW}——堰上方液层高度，m；

　　　　L_h——液体流量，m^3/h；

　　　　l_W——堰长，m；

　　　　E——液流收缩系数，考虑到塔壁对液流收缩的影响，可由图 3-17 查得，若 L_h 不过大，一般可近似取 $E=1$。

求出 h_{OW} 后，即可按下式范围确定 h_W：

$$0.05-h_{OW}\leqslant h_W\leqslant0.1-h_{OW} \tag{3-77}$$

堰上液层高度 h_{OW} 对塔板的操作性能有很大的影响。若 h_{OW} 过小，会引起的液体横过塔板流动不均匀问题，使效率降低，故设计时一般应使 h_{OW} 大于 6mm，若小于此值需调整 l_W/D（亦即 A_f/A_T），或采用上缘开有锯齿形缺口的溢流堰。h_{OW} 太大，会增大塔板压降及液沫夹带量。一般设计时 h_{OW} 不宜大于 $60\sim70$mm，超过此值时可改用双溢流型式。

在工业塔中，堰高一般为 $0.04\sim0.05$m；减压塔为 $0.015\sim0.025$m；加压塔为 $0.04\sim0.08$m，一般不宜超过 0.1m。

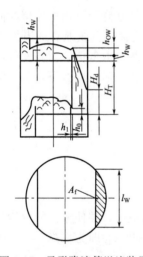

图 3-15　弓形降液管溢流装置

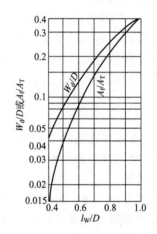

图 3-16　弓形降液管的宽度与面积

（3）受液盘和底隙

塔板上接受降液管流下液体的那部分区域称为受液盘，如图 3-18 所示。它有平形和凹形两种类型，前者结构简单，最为常用。为使液体更均匀地横过塔板流动，亦考虑在其外侧加设进口堰。凹形受液盘易形成良好的液封，也可改变液体流向，起到缓冲和均匀分布液体的作用，但结构稍复杂，多用于直径较大的塔，特别是液体流量较小的场合，它不适用于易聚合或含有固体杂质的物系。

降液管下端与受液盘之间的距离称为底隙，以 h_0 表示。降液管中的液体是经底隙和堰长构成的长方形截面流至下块塔板的，为减小液体流动阻力和考虑到固体杂质可能在底隙处沉积，所以 h_0 不可过小（注：不宜小于 20～25mm）。但若 h_0 过大，气体又可能通过底隙窜入降液管，故底隙宜小些以保证形成一定的液封。通常取 h_0 为 30～40mm 左右，且应使它小于溢流堰高度 h_W（$h_0 < h_W$），才能保证降液管底端有良好的液封，一般不低于 6mm，即

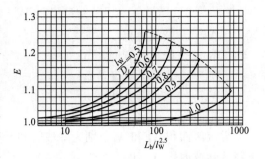

图 3-17　液流收缩系数

$$h_0 = h_W - (0.006 \sim 0.012) \quad \text{（单位 m）} \tag{3-78}$$

当选定 h_0 后，即可求得液体流经底隙的流速 u_0'（单位 m/s）为：

$$u_0' = \frac{L_s}{l_W h_0} \tag{3-79}$$

一般 u_0' 值取 0.07～0.25m/s，不宜大于 0.3～0.5m/s。

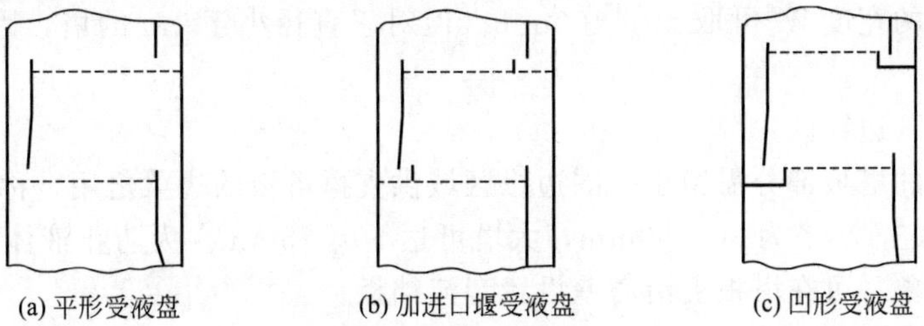

(a) 平形受液盘　　　　(b) 加进口堰受液盘　　　　(c) 凹形受液盘

图 3-18　不同形式受液盘

3.7.5　塔板设计

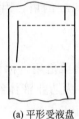

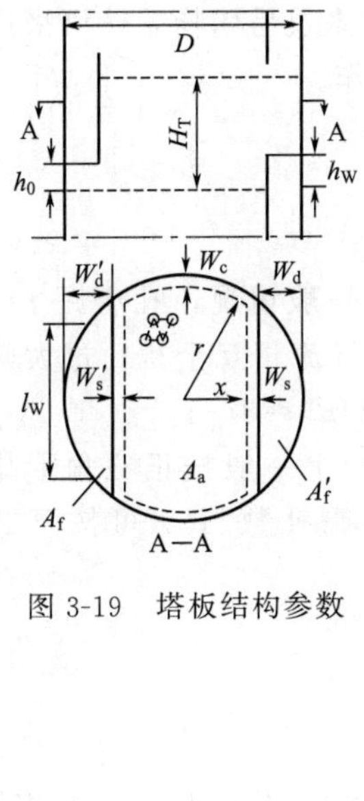

图 3-19　塔板结构参数

塔板有整块式和分块式两种，整块式即塔板为一整块，多用于直径小于 0.8～0.9m 的塔。当塔径较大时，整块式的刚性差，安装检修不便，且此时已能在塔内进行装配，故多采用由几块板并合而成的分块式塔板。

塔板厚度的选取，除经济性外，主要考虑塔板的刚性和耐腐蚀性。对于碳钢材料，一般取板厚为 3～4mm。对不锈钢可适当小些，一般取 2～2.5mm。

整个塔板面积，以单流型为例，通常可分为以下 4 个区域，如图 3-19 所示。

(1) 开孔区

图 3-19 中虚线以内的区域为布置筛板、浮阀等部件的有效传质区，亦称鼓泡区。开孔区面积以 A_a 表示。可以在布置板面上的开孔后求得，也可直接计算。对垂直弓形降液管的单流型塔板可按下式计算，即：

$$A_a = 2\left[x\sqrt{r^2 - x^2} + \frac{\pi}{180} r^2 \sin^{-1}\left(\frac{x}{r}\right) \right] \tag{3-80}$$

$$x = (D/2) - (W_d + W_s) \quad \text{（单位：m）}$$

$$r = (D/2) - W_c \qquad \text{（单位：m）}$$

式中　A_a——鼓泡面积，m^2；

　　　W_d——降液管宽度，m；

　　　W_c——边缘区宽度，m；

　　　W_s——狭长带宽度，m。

(2) 溢流区

溢流区面积 A_f 和 A_f' 分别为降液管和受液盘所占的区域，一般两个区域的面积相等，可按降液管截面积 A_f 计。

(3) 安定区

开孔区与溢流区之间的不开孔区域为安定区（破沫区），可分为入口安定区和出口安定区。其中，在液体进入塔板处，有一宽度为 W_s 的狭长带不开孔区域称为入口安定区。其作用是为防止气体进入降液管或因降液管流出的液流的冲击而漏液。而在靠近溢流堰处的一狭长不开孔区域，是为了使自降液管流出液体在塔板上均匀分布，并防止夹带大量泡沫进入降液管，其宽度为 W_s'，该区称为出口安定区。入口安定区的宽度可按下述范围选取，即塔径小于 1.5m 的塔，$W_s = 60 \sim 75\text{mm}$；塔径大于 1.5m 的塔，$W_s = 80 \sim 110\text{mm}$。

出口安定区的宽度 W_s' 可取 $50 \sim 100\text{mm}$。但对于直径小于 1m 的塔，因塔板截面积小，W_s 可适当减小。

(4) 无效区（边缘区）

在靠近塔壁的塔板部分需留出一圈边缘区域供支撑塔板的边梁之用，称为无效区。其宽度 W_c 视需要选定，小塔为 $30 \sim 50\text{mm}$，大塔可达 $50 \sim 75\text{mm}$。为防止液体经边缘区流过而产生"短路"现象，可在塔板上沿塔壁设置旁流挡板。

3.7.6　筛板塔的设计计算

(1) 主要结构参数

① 孔径　筛孔的孔径 d_0 的选取与塔的操作性能要求、物系性质、塔板厚度、材质及加工费用等有关。一般认为，表面张力为正系统的物系易起泡沫，可采用 d_0 为 $3 \sim 8\text{mm}$（常用 $4 \sim 6\text{mm}$）的小孔径筛板，属鼓泡型操作；表面张力为负系统的物系及易堵物系，可采用 d_0 为 $10 \sim 25\text{mm}$ 的大孔径筛板，其造价低，不易堵塞，属喷射型操作。

② 筛板厚度　筛板厚度用 δ 表示，单位 mm。

一般碳钢 $\delta = 3 \sim 4\text{mm}$　或 $\delta = (0.4 \sim 0.8)d_0$

不锈钢 $\delta = 2 \sim 2.5\text{mm}$　或 $\delta = (0.5 \sim 0.7)d_0$

③ 孔心距　相邻两筛孔中心的距离称为孔心距，以 t 表示。一般情况，孔心距 $t = (2.5 \sim 5)d_0$。t/d_0 过小易使气流相互干扰，过大则鼓泡不均匀，都会影响传质效率。设计推荐值为 $t/d_0 = 3 \sim 4$。

图 3-20　筛孔的
正三角形排列

④ 筛孔排列与筛孔数　设计时，筛孔在筛板上一般按正三角形排列，如图 3-20 所示。当采用正三角形排列时，筛孔数目 n 可按下式计算：

$$n = \left(\frac{1155 \times 10^3}{t^2} \right) A_a \qquad (3\text{-}81)$$

式中　t——孔心距，mm。

应注意：若塔内上下段负荷变化较大时，应根据流体力学验算情况，分段改变孔数提高全塔的操作稳定性。

⑤ 开孔率 筛板上筛孔的总面积与开孔面积之比称为开孔率 φ。筛孔按三角形排列时可按下式计算：

$$\varphi = \frac{A_0}{A_a} = \frac{0.907}{(t/d_0)^2} \tag{3-82}$$

式中 A_0——筛板上筛孔的总面积，m^2；

A_a——筛板上开孔区的总面积，m^2。

一般情况，开孔率大，塔板压降低，雾沫夹带量少，漏液量大，板效率低。通常开孔率为 5%～15%。

按上述方法求出筛孔直径 d_0、筛孔数 n 后，还需通过流体力学验算，检验是否合理，若不合理需进行调整。

(2) 流体力学验算

塔板的流体力学验算目的是为检验以上初算塔径及各项工艺尺寸的计算是否合理、塔板能否正常操作。验算内容有以下几项：塔板压降、液面落差、液沫夹带、漏液及液泛等。

① 塔板压降 气体通过筛板时，需克服筛板本身的干板阻力、板上充气液层的阻力及液体表面张力造成的阻力，这些阻力即形成了筛板的压降。气体通过筛板的压降 Δp_p 可由下式计算：

$$\Delta p_p = h_p \rho_L g \tag{3-83}$$

式(3-83) 中的液柱高度 h_p，可由下式计算，即

$$h_p = h_c + h_1 + h_\sigma \tag{3-84}$$

式中 h_p——气体通过每层塔板压降相当的液柱高度，m；

h_c——气体通过筛板的干板压降相当的液柱高度（即干板阻力），m；

h_1——气体通过板上液层的压降相当的液柱高度（即气体通过液层的阻力），m；

h_σ——克服液体表面张力的压降相当的液柱高度（即液体的表面张力阻力），m。

a. 干板阻力 干板阻力 h_c 可按以下经验式估算，即

$$h_c = 0.051 \left(\frac{u_0}{C_0}\right)^2 \left(\frac{\rho_V}{\rho_L}\right) \left[1 - \left(\frac{A_0}{A_a}\right)^2\right] \tag{3-85}$$

式中 u_0——筛孔气速，m/s；

C_0——流量系数。

通常，筛板开孔率 $\varphi \leqslant 15\%$，故式(3-85) 可简化为：

$$h_c = 0.051 \left(\frac{u_0}{C_0}\right)^2 \left(\frac{\rho_V}{\rho_L}\right) \tag{3-86}$$

流量系数值对于干板的影响较大。求取 C_0 的方法有多种，一般推荐采用图 3-21 所示的关系。C_0 也可按下式求得：

$$C_0 = 0.670 - 0.115X_1 + 0.514X_2 + 0.228X_1^2 + 0.0682X_1X_2 + 0.441X_2^2 \tag{3-87}$$

式中 $X_1 = \delta/d_0$（δ—塔板厚度，m）

$$X_2 = A_0/(A_T - A_f)$$

若孔径 $d_0 \geqslant 10mm$ 时，应乘以修正系数 β，即

$$h_c = 0.051 \left(\frac{u_0}{\beta C_0}\right)^2 \left(\frac{\rho_V}{\rho_L}\right) \tag{3-88}$$

式中 β——干筛孔流量系数的修正系数，一般取值为 1.15。

b. 气体通过液层的阻力 h_1

$$h_1 = \varepsilon_0 h_L = \varepsilon_0 (h_W + h_{OW}) \tag{3-89}$$

式中，ε_0 为充气系数，反映板上液层的充气程度，其值由图 3-22 查取，一般可近似取 ε_0 值为 0.5~0.6；ε_0 值也可按下式求得：

$$\varepsilon_0 = 0.971 - 0.355 F_a + 0.0757 F_a^2 \tag{3-90}$$

式中 F_a——气相动能因子。

$$F_a = u_a \sqrt{\rho_V} \tag{3-91}$$

式中 u_a——按有效流通面积计算的气速，m/s，对单流型塔板，u_a 可依下式计算，即

$$u_a = \frac{V_s}{A_T - A_f} \tag{3-92}$$

式中 A_T，A_f——全塔、降液管的截面积，m^2。

c. 液体的表面张力的阻力 h_σ

$$h_\sigma = \frac{4\sigma}{\rho_L g d_0} \tag{3-93}$$

式中 σ——液体的表面张力，N/m。

应该注意：气体通过筛板的压降计算值（$\Delta p_p = h_p \rho_L g$）应低于设计允许值。

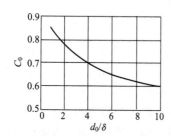

图 3-21 干筛孔的流量系数

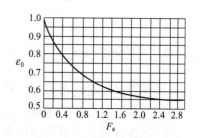

图 3-22 充气系数 ε_0 与 F_a 的关联图

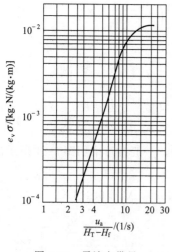

图 3-23 雾沫夹带量
e_v（kg 液/kg 气）

② 液沫夹带量　液沫夹带指气流穿过板上液层时夹带雾滴进入上层塔板的现象，它影响塔板分离效率，为保持塔板一定效率，应控制雾沫夹带在一定范围内，设计中规定雾沫夹带量 $e_v < 0.1$kg 液/kg 气。

计算雾沫夹带量的方法很多，推荐采用亨特（Hunt）的经验式，如下式所示：

$$e_v = \frac{5.7 \times 10^{-6}}{\sigma} \left(\frac{u_a}{H_T - h_f} \right)^{3.2} \tag{3-94}$$

式中 h_f——塔板上鼓泡层高度，可按泡沫层相对密度为 0.4 考虑，即

$$h_f = (h_L / 0.4) = 2.5 h_L \tag{3-95}$$

式(3-94) 也可按图 3-23 求解，适用于 $\frac{u_a}{H_T - h_f} < 12$ 情况。

③ 漏液点气速　当气速逐渐减小至某值时，塔板将发生明显的漏液现象，该气速称为漏液点气速 u_{OW}。若气速继续降低，更严重的漏液将使筛

板不能积液而破坏正常操作，故漏液点为筛板的下限气速。

$$u_{OW}=4.4C_0\sqrt{(0.0056+0.13h_L-h_\sigma)\rho_L/\rho_V} \qquad (3-96)$$

当 $h_L<30mm$ 或筛孔孔径 $d_0<3mm$ 时，用下式计算较适宜。

$$u_{OW}=4.4C_0\sqrt{(0.01+0.13h_L-h_\sigma)\rho_L/\rho_V} \qquad (3-97)$$

为使筛板具有足够的操作弹性，应保持一定范围的稳定性系数 K，即

$$K=\frac{u_0}{u_{OW}}>1.5\sim2.0 \qquad (3-98)$$

式中 u_0——筛孔气速，m/s；

u_{OW}——漏液点气速，m/s。

若稳定性系数偏低，可适当减小塔板开孔率 φ 或降低堰高 h_W，前者影响较大。

④ 液泛（淹塔） 液泛分为降液管液泛和液沫夹带液泛两种情况。因设计中已对液沫夹带量进行了验算，故在筛板的流体力学验算中通常只对降液管液泛进行验算。

为使液体能由上层塔板稳定地流入下层塔板，降液管内必须维持一定液层高度 H_d。降液管内的清液层高度用于克服塔板阻力、板上液层的阻力和液体流过降液管的阻力等。若忽略塔板的液面落差，则可用下式计算 H_d，即

$$H_d=h_p+h_L+h_d \qquad (3-99)$$

式中 h_d——液体流过降液管的压强降相当的液柱高度，m。

h_d 主要由降液管底隙处的局部阻力造成，可按下面经验式估算：

塔板上不设置进口堰 $\qquad h_d=0.153\left(\dfrac{L_s}{l_wh_0}\right)^2=0.153(u_0')^2 \qquad (3-100)$

塔板上设置进口堰 $\qquad h_d=0.2\left(\dfrac{L_s}{l_wh_0}\right)^2=0.2(u_0')^2 \qquad (3-101)$

式中 u_0'——液体通过降液管底隙时的流速，m/s。

为防止液泛，降液管内的清液层高度 H_d 不能超过上层板的出口堰，即

$$H_d\leqslant\Phi(H_T+h_W) \qquad (3-102)$$

或 $\qquad (H_d/\Phi)-h_W\leqslant H_T \qquad (3-103)$

式中 Φ——考虑降液管内充气及操作安全的校正系数，对一般物系 Φ 取 0.5，易起泡物系 Φ 取 $0.3\sim0.4$，不易起泡物系 Φ 取 $0.6\sim0.7$。

经以上各项流通力学验算合格后，还需绘出塔板的负荷性能图。

(3) 塔板负荷性能图

对各项结构参数已定的筛板，须将汽液负荷限制在一定范围内，以维持塔板的正常操作。可用汽液相负荷关系线（即 V_s-L_s 线）表达允许的汽液负荷波动范围，这种关系即为塔板负荷性能图。

对有溢流的塔板，可用下列界限曲线表达负荷性能图，如图 3-24 所示。

① 过量液沫夹带线（线 1） 取极限值 $e_v<0.1kg$ 液体/kg 气体，由式(3-94)绘制，V_s-L_s 线。

② 溢流液泛线（线 2） 根据降液管内液层最高允许高度，联立式(3-84)、式(3-99)～式(3-102) 作出此线。

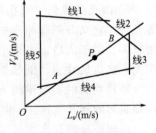

图 3-24 筛板塔的塔板
负荷性能图

③ 液相负荷上限线（线 3） 取液相在降液管内停留时间最低允许值（3～5s），计算最大液相负荷 $L_{s,max}$（为常数），作出此线。

$$L_{s,max} = \frac{A_f H_T}{(3 \sim 5)}$$

④ 漏液线（线 4）　由式(3-96)或式(3-97)、式(3-98)标绘对应的 V_s-L_s 作出。

⑤ 液相负荷下限线（线 5）　取堰上液层高度最小允许值（$h_{OW} = 0.006$m），对于平堰利用式(3-76)计算，求得最小液相负荷 $L_{s,min}$，作出此线。

$$h_{OW} = 2.84 \times 10^{-3} E \left(\frac{L_h}{l_W} \right)^{2/3} \Rightarrow 0.006 = h_{OW} = 2.84 \times 10^{-3} E \left(\frac{3600 L_{s,min}}{l_W} \right)^{2/3}$$

⑥ 塔的操作弹性　在塔的操作液气比下，如图 3-24 所示，操作线 OAB 与界限曲线交点的汽相最大负荷 $V_{s,max}$ 与汽相允许最低负荷 $V_{s,min}$ 之比，称为操作弹性，即

$$操作弹性 = \frac{V_{s,max}}{V_{s,min}} \tag{3-104}$$

设计塔板时，可适当调整塔板结构参数使操作点 P 在图适中位置，以提高塔的操作弹性。

3.7.7　浮阀塔的设计计算

(1) 主要结构参数

① 浮阀的型式　浮阀的型式很多，在目前应用最广的是 F_1 型（相当国外的 V-1 型）。这种型式的浮阀，结构简单、制造方便、性能好、省材料，国内已确定为部颁标准。它又分轻阀（代号 Q）和重阀（代号 Z）两种，轻阀采用厚 1.5mm 薄钢板冲压制成，质量约为 25g；重阀采用厚度为 2mm 的钢板冲压而成，重约 33g。阀的质量直接影响塔内气体的压降，轻阀阻力较小，但稳定性较差，一般用于减压塔；重阀由于稳定性好，最为常用。两种型式浮阀孔的直径 d_0 均为 39mm。浮阀的最小开度为 2.5mm，最大开度为 8.5mm。

② 阀孔气速及阀孔数　当汽相体积流量 V_s 已知时，由于阀孔直径 d_0 已给定，因而塔板上浮阀的数目 n，亦即阀孔数，就取决于气速 u_0，可按下式求得：

$$n = \frac{V_s}{\frac{\pi}{4} d_0^2 u_0} \tag{3-105}$$

阀孔的气速 u_0 常根据阀孔的动能因子 $F_0 = u_0 \sqrt{\rho_V}$ 来确定。F_0 反映密度为 ρ_V 的气体以 u_0 速度通过阀孔时动能的大小。综合考虑了 F_0 对塔板效率、压力降和生产能力等的影响，根据经验可以取 $F_0 = 8 \sim 12$，即阀孔刚全开时比较适宜，此时塔板压降及板上液体泄漏都较小，而操作弹性较大。由此可知适宜的阀孔气速 u_0 为：

$$u_0 = \frac{F_0}{\sqrt{\rho_V}} \tag{3-106}$$

③ 阀孔的排列　阀孔一般按正三角形排列，常用的中心距有 75mm、100mm、125mm 等几种，它又分顺排和错排两种，如图 3-25 所示。通常认为错排时两相接触情况较好，采用较多。对于大塔，当采用分块式结构时，不便于错排，阀孔亦可按等腰三角形排列，此时多固定底边尺寸 B，例如 75mm、100mm 等。

经排列后的实际浮阀个数 n 和之前求得的值可能稍有不同，应按实际浮阀个数 n 重新计算实际的阀孔气速 u_0 和实际的阀孔动能因子 F_0。

浮阀塔板的开孔率 φ 是指阀孔总截面积与塔的截面积之比，即

$$\varphi = \frac{\frac{\pi}{4} d_0^2 n}{\frac{\pi}{4} D^2} = n \frac{d_0^2}{D^2} \tag{3-107}$$

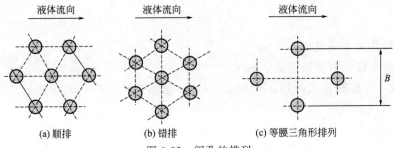

图 3-25　阀孔的排列

目前工业生产中，对常压和减压塔，$\varphi=10\%\sim14\%$，加压塔的 φ 一般小于 10%。

(2) 流体力学验算

为检验初估塔径及各项工艺尺寸是否合理，是否能保证塔的正常操作，应进行下述流体力学验算，若不合理，应调整塔的参数，使之合理。

① 塔板压降　气体通过塔板的压降以相当的液柱高度表示时可由下式计算，即

$$h_p=h_c+h_1+h_\sigma \tag{3-108}$$

式中　h_p——气体通过每层塔板压降相当的液柱高度，m；

h_c——气体通过阀孔的干板压降相当的液柱高度，m；

h_1——气体通过板上液层的压降相当的液柱高度，m；

h_σ——克服液体表面张力的压降相当的液柱高度，m。

a. 干板压降　浮阀塔板的干板阻力，可按下式计算：

当阀全开时
$$h_c=5.34\frac{\rho_V}{\rho_L}\left(\frac{u_0^2}{2g}\right) \tag{3-109}$$

当阀未全开时
$$h_c=19.9\frac{u_0^{0.175}}{\rho_L} \tag{3-110}$$

联立上述二式，可解得阀刚全开的临界阀气速。

$$u_{0,K}=\left(\frac{73}{\rho_V}\right)^{1/1.825} \tag{3-111}$$

比较实际的阀孔气速 u_0 与 $u_{0,K}$，即可选择前述二式中之一来计算 h_c。

b. 板上液层阻力　液层阻力可按下述经验式计算：

$$h_1=\varepsilon_0(h_W+h_{OW}) \tag{3-112}$$

充气系数 ε_0 可采用与筛板塔相同的方法由图 3-22 查取，一般可近似取 ε_0 值为 $0.5\sim0.6$。

c. 克服液体表面张力的压降　克服液体表面张力近似用下式计算：

$$h_\sigma=\frac{4\times10^{-3}\sigma}{\rho_L g d_0} \tag{3-113}$$

式中　d_0——阀孔直径，m；

σ——液体表面张力，mN/m。

浮阀塔的 h_σ 一般很小，常可忽略不计。若所得过大，可适当增加开孔率以减小 u_0，或降低堰高 h_W。

通常，浮阀塔的压降比筛板塔大。对常压塔和加压塔，每层浮阀塔板压降为 $265\sim530\text{Pa}$，减压塔约为 200Pa。

② 液沫夹带量　目前，浮阀塔液沫夹带量的校核通常用空塔气速与发生液泛时的空塔气速之比作为液沫夹带量大小的指标，该值称为泛点百分率，或泛点率，以 F_1 表示，即

$$F_1 = \frac{u}{u_F} \tag{3-114}$$

式中　u——操作时空塔气速，m/s；

　　u_F——发生液泛时空塔气速，m/s。

根据经验，为控制 $e_v \leqslant 0.1$kg 液体/kg 气体，泛点率应为：

直径小于 0.9m 的塔　　　　$F_1 < 0.65 \sim 0.75$

一般的大塔　　　　　　　$F_1 < 0.8 \sim 0.82$

减压塔　　　　　　　　　$F_1 < 0.75 \sim 0.77$

F_1 可按下列二式计算，取其中值较大者验算是否满足上述要求。

$$F_1 = \frac{V_s \sqrt{\dfrac{\rho_V}{\rho_L - \rho_V}} + 1.36 L_s Z}{A_b K C_F} \tag{3-115}$$

或

$$F_1 = \frac{V_s \sqrt{\dfrac{\rho_V}{\rho_L - \rho_V}}}{0.78 A_T K C_F} \tag{3-116}$$

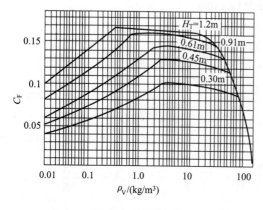

图 3-26　泛点负荷

式中　V_s，L_s——汽相、液相体积流量，m³/s；

　　　Z——液体横过塔板流动的行程，m，单溢流 $Z = D - 2b_d$；双溢流 $Z = \dfrac{1}{2}(D - 2b_d - b_d')$；

　　　b_d'——双溢流塔板中心降液管（或中心受液盘）宽度，m；

　　A_b，A_T——塔板上液流面积和塔的截面积，m²，对单溢流 $A_b = A_T - 2A_f$（其中 A_f 为降液管截面积）；

　　　C_F——泛点负荷因数，可由图 3-26 查取；

　　　K——物性系数，可由表 3-10 查出。

表 3-10　物性系数 K

系　　统	K	系　　统	K
无泡沫,正常系统	1.0	多泡沫系统	0.73
氟化物	0.90	严重起泡沫	0.60
中等起泡沫	0.85	形成稳定泡沫系统	0.30

③ 溢流液泛核算　因降液管通过能力的限制而引起的液泛称为溢流液泛。因此可用下式计算降液管内清液层高度：

$$H_d = h_L + \Delta + h_p + h_d = h_W + h_{OW} + \Delta + h_p + h_d \tag{3-117}$$

式中　H_d——降液管中清液柱高度，m；

　　　h_L——板上清液层高度，m；

　　　Δ——塔板液面落差，m，对于浮阀塔，一般很小，常可忽略不计；

　　　h_p——通过塔板压降相当的液柱高度，m；

　　　h_d——液体通过降液管的流动阻力相当的液柱高度，m；

h_W——堰高，m；

h_{OW}——堰上方液层高度，m。

若塔板不设进口堰时，h_d 可按下式计算：

$$h_d = 0.153\left(\frac{L_s}{l_w h_0}\right)^2 = 0.153(u_0)^2 \tag{3-118}$$

若塔板设置进口堰时，h_d 可按下式计算：

$$h_d = 0.2\left(\frac{L_s}{l_w h_0}\right)^2 = 0.2(u'_0)^2 \tag{3-119}$$

式中　u'_0——液体流过底隙处的速度，m/s；

　　　　L_s——液体流量，m^3/s；

　　　　l_W——堰长，m；

　　　　h_0——降液管底隙高度，m。

应当注意，式中的各项均指清液柱高度。和塔板上的液层相仿，实际上降液管中的液体亦是含气体的泡沫层。设降液管中的泡沫层高度为 H'_d，则上式所求得的 H_d 实为 H'_d 所相当的清液柱高度，且有 $H'_d \rho'_L = H_d \rho_L$，故：

$$H'_d = \frac{H_d}{\rho'_L / \rho_L} = \frac{H_d}{\Phi} \tag{3-120}$$

式中　ρ'_L——降液管中泡沫层的平均密度，kg/m^3；

　　　　Φ——降液管中泡沫层的相对密度，$\Phi = \rho'_L / \rho_L$，Φ 与液体的起泡性有关，对一般液体，取 $\Phi = 0.5$；对于易发泡的物系，取 $\Phi = 0.3 \sim 0.4$；对不发泡物系，取 $\Phi = 0.6 \sim 0.7$。

根据前述的降液管液泛校核条件，应要求：

$$H'_d \leqslant H_T + h_W \tag{3-121}$$

若求得的 H'_d 过大，可设法减小塔板阻力 h_p，特别是其中的 h_0，或适当增加塔板间距 H_T。

④ 液体在降液管中停留时间校核　为避免严重的气泡夹带使传质性能降低，液体通过降液管时应有足够的停留时间，以便释放出其中所夹带的绝大部分气体。

液体在降液管中的平均停留时间为：

$$\tau = \frac{A_f H_T}{L_s} \tag{3-122}$$

式中　τ——平均停留时间，s；

　　　　L_s——液体流量，m^3/s；

　　　　A_f——降液管截面积，m^2；

　　　　H_T——塔板间距，m。

根据经验，应使 τ 不小于 $3 \sim 5s$。若求得的 τ 过小，可适当增加 A_f。

⑤ 严重漏液校核　漏液使塔板上的液体未和气体充分接触就直接漏下，降低了塔板的传质性能，而严重漏液使得塔板无法工作，因此，设计时应避免严重漏液，并使漏液量减少。一般要求孔速 u_0 为漏液点气速 u_{OW} 的 $1.5 \sim 2.0$ 倍，它们之比称为稳定系数，以 K 表示。一般应使：

$$K = \frac{u_0}{u_{OW}} > 1.5 \sim 2.0 \tag{3-123}$$

对于浮阀塔，一般取 $F_0 = 5$ 时，对应的阀孔气速为其漏液点气速 u_{OW}。

(3) 塔板的负荷性能图

按上述方法进行流体力学验算后，还应绘制塔板的负荷性能图，以检验设计的合理性。浮阀塔的负荷性能图的绘制方法见"筛板塔负荷性能图"。浮阀塔的操作弹性较大，一般可达 3～4，若所设计塔板的弹性稍小，可适当调整塔板的尺寸来满足。

3.7.8 板式塔的结构及塔体总高度

(1) 塔体结构

板式塔内部装有塔板、降液管、各物流的进出口管及人孔（手孔）、基座、除沫器等附属装置。除一般塔板按设计板间距安装外，其他处根据需要决定其间距。

① 塔顶空间　塔顶空间指塔内最上层塔板与塔顶封头底边的距离，其作用是供安装塔板和开人孔的需要，也使气体中的液滴自由沉降，减少塔顶出口气体中的液体夹带。设计中通常取塔顶间距 $(1.5～2.0)H_T$。若需要安装除沫器，要根据除沫器的安装要求确定塔顶间距。

② 塔底空间　塔底空间指塔内最下层塔板到塔底封头的底边处的距离，具有中间贮槽的作用。其值由如下因素决定：

a. 塔底贮液空间依存贮液量停留 3～8min 或更长时间（易结焦物料可缩短停留时间）而定；

b. 塔底液面至塔内最下层塔板之间要有 1～2m 的间距，大塔可大于此值；

c. 再沸器的安装方式和安装高度。

塔底空间可按贮液量和塔径计算。

③ 人孔　人孔数目根据物料清洁程度和塔板安装方便而定。对于 $D \geqslant 1000mm$ 的板式塔，为安装、检修的需要，一般每隔 6～8 塔板设一人孔；对于易结垢、结焦的物料，为便于清洗，每隔 3～4 块塔板处设一人孔。设有人孔处的板间距等于或大于 600mm，人孔直径一般为 450～500mm（特殊的也有长方形人孔），其伸出塔体的筒体长为 200～250mm，人孔中心距操作平台约 800～1200mm。

④ 进料板处板间距　进料板处板间距 H_F 取决于进料口的结构型式和物料状态，一般 H_F 要比 H_T 大，有时要大一倍。为了防止进料直冲塔板，常考虑在进口处安装防冲设施，如防冲挡板、入口堰、缓冲管等，H_F 的大小应保证这些设施的安全。

(2) 塔体总高度

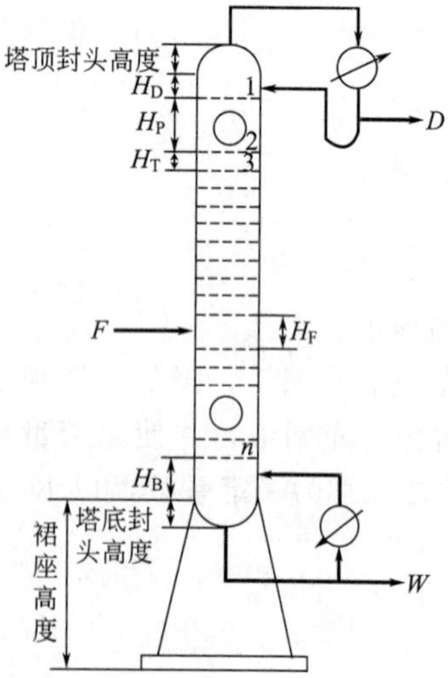

板式塔的塔体总高度如图 3-27 所示。可按下式计算：

$$H = (n - n_F - n_P - 1)H_T + n_F H_F + n_P H_P + H_D + H_B + H_1 + H_2$$

(3-124)

图 3-27　塔高示意

式中　H——塔高，m；

n——实际塔板数；

n_F——进料板数；

n_P——人孔数；

H_T——板间距；

H_F——进料板处板间距，m；

H_P——人孔处板间距；

H_D——塔顶空间，m；

H_B——塔底空间，m；

H_1——塔顶封头高度，m；

H_2——裙座高度，m。

(3）塔板结构

塔板按结构特点，大致可分为整块式和分块式两类塔板。塔径为 300～900mm 时，一般采用整块式；塔径超过 800～900mm 时，由于刚度、安装、检修等要求，多将塔板分成数块通过人孔送入塔内。对塔径为 800～2400mm 的单溢流型塔板，分块数与塔径大小关系见表 3-11，其常用分块方法如图 3-28 所示。

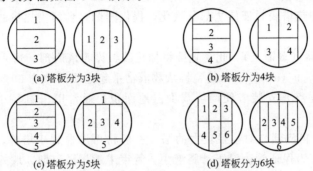

(a) 塔板分为3块　　　　　　　(b) 塔板分为4块

(c) 塔板分为5块　　　　　　　(d) 塔板分为6块

图 3-28　单溢流型塔板分块示意

塔板分成数块，靠近塔壁的两块叫弓形板，其余叫矩形板，为了检修方便，不管分成几块，矩形板中必有一块作为通道板，通道板的宽度（短边尺寸）统一取 40mm，因安装需要，相邻两块板之间的孔间距可取为 100mm。

表 3-11　塔板分块数与塔径大小的关系

塔径/mm	800～1200	1400～1600	1800～2000	2200～2400
塔板分块数	3	4	5	6

(4）塔板结构设计的其他考虑

塔板结构设计的其他考虑包括塔板紧固件、折流（挡）板、引流板、排液孔（泪孔）以及人孔、手孔、视镜、液面计等，这里不再详细叙述，设计时可参见相关文献。

3.7.9　板式塔的附属设备

板式塔的附属设备包括蒸汽冷凝器、产品冷却器、再沸器（蒸馏釜）或直接蒸汽鼓泡管、原料预热器、原料罐、回流罐、产品罐、塔的连接管及输送物料的泵等。它们的选择和设计计算可根据有关的传热和流体流动的知识，并参考生产现场的经验数据来解决。其中泵的选取，应在对设备和管道作出总体布置后进行。下面就冷凝器、再沸器和泵的选择作简要说明。

(1）冷凝器、冷却器及再沸器的设计内容

① 热量衡算求取塔顶冷凝器、冷却器的热负荷和所需冷却水用量；求取再沸器的热负荷和加热蒸汽的消耗量。

关于该设计计算，在求取加热蒸汽消耗量时，若所处理的物料量与流量接近恒摩尔流时，可简化计算，原则上就要考虑是否需要通过全塔热量衡算求之。

② 选定冷凝器、冷却器和再沸器的型式，求取所需传热面积，并查阅换热器标准，提出合适的换热器型号。

冷凝器、冷却器和再沸器的设计以选型设计为主，酌情也进行某种换热器校核计算，有关内容可查阅相关资料。

各换热器型式的选定，随具体换热系统介质的性质和负荷大小而不同。如分凝器通常因负荷较大，故常用卧式列管换热器；而冷却器则因负荷一般较小，故可选用竖直列管式或蛇管式换热器。换热器的设计应注意传热温差至少保持在 10～20℃ 左右。冷却水出口温度则不应大于 40℃。

以下着重介绍再沸器（蒸馏釜）和冷凝器的型式和特点。具体设计计算过程从略。

（2）再沸器（蒸馏釜）

该装置是用于加热塔底料液使之部分汽化，提供蒸馏过程所需热量的热交换设备。常用以下几种。

① 内置式再沸器（蒸馏釜）　此系直接将加热装置设于塔底部，可采用夹套、蛇管或列管式加热器，如图 3-29（a）所示。其装料系数依物系起泡倾向取为 60%～80%。内置式再沸器（蒸馏釜）的优点是安装方便，可减少占地面积，通常用于直径小于 600mm 的蒸馏塔中。

② 釜式（罐式）再沸器　对直径较大的塔，一般将再沸器置于塔外，如图 3-29（b）所示。其管束可抽出，为保证管束浸于沸腾液中，管束末端设溢流堰，堰外空间为出料液的缓冲区。其液面以上空间为汽液分离空间。

若工艺过程要求较高的汽化率，宜采用罐式再沸器，其汽化率可达 80%。此外，对于某些塔底物料需分批移除的塔或间歇精馏塔，因操作范围变化大，也宜采用罐式再沸器。

③ 虹吸式再沸器　利用热虹吸原理，即再沸器内液体被加热部分汽化后，汽液混合物密度小于塔内液体的密度，使再沸器与塔间产生静压差，促使塔底液体被"虹吸"进入再沸器，在再沸器内汽化后返回塔，因而不必用泵便可使塔底液体循环。热虹吸式再沸器有立式和卧式两种，如图 3-29（c）、图 3-29（d）所示。

如处理能力较小、循环量小或精馏塔为饱和蒸气进料时，所需传热面积较小，选用立式热虹吸再沸器较适宜。其优点是按单位面积计的再沸器金属耗量显著低于其他型式，并且还具有传热效果较好、占地面积小、连接管线短等优点。但立式热虹吸式再沸器安装时要求精馏塔底部液面与再沸器顶部管板相平，要有固定标高，其循环速率受流体力学因素制约。当处理能力大，要求循环量大，传热面积也大时，常选用卧式热虹吸式再沸器。一是由于随传热面加大，其单位面积的金属耗量降低较快；二是其循环量受流体力学因素影响较小，可在一定范围内调整塔底与再沸器之间的高度差以适应要求。

热虹吸式再沸器的汽化率不能大于 40%，否则传热不良，且因加热管不能充分润湿而易结垢，由于料液在再沸器中滞留时间较短也难以提高汽化率。

④ 强制循环式再沸器　对高黏度液体如热敏性物料宜用泵强制循环式再沸器，因其流速大，停留时间短，便于控制和调节液体循环量。强制循环式再沸器有立式和卧式两种，如图 3-29（e）、图 3-29（f）所示。强制循环式再沸器因采用泵循环，使得操作费用增加，而且釜温较高时需选用耐高温泵，设备费用较高，另外料液易发生泄漏，故除特殊需要外，一般不宜采用。仅在塔底物料黏度很高，或易受热分解而结垢等特殊情况下，才考虑采用泵强制循环式再沸器。

应予指出，再沸器的选型应依据工艺要求和再沸器的特点，并结合经济因素考虑。再沸器的传热面积是决定塔操作弹性的一个主要因素，故估算其传热面积时，安全系数要适当选大一些，以防塔底蒸发量不足而影响操作。

（3）塔顶回流冷凝器

塔顶回流冷凝器通常采用管壳式换热器，有卧式、立式、管内或管外冷凝等形式。按冷

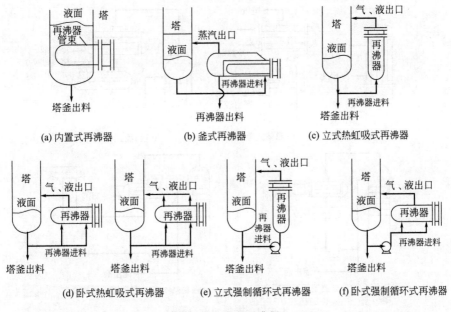

(a) 内置式再沸器　　　(b) 釜式再沸器　　　(c) 立式热虹吸式再沸器

(d) 卧式热虹吸式再沸器　　(e) 立式强制循环式再沸器　　(f) 卧式强制循环式再沸器

图 3-29　塔底再沸器

凝器与塔的相对位置区分,有以下几类。

① 整体式及自流式　对小型塔,冷凝器一般置于塔顶,凝液借重力回流入塔,此即整体式冷凝器,又称内回流式,如图 3-30 (a)、图 3-30 (b) 所示。其优点之一是蒸气压降较小,可借改变气升管或塔板位置调节位差以保证回流与采出所需的压头,可用于凝液难以用泵输送或泵送有危险的场合;优点之二是节省安装面积。常用于减压蒸馏或传热面积较小(例如 $50m^2$ 以下) 的情况。缺点是塔顶结构复杂,维修不便。

图 3-30 (c) 所示为自流式冷凝器,即将冷凝器置于塔附近的台架上,靠改变台架的高度获得回流和采出所需的位差。

② 强制循环式　当塔的处理量很大或板数很多时,若回流冷凝器置于塔顶将造成安装、检修等诸多不便,且造价高。可将冷凝器置于塔下部适当位置,用泵向塔顶送回流,在冷凝器和泵之间需设回流罐,即为强制循环式。可采用图 3-30 (d)、图 3-30 (e) 所示的两种流程。

(4) 塔主要接管尺寸计算

接管用于连接工艺管路,使之与相关设备连成系统。板式塔主要接管有:塔顶上升蒸汽管、回流液管、进料管、塔釜出料管和塔底蒸汽入口管等。接管尺寸的计算可运用已学过的流体力学基本知识予以解决。

① 塔顶蒸汽出口管　塔顶到冷凝器的蒸汽导管,必须具有合适的尺寸,以免压力降过大,特别是减压精馏更应注意,管径 d_p 可按下式计算。

$$d_p = \sqrt{\frac{4V_s}{\pi u_V}}$$ (3-125)

式中　V_s——上升蒸汽流量,m^3/s;

　　　u_V——上升蒸汽流速,m/s。

各种操作压强下蒸汽管中许可速度 u_V 见表 3-12。

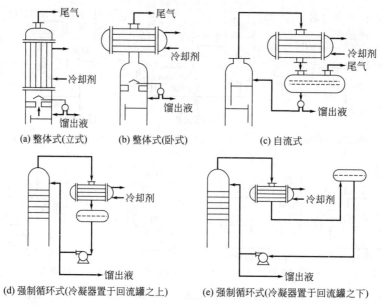

(a) 整体式(立式)　　(b) 整体式(卧式)　　　　(c) 自流式

(d) 强制循环式(冷凝器置于回流罐之上)　　(e) 强制循环式(冷凝器置于回流罐之下)

图 3-30　塔顶回流冷凝器

表 3-12　管内蒸汽许可速度

操作压强(绝压)	常压	13.3～6.7kPa	6.7kPa 以下
蒸汽流速/(m/s)	12～20	30～45	45～60

② 塔底蒸汽入口管　一般对于黏度大的流体，流速应取得小些；对于黏度小的流体，可采用较大的流速。

通常塔底蒸汽入口管的结构如图 3-31 所示。图 3-31（a）所示为对气体分布要求不高时采用；当塔径较大且进气要求均匀时，可采用图 3-31（b）所示蒸汽喷出器。其结构一般为一环形蒸汽管，管的下面和侧面适当开一些小孔供蒸汽喷出。小孔直径一般为 3～10mm，孔心距为孔径的 5～10 倍。小孔总面积应为加热蒸汽管横截面积的 1.2～1.5 倍，管内蒸汽速度为 20～25m/s。当采用直接蒸汽加热釜液时，蒸汽入口管安装在液面以下（浸入釜中液层至少 0.6m 以上），管上的小孔应朝向下方或斜下方，以保证蒸汽与溶液有足够的接触时间；当用蒸汽间接加热釜液时，蒸汽入口管安装在液面上方，管上的小孔应朝上方或斜上方。

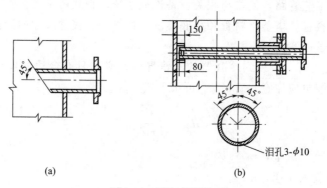

(a)　　　　　　　　　　(b)

图 3-31　进气管结构

③ 回流液管　通常，重力回流时，回流管内液流速度 u_R 一般取 $0.2\sim0.5$ m/s；强制回流（用泵输送回流液）时，u_R 取 $1\sim2.5$ m/s。

④ 加料管　料液由高位槽流入塔内时，进料管内流速 u_F 可取为 $0.4\sim0.8$ m/s；泵送料液入塔时，u_F 取为 $1.5\sim2.5$ m/s。

⑤ 料液排出管　塔釜馏出液体速度 u_W 一般可取为 $0.5\sim1.0$ m/s。

⑥ 饱和水蒸气管　表压为 295kPa 以下时，流速取为 $20\sim40$ m/s；表压为 785kPa 以下时，流速取为 $40\sim60$ m/s；表压为 2950kPa 以上时，流速取为 80kPa。

注意：所有计算所得尺寸均应圆整到相应规格的管径。

(5) 泵

精馏装置的使用泵一般包括回流泵、产品泵、加料泵和冷却泵等，泵的选型可运用流体力学知识进行，其过程大体简述如下。

① 由输送物料流过的管路、阀门、管件和单元设备等，计算出系统的总阻力（$\sum h_f$）。

② 根据物料的初始界面及最终到达的位置或界面，确定输送过程流体位能及静压能所发生的变化（ΔZ、$\Delta p/\rho g$）以及动能变化（$\Delta u^2/2g$）。

③ 利用能量衡算方程，计算出所需泵的扬程 H：

$$H = \Delta Z + \frac{\Delta p}{\rho g} + \frac{\Delta u^2}{2g} + \sum h_f \tag{3-126}$$

$$\sum h_f = \sum h_{f1} + \sum h_{f2} + \sum h_{f3} \tag{3-127}$$

式中　$\sum h_{f1}$——系统中直管阻力损失，m；

$\sum h_{f2}$——系统中阀门、管件等局部阻力损失，m；

$\sum h_{f3}$——系统中各单元设备阻力损失，m。

④ 根据输送介质的物性及操作条件选择泵的类型，并根据输送流量要求 Q 和上述 H 计算值，利用相应的性能表选定所需泵的型号。

3.8 板式精馏塔设计示例

3.8.1 浮阀精馏塔设计示例

【设计题目】年处理 14 万吨的乙醇-水二元精馏浮阀塔设计

【设计条件】进料乙醇含量 20%（质量分数，下同）；年开工率 300 天/年。

塔顶乙醇含量不低于 95%，釜液乙醇不高于含量 0.2%。

建厂地址：吉林地区。

【设计计算】

一、塔板的工艺设计

（一）设计方案的确定（略）

（二）精馏塔全塔物料衡算

原料乙醇的摩尔组成：$x_F = \dfrac{20/46}{20/46 + 80/18} = 8.91\%$

塔顶产品乙醇的摩尔组成：$x_D = \dfrac{95/46}{95/46 + 5/18} = 88.14\%$

塔底残液乙醇的摩尔组成：$x_W = \dfrac{0.2/46}{0.2/46 + 99.8/18} = 0.078\%$

进料量：$F = 14$ 万吨/年 $= \dfrac{14 \times 10^4 \times 10^3 \times (0.2/46 + 0.8/18)}{300 \times 24 \times 3600} = 0.2635\,\text{kmol/s}$

全塔物料衡算式：$\left.\begin{array}{l} F = D + W \\ Fx_F = Dx_D + Wx_W \end{array}\right\} \Rightarrow \left\{\begin{array}{l} D = 0.0264\,\text{kmol/s} \\ W = 0.2371\,\text{kmol/s} \end{array}\right.$

（三）物性参数计算

表 3-13　常压下乙醇-水汽液平衡组成（摩尔）与温度关系

乙醇(摩尔分数)/%		温度/℃	乙醇(摩尔分数)/%		温度/℃	乙醇(摩尔分数)/%		温度/℃
液相	汽相		液相	汽相		液相	汽相	
0	0	100	23.37	54.45	82.7	57.32	68.41	79.3
1.90	17.00	95.5	26.08	55.80	82.3	67.63	73.85	78.74
7.21	38.91	89.0	32.73	58.26	81.5	74.72	78.15	78.41
9.66	43.75	86.7	39.65	61.22	80.7	89.43	89.43	78.15
12.38	47.04	85.3	50.79	65.64	79.8			
16.61	50.89	84.1	51.98	65.99	79.7			

1. 温度的确定

利用表 3-13 中数据利用数值插值法确定进料温度 t_F、塔顶温度 t_D、塔底温度 t_W。

进料温度：$\dfrac{89.0 - 86.7}{7.21 - 9.66} = \dfrac{t_F - 89.0}{8.91 - 7.21} \Rightarrow t_F = 87.41\,℃$

塔顶温度：$\dfrac{78.15 - 78.41}{89.43 - 74.72} = \dfrac{t_D - 78.15}{88.14 - 89.43} \Rightarrow t_D = 78.17\,℃$

塔底温度：$\dfrac{100 - 95.5}{0 - 1.90} = \dfrac{t_W - 100}{0.078 - 0} \Rightarrow t_W = 99.82\,℃$

精馏段平均温度：$\overline{t}_1 = \dfrac{t_F + t_D}{2} = \dfrac{87.41 + 78.17}{2} = 82.79\,℃$

提馏段平均温度：$\overline{t}_2 = \dfrac{t_F + t_W}{2} = \dfrac{87.41 + 99.82}{2} = 93.61\,℃$

2. 密度的计算

利用式 $\dfrac{1}{\rho_L} = \dfrac{a_A}{\rho_A} + \dfrac{a_B}{\rho_B}$（$a$ 质量分数）、$\rho_V = \dfrac{T_0 p \overline{M}}{22.4 T p_0}$（$\overline{M}$ 平均相对分子量）计算混合液体密度和混合气体密度。

塔顶温度：$t_D = 78.17\,℃$

汽相组成 y_D：$\dfrac{78.41 - 78.15}{78.15 - 89.43} = \dfrac{78.17 - 78.15}{100 y_D - 89.43} \Rightarrow y_D = 88.56\%$

进料温度：$t_F = 87.41\,℃$

汽相组成 y_F：$\dfrac{89.0 - 86.7}{78.15 - 43.75} = \dfrac{89.0 - 87.41}{38.91 - 100 y_F} \Rightarrow y_F = 42.26\%$

塔底温度：$t_W = 99.82\,℃$

汽相组成 y_W：$\dfrac{100 - 99.5}{0 - 17.00} = \dfrac{100 - 99.82}{0 - 100 y_W} \Rightarrow y_W = 0.68\%$

精馏段平均液相组成 x_1：$x_1 = \dfrac{x_D + x_F}{2} = \dfrac{0.8814 + 0.0891}{2} \Rightarrow x_1 = 48.53\%$

精馏段平均汽相组成 y_1：$y_1 = \dfrac{y_D + y_F}{2} = \dfrac{0.8856 + 0.4226}{2} \Rightarrow y_1 = 65.41\%$

精馏段液相平均分子量 $\overline{M}_{L1}$：$\overline{M}_{L1} = 46 \times 0.4853 + 18 \times (1 - 0.4853) = 31.59\text{kg/kmol}$

精馏段汽相平均分子量 $\overline{M}_{V1}$：$\overline{M}_{V1} = 46 \times 0.6541 + 18 \times (1 - 0.6541) = 36.31\text{kg/kmol}$

提馏段平均液相组成 x_2：$x_2 = \dfrac{x_W + x_F}{2} \Rightarrow x_2 = 4.49\%$

提馏段平均汽相组成 y_2：$y_1 = \dfrac{y_D + y_F}{2} \Rightarrow y_1 = 65.41\%$

提馏段液相平均分子量 $\overline{M}_{L2}$：$\overline{M}_{L2} = 46 \times 0.0449 + 18 \times (1 - 0.0449) = 19.26\text{kg/kmol}$

提馏段汽相平均分子量 $\overline{M}_{V2}$：$\overline{M}_{V2} = 46 \times 0.2147 + 18 \times (1 - 0.2147) = 24.01\text{kg/kmol}$

表 3-14 不同温度下乙醇和水的密度

温度/℃	ρ_o/(kg·m^{-3})	ρ_w/(kg·m^{-3})	温度/℃	ρ_o/(kg·m^{-3})	ρ_w/(kg·m^{-3})
80	735	971.8	95	720	961.85
85	730	968.6	100	716	958.4
90	724	965.3			

利用表 3-14 中数据利用数值插值法确定进料温度 t_F、塔顶温度 t_D、塔底温度 t_W 下的乙醇（o）和水（w）的密度。

$t_F = 87.41℃$，$\dfrac{90-85}{724-730} = \dfrac{90-87.41}{724-\rho_{oF}} \Rightarrow \rho_{oF} = 727.11\text{kg/m}^3$ （进料中乙醇的密度）

$\dfrac{90-85}{965.3-968.6} = \dfrac{90-87.41}{965.3-\rho_{wF}} \Rightarrow \rho_{wF} = 967.01\text{kg/m}^3$ （进料中水的密度）

$\dfrac{1}{\rho_F} = \dfrac{0.2}{727.11} + \dfrac{1-0.2}{967.01} \Rightarrow \rho_F = 907.11\text{kg/m}^3$ （料液的密度）

$t_D = 78.17℃$，$\dfrac{90-85}{724-730} = \dfrac{90-78.17}{724-\rho_{oD}} \Rightarrow \rho_{oD} = 738.20\text{kg/m}^3$ （馏出液中乙醇的密度）

$\dfrac{90-85}{965.3-968.6} = \dfrac{90-78.17}{965.3-\rho_{wD}} \Rightarrow \rho_{wD} = 973.10\text{kg/m}^3$ （馏出液中水的密度）

$\dfrac{1}{\rho_D} = \dfrac{0.95}{738.20} + \dfrac{1-0.95}{973.10} \Rightarrow \rho_D = 747.38\text{kg/m}^3$ （馏出液的密度）

$t_W = 99.82℃$，$\dfrac{90-85}{724-730} = \dfrac{90-99.82}{724-\rho_{oW}} \Rightarrow \rho_{oW} = 712.22\text{kg/m}^3$ （残液中乙醇的密度）

$\dfrac{90-85}{965.3-968.6} = \dfrac{90-99.82}{965.3-\rho_{wW}} \Rightarrow \rho_{wW} = 958.82\text{kg/m}^3$ （残液中水的密度）

$\dfrac{1}{\rho_W} = \dfrac{0.002}{712.22} + \dfrac{1-0.002}{958.82} \Rightarrow \rho_W = 957.87\text{kg/m}^3$ （残液的密度）

所以

$$\rho_{L1} = \frac{\rho_F + \rho_D}{2} = \frac{907.15 + 747.38}{2} = 827.26\text{kg/m}^3$$

$$\rho_{L2} = \frac{\rho_F + \rho_W}{2} = \frac{907.15 + 957.87}{2} = 932.51\text{kg/m}^3$$

$$\overline{M}_{LD} = x_D \times 46 + (1 - x_D) \times 18 = 42.68\text{kg/kmol}$$

$$\overline{M}_{LF} = x_F \times 46 + (1 - x_F) \times 18 = 20.48\text{kg/kmol}$$

$$\overline{M}_{LW} = x_W \times 46 + (1 - x_W) \times 18 = 18.02\text{kg/kmol}$$

$$\overline{M}_{\mathrm{L1}} = \frac{\overline{M}_{\mathrm{LD}} + \overline{M}_{\mathrm{LF}}}{2} = 31.59 \mathrm{kg/kmol}$$

$$\overline{M}_{\mathrm{L2}} = \frac{\overline{M}_{\mathrm{LW}} + \overline{M}_{\mathrm{LF}}}{2} = 19.26 \mathrm{kg/kmol}$$

$$\rho_{\mathrm{VF}} = \frac{29.83 \times 273.15}{22.4(273.15 + 87.41)} = 1.01 \mathrm{kg/m^3}$$

$$\rho_{\mathrm{VD}} = \frac{42.80 \times 273.15}{22.4(273.15 + 78.17)} = 1.49 \mathrm{kg/m^3}$$

$$\rho_{\mathrm{VW}} = \frac{18.19 \times 273.15}{22.4(273.15 + 99.82)} = 0.59 \mathrm{kg/m^3}$$

$$\rho_{\mathrm{V1}} = \frac{\rho_{\mathrm{VD}} + \rho_{\mathrm{VF}}}{2} = \frac{1.49 + 1.01}{2} = 1.25 \mathrm{kg/m^3}$$

$$\rho_{\mathrm{V2}} = \frac{\rho_{\mathrm{VW}} + \rho_{\mathrm{VF}}}{2} = \frac{0.59 + 1.01}{2} = 0.80 \mathrm{kg/m^3}$$

3. 混合液体表面张力的计算

二元有机物-水溶液表面张力可用下列公式计算

$$\sigma_{\mathrm{m}}^{1/4} = \varphi_{\mathrm{sw}} \sigma_{\mathrm{w}}^{1/4} + \varphi_{\mathrm{so}} \sigma_{\mathrm{o}}^{1/4}$$

其中
$$\sigma_{\mathrm{w}} = \frac{x_{\mathrm{w}} V_{\mathrm{w}}}{x_{\mathrm{w}} V_{\mathrm{w}} + x_{\mathrm{o}} V_{\mathrm{o}}} \qquad \sigma_{\mathrm{o}} = \frac{x_{\mathrm{o}} V_{\mathrm{o}}}{x_{\mathrm{w}} V_{\mathrm{w}} + x_{\mathrm{o}} V_{\mathrm{o}}}$$

$$\varphi_{\mathrm{sw}} = \frac{x_{\mathrm{sw}} V_{\mathrm{w}}}{V_{\mathrm{s}}} \qquad \varphi_{\mathrm{so}} = \frac{x_{\mathrm{so}} V_{\mathrm{o}}}{V_{\mathrm{s}}}$$

$$B = \lg\left(\frac{\varphi_{\mathrm{w}}^{q}}{\varphi_{\mathrm{o}}}\right) \qquad Q = 0.441 \times \left(\frac{q}{T}\right)\left[\frac{\sigma_{\mathrm{o}} V_{\mathrm{o}}^{2/3}}{q} - \sigma_{\mathrm{w}} V_{\mathrm{w}}^{2/3}\right]$$

$$A = B + Q \qquad A = \lg\left(\frac{\varphi_{\mathrm{sw}}^{q}}{\varphi_{\mathrm{so}}}\right) \qquad \varphi_{\mathrm{sw}} + \varphi_{\mathrm{so}} = 1$$

上述诸式中　下标 w，o，s——分别代表水、有机物及表面部分；

$\qquad\qquad\qquad x_{\mathrm{w}}$，$x_{\mathrm{o}}$——主体部分的分子数；

$\qquad\qquad\qquad V_{\mathrm{w}}$，$V_{\mathrm{o}}$——主体部分的分子体积；

$\qquad\qquad\qquad \sigma_{\mathrm{w}}$，$\sigma_{\mathrm{o}}$——纯水、有机物的表面张力；

对乙醇 $q = 2$。

$$V_{\mathrm{oD}} = \frac{m_{\mathrm{o}}}{\rho_{\mathrm{oD}}} = \frac{46}{738.20} = 62.31 \mathrm{mL}$$

$$V_{\mathrm{oW}} = \frac{m_{\mathrm{o}}}{\rho_{\mathrm{oW}}} = \frac{46}{712.22} = 64.59 \mathrm{mL}$$

$$V_{\mathrm{oF}} = \frac{m_{\mathrm{o}}}{\rho_{\mathrm{oF}}} = \frac{46}{727.11} = 63.26 \mathrm{mL}$$

$$V_{\mathrm{wD}} = \frac{m_{\mathrm{w}}}{\rho_{\mathrm{wD}}} = \frac{18}{973.10} = 18.50 \mathrm{mL}$$

$$V_{\mathrm{wW}} = \frac{m_{\mathrm{w}}}{\rho_{\mathrm{wW}}} = \frac{18}{958.82} = 18.77 \mathrm{mL}$$

$$V_{\mathrm{wF}} = \frac{m_{\mathrm{w}}}{\rho_{\mathrm{wF}}} = \frac{18}{967.01} = 18.61 \mathrm{mL}$$

查取不同温度下乙醇和水的表面张力，列于表 3-15。

表 3-15　不同温度下乙醇和水的表面张力

温度/℃	乙醇表面张力 /10^{-3}N·m^{-1}	水的表面张力 /10^{-3}N·m^{-1}	温度/℃	乙醇表面张力 /10^{-3}N·m^{-1}	水的表面张力 /10^{-3}N·m^{-1}
70	18	64.3	90	16.2	60.7
80	17.15	62.6	100	15.2	58.8

利用表 3-15 中数据利用数值插值法确定进料温度 t_F、塔顶温度 t_D、塔底温度 t_W 下的乙醇和水的表面张力（单位 10^{-3}N·m^{-1}）。

乙醇的表面张力

$$\frac{90-80}{90-87.41}=\frac{16.2-17.15}{16.2-\sigma_{oF}}\Rightarrow\sigma_{oF}=16.45$$

$$\frac{80-70}{80-78.17}=\frac{17.15-18}{17.15-\sigma_{oD}}\Rightarrow\sigma_{oD}=17.31$$

$$\frac{100-90}{100-99.82}=\frac{15.2-16.2}{15.2-\sigma_{oW}}\Rightarrow\sigma_{oW}=15.22$$

水的表面张力

$$\frac{90-80}{90-87.41}=\frac{60.7-62.6}{60.7-\sigma_{wF}}\Rightarrow\sigma_{wF}=61.19$$

$$\frac{80-70}{80-78.17}=\frac{62.6-64.3}{62.6-\sigma_{wD}}\Rightarrow\sigma_{wD}=62.91$$

$$\frac{100-90}{100-99.82}=\frac{58.8-60.7}{58.8-\sigma_{wW}}\Rightarrow\sigma_{wW}=58.83$$

经推导

$$\varphi_{wD}^2=\frac{\left[(1-x_D)V_{wD}\right]^2}{\left[(1-x_D)V_{wD}+x_D V_{oD}\right]^2}$$

$$\varphi_{oD}=\frac{x_D V_{oD}}{(1-x_D)V_{wD}+x_D V_{oD}}$$

塔顶液表面张力

$$\frac{\varphi_{wD}^2}{\varphi_{oD}}=\frac{\left[(1-x_D)V_{wD}\right]^2}{x_D V_{oD}\left[(1-x_D)V_{wD}+x_D V_{oD}\right]}$$

$$=\frac{\left[(1-0.8814)\times18.50\right]^2}{0.8814\times62.31\times\left[(1-0.8816)\times18.50+0.8814\times62.31\right]}=0.0015$$

$$B=\lg\left(\frac{\varphi_{wD}^q}{\varphi_{oD}}\right)=\lg\left(\frac{\varphi_{wD}^2}{\varphi_{oD}}\right)=\lg0.0015=-2.8239$$

$$Q=0.441\times\left(\frac{q}{T}\right)\left[\frac{\sigma_{oD}V_{oD}^{2/3}}{q}-\sigma_{wD}V_{wD}^{2/3}\right]$$

$$=0.441\times\frac{2}{273.15+78.17}\times\left[\frac{17.31\times(62.31)^{2/3}}{2}-62.91\times(18.50)^{2/3}\right]$$

$$=-0.7638$$

$$A=B+Q=-2.8239-0.7638=-3.5877$$

联立方程组

$$\begin{cases}A=\lg\left(\dfrac{\varphi_{sw}^2}{\varphi_{so}}\right)\\\varphi_{sw}+\varphi_{so}=1\end{cases}\Rightarrow\begin{cases}\varphi_{swD}=0.016\\\varphi_{soD}=0.984\end{cases}$$

代入

$$\sigma_{mD}^{1/4}=\varphi_{swD}\sigma_{wD}^{1/4}+\varphi_{soD}\sigma_{oD}^{1/4}\Rightarrow\sigma_{mD}=17.73$$

利用同样的方法可计算出原料及塔底的表面张力。

原料液表面张力 $\qquad \sigma_{mF}=32.19$

塔底液表面张力 $\qquad \sigma_{mW}=58.03$

精馏段的表面张力 $\qquad \sigma_1=\dfrac{\sigma_{mF}+\sigma_{mD}}{2}=\dfrac{32.19+17.73}{2}=24.96$

提馏段的表面张力 $\qquad \sigma_1=\dfrac{\sigma_{mF}+\sigma_{mW}}{2}=\dfrac{32.19+58.03}{2}=45.11$

4. 混合物的黏度

利用液体黏性共线图查出：$\bar{t}_1=82.79℃\rightarrow\mu_{H_2O}=0.3439\text{mPa}\cdot\text{s}$；$\mu_{C_2H_5OH}=0.433\text{mPa}\cdot\text{s}$

$\qquad \bar{t}_2=93.61℃\rightarrow\mu'_{H_2O}=0.298\text{mPa}\cdot\text{s}$；$\mu'_{C_2H_5OH}=0.381\text{mPa}\cdot\text{s}$

精馏段的黏度 $\mu_1=\mu_{C_2H_5OH}x_1+\mu_{H_2O}(1-x_1)$

$\qquad\qquad =0.433\times0.4853+0.3439\times(1-0.4853)$

$\qquad\qquad =0.3871\text{mPa}\cdot\text{s}$

精馏段的黏度 $\mu_2=\mu'_{C_2H_5OH}x_2+\mu'_{H_2O}(1-x_2)$

$\qquad\qquad =0.381\times0.0449+0.298\times(1-0.0449)=0.3017\text{mPa}\cdot\text{s}$

5. 相对挥发度

由 $x_F=0.0891$，$y_F=0.4226$ 得 $\alpha_F=\dfrac{0.4226}{0.0891}\Big/\dfrac{1-0.4226}{1-0.0891}=7.48$

由 $x_D=0.8814$，$y_D=0.8856$ 得 $\alpha_D=\dfrac{0.8856}{0.8814}\Big/\dfrac{1-0.8856}{1-0.8814}=1.04$

由 $x_W=0.00078$，$y_W=0.0068$ 得 $\alpha_W=\dfrac{0.0068}{0.00078}\Big/\dfrac{1-0.0068}{1-0.00078}=8.77$

精馏段的平均相对挥发度：$\alpha_1=\dfrac{\alpha_F+\alpha_D}{2}=4.26$

提馏段的平均相对挥发度：$\alpha_2=\dfrac{\alpha_F+\alpha_W}{2}=8.13$

（四）理论塔板数及实际塔板数的计算

1. 理论塔板数确定

理论塔板数的计算方法：可采用逐板计算法、图解法。本设计采用图解法。

根据 1.01325×10^5 Pa 下乙醇-水的汽液平衡组成图可绘制出平衡曲线（x-y 曲线）。选择泡点进料 $q=1$。乙醇-水的汽液平衡曲线具有下凹部分，操作线尚未落到平衡线，已与平衡线相切（图略）。

作图得 $x_q=0.0891$，$y_q=0.3025$，所以 $R_{min}=2.713$。

操作回流比取 $\qquad R=1.5R_{min}=1.5\times2.713=4.07$

精馏段操作线方程 $\qquad y_{n+1}=\dfrac{R}{R+1}x_n+\dfrac{x_D}{R+1}=0.803x_n+0.174$

提馏段操作线方程 $\qquad y_{m+1}=\dfrac{L+qF}{L+qF-W}x_m-\dfrac{Wx_W}{L+qF-W}=2.771x_m-0.00139$

在图上作两段的操作线，由点（0.8814，0.8814）起在平衡线与精馏段操作线间画梯阶，过精馏段操作线与 q 线的交点，再在平衡线与提馏段操作线间画梯阶，直至梯阶与平衡线的交点小于或等于 0.00078 为止。由此得到：

全塔理论板数 $N_T=26$ 块（包括再沸器）

加料板为第 24 块理论板。

精馏段理论板数 $N_{T1}=23$ 块

提馏段理论板数 $N_{T2}=3-1=2$ 块

2. 实际塔板数确定

精馏段 已知 $\alpha_1=4.26$，$\mu_{L1}=0.3871$mPa·s

$$E_{T1}=0.49(\alpha_1\mu_{L1})^{-0.245}=0.49\times(4.26\times0.3871)^{-0.245}=0.43$$

$$N_{P精}=\frac{N_{T1}}{E_{T1}}=\frac{23}{0.43}=53 块$$

提馏段 已知 $\alpha_2=8.13$，$\mu_{L2}=0.3017$mPa·s

$$E_{T2}=0.49(\alpha_2\mu_{L2})^{-0.245}=0.49\times(8.13\times0.3017)^{-0.245}=0.39$$

$$N_{P提}=\frac{N_{T2}}{E_{T2}}=\frac{2}{0.39}=5 块$$

全塔所需实际塔板数 $N_P=N_{P精}+N_{P提}=53+5=58$ 块

全塔效率 $$E_T=\frac{N_T}{N_P}\times100\%=\frac{26-1}{58}\times100\%=43.1\%$$

实际加料板位置在第 54 块板。

(五) 热量衡算

1. 热量衡算示意图 (略)

2. 加热介质的选择

常用的加热剂有饱和水蒸气和烟道气。本设计选用300kPa（温度133.3℃）的饱和水蒸气作加热介质。

原因：水蒸气清洁易得，不易结垢，不腐蚀管道。饱和水蒸气压力越高，冷凝温差越大，管程数相应减小，但蒸气压力不宜太高。

3. 冷却剂的选择

常用的冷却剂是水和空气。本设计建厂吉林地区。吉林夏季最热月份日平均气温为25℃。故选用25℃的冷凝水，选温升10℃，即冷却水的出口温度为35℃。

4. 比热容及汽化潜热的计算

(1) 塔顶温度 t_D 下的比热容 对于乙醇查液体比热容共线图

$t_D=78.17$℃下，查得 $C_{po}=3.46$kJ/(kg·K)$=159.16$kJ/(kmol·K)

$$\frac{C_{pw,80℃}-C_{pw,78.17℃}}{C_{pw,80℃}-C_{pw,70℃}}=\frac{4.195-C_{pw,78.17℃}}{4.195-4.187}=\frac{80-78.17}{80-70}$$

$$\Rightarrow C_{pw,78.17℃}=4.194\text{kJ/(kg·K)}=75.48\text{kJ/(kmol·K)}$$

$\overline{C}_{pD}=C_{po}x_D+C_{pw}(1-x_D)=159.16\times0.8814+75.48\times(1-0.8814)=149.26$kJ/(kmol·K)

(2) 进料温度 t_F 下的比热容

$t_F=87.41$℃下，查得：$C_{po}=3.69$kJ/(kg·K)$=169.74$kJ/(kmol·K)

$$\frac{C_{pw,90℃}-C_{pw,87.41℃}}{C_{pw,90℃}-C_{pw,80℃}}=\frac{4.208-C_{pw,100℃}}{4.208-4.195}=\frac{90-87.41}{90-80}$$

$$\Rightarrow C_{pw,87.41℃}=4.205\text{kJ/(kg·K)}=75.68\text{kJ/(kmol·K)}$$

$\overline{C}_{pF}=C_{po}x_F+C_{pw}(1-x_F)=169.74\times0.0891+75.68\times(1-0.0891)=84.06$kJ/(kmol·K)

(3) 塔底温度 t_W 下的比热容

$t_W=99.82$℃下，查得：$C_{po}=2.59$kJ/(kg·K)$=119.14$kJ/(kmol·K)

$$\frac{C_{pw,100℃}-C_{pw,99.82℃}}{C_{pw,100℃}-C_{pw,90℃}}=\frac{4.220-C_{pw,78.17℃}}{4.220-4.208}=\frac{100-99.82}{100-90}$$

$$\Rightarrow C_{pw,78.17℃} = 4.220kJ/(kg \cdot K) = 75.96kJ/(kmol \cdot K)$$

$$\overline{C}_{pW} = C_{po}x_W + C_{pw}(1-x_W) = 119.14 \times 0.00078 + 75.96 \times (1-0.00078) = 75.99kJ/(kmol \cdot K)$$

(4) 塔顶温度 t_D 下的汽化潜热

$$\gamma_o = 598.0kJ/kg, \quad \gamma_W = 1241.0kJ/kg$$

$$\overline{\gamma} = \gamma_o x_D + \gamma_W(1-x_D) = 598.0 \times 0.8814 + 1241.0 \times (1-0.8814) = 674.26kJ/kg$$

5. 热量衡算

(1) 0℃时塔顶上升的热量 Q_V　塔顶以 0℃ 为基准

$$\begin{aligned}Q_V &= V\overline{C}_{pD}t_D + V\overline{\gamma}\,\overline{M}_{VD} = 0.134 \times 3600 \times 149.26 \times 78.17 + 0.134 \times 3600 \times 674.26 \times 42.80 \\ &= 19549734kJ/h\end{aligned}$$

(2) 回流液的热量 Q_R　注：此为泡点回流。据 t-x-y 图查此时组成下的泡点 $t_D = 78.00℃$

此温度下，$\overline{C}_{pR} = 148.02kJ/(kmol \cdot K)$

$$Q_R = L\overline{C}_{pR}t_R = 0.107 \times 3600 \times 148.02 \times 78.00 = 4447349.7kJ/h$$

(3) 塔顶馏出液的热量 Q_D　因馏出口与回流口组成相同，所以 $\overline{C}_{pD} = 148.02kJ/(kmol \cdot K)$

$$Q_D = D\overline{C}_{pD}t_D = 0.0264 \times 3600 \times 148.02 \times 78.17 = 1099681.6kJ/h$$

(4) 进料的热量 Q_F　$Q_F = F\overline{C}_{pF}t_F = 0.2635 \times 3600 \times 84.06 \times 87.41 = 6970013.6kJ/h$

(5) 塔底残液的热量 Q_W　$Q_W = WC_{pw}t_W = 0.2371 \times 3600 \times 75.99 \times 99.82 = 6474527.3kJ/h$

(6) 冷凝器消耗的热量 Q_C　$Q_C = Q_V - Q_R - Q_D = 19549734 - 4447349.7 - 1099681.6 = 14002703kJ/h$

(7) 再沸器提供热量 Q_B（全塔范围列衡算式）　塔釜热损失为 10%，则 $Q_损 = 0.1Q_B$

$$Q_B + Q_F = Q_C + Q_W + Q_D + Q_损$$

再沸器的实际热负荷

$$\begin{aligned}0.9Q_B &= Q_C + Q_W + Q_D - Q_F \\ &= 14002703 + 6474527.3 + 1099681.6 - 6970013.6 = 14606898kJ/h\end{aligned}$$

计算得：$Q_B = 16229887kJ/h$

计算结果见表 3-16。

表 3-16　热量衡算计算结果

项　　目	进料	冷凝器	塔顶馏出液	塔底残液	再沸器
平均比热容/[kJ/(kmol · K)]	84.06	—	149.26	75.99	—
热量 Q/(kJ/h)	6970013.6	14002703	1099681.6	6474527.3	16229887

（六）塔径的初步设计

1. 汽液相体积流量的计算

(1) 精馏段

$$L = RD = 4.07 \times 0.0264 = 0.107kmol/s$$

$$V = (R+1)D = (4.07+1) \times 0.0264 = 0.134kmol/s$$

已知：$\overline{M}_{L1} = 31.59kg/kmol$，$\overline{M}_{V1} = 36.32kg/kmol$，$\rho_{L1} = 827.26kg/m^3$，$\rho_{V1} = 1.25kg/m^3$。

液相质量流量　$L_1 = \overline{M}_{L1}L = 31.59 \times 0.107 = 3.38kg/s$

汽相质量流量 $\qquad V_1 = \overline{M}_{V1} V = 36.32 \times 0.134 = 4.87 \text{kg/s}$

液相体积流量 $\qquad L_{s1} = \dfrac{L_1}{\rho_{L1}} = \dfrac{3.38}{827.26} = 4.09 \times 10^{-3} \text{m}^3/\text{s}$

汽相体积流量 $\qquad V_{s1} = \dfrac{V_1}{\rho_{V1}} = \dfrac{4.87}{1.25} = 3.90 \text{m}^3/\text{s}$

(2) 提馏段 饱和液体进料 $q = 1$

$$L' = L + qD = 0.3705 \text{kmol/s}$$
$$V' = V + (q-1)F = 0.134 \text{kmol/s}$$

已知：$\overline{M}_{L2} = 19.26 \text{kg/kmol}$，$\overline{M}_{V2} = 24.01 \text{kg/kmol}$，$\rho_{L2} = 932.51 \text{kg/m}^3$，$\rho_{V2} = 0.80 \text{kg/m}^3$。

液相质量流量 $\qquad L_2 = \overline{M}_{L2} L' = 19.26 \times 0.3705 = 7.14 \text{kg/s}$

汽相质量流量 $\qquad V_2 = \overline{M}_{V2} V' = 24.01 \times 0.134 = 3.22 \text{kg/s}$

液相体积流量 $\qquad L_{s2} = \dfrac{L_2}{\rho_{L1}} = \dfrac{7.14}{932.51} = 7.66 \times 10^{-3} \text{m}^3/\text{s}$

汽相体积流量 $\qquad V_{s2} = \dfrac{V_2}{\rho_{V2}} = \dfrac{3.22}{0.80} = 4.03 \text{m}^3/\text{s}$

2. 塔径的计算与选择

(1) 精馏段

利用 $u = (\text{安全系数}) \times u_{\max}$；安全系数 $= 0.6 \sim 0.8$；$u_{\max} = C\sqrt{\dfrac{\rho_L - \rho_V}{\rho_V}}$（式中 C 可由史密斯关联图查出）

横坐标数值 $\qquad \dfrac{L_{s1}}{V_{s1}}\left(\dfrac{\rho_{L1}}{\rho_{V1}}\right)^{1/2} = 0.027$

取板间距 $\qquad \left.\begin{array}{l} H_T = 0.45 \text{m} \\ h_L = 0.07 \text{m} \end{array}\right\} \Rightarrow H_T - h_L = 0.38 \text{m}$

查图可知 $\qquad C_{20} = 0.076$

$$C = C_{20}\left(\dfrac{\sigma_1}{20}\right)^{0.2} = 0.076 \times \left(\dfrac{24.96}{20}\right)^{0.2} = 0.08$$

$$u_{\max} = 0.08 \times \sqrt{\dfrac{827.26 - 1.25}{1.02}} = 2.06 \text{m/s}$$

$$u_1 = 0.7 \times u_{\max} = 0.7 \times 2.06 = 1.44 \text{m/s}$$

塔径 $\qquad D_1 = \sqrt{\dfrac{4V_{s1}}{\pi u_1}} = \sqrt{\dfrac{4 \times 3.90}{3.14 \times 1.44}} = 1.86 \text{m}$

塔径圆整 $\qquad D_1 = 2 \text{m}$

塔横截面积 $\qquad A_T = \dfrac{\pi}{4} D_1^2 = 0.785 \times 2^2 = 3.14 \text{m}^2$

空塔气速 $\qquad u_1' = \dfrac{3.90}{3.14} = 1.24 \text{m/s}$

(2) 提馏段

横坐标数值 $\qquad \dfrac{L_{s2}}{V_{s2}}\left(\dfrac{\rho_{L2}}{\rho_{V2}}\right)^{1/2} = 0.065$

取板间距 $\qquad \left.\begin{array}{l} H_T' = 0.45 \text{m} \\ h_L' = 0.07 \text{m} \end{array}\right\} \Rightarrow H_T' - h_L' = 0.38 \text{m}$

查图可知 $$C_{20} = 0.076$$

$$C = C_{20}\left(\frac{\sigma_2}{20}\right)^{0.2} = 0.076 \times \left(\frac{45.11}{20}\right)^{0.2} = 0.089$$

$$u_{max} = 0.089 \times \sqrt{\frac{932.51 - 0.08}{0.08}} = 3.04\,\text{m/s}$$

$$u_2 = 0.7 \times u_{max} = 0.7 \times 3.04 = 2.13\,\text{m/s}$$

塔径 $$D_2 = \sqrt{\frac{4V_{s2}}{\pi u_2}} = \sqrt{\frac{4 \times 4.03}{3.14 \times 2.13}} = 1.55\,\text{m}$$

塔径圆整 $$D_2 = 2\,\text{m}$$

塔横截面积 $$A_T = \frac{\pi}{4}D_2^2 = 0.785 \times 2^2 = 3.14\,\text{m}^2$$

空塔气速 $$u_1' = \frac{4.03}{3.14} = 1.28\,\text{m/s}$$

（七）溢流装置

1. 堰长 l_W

取 $l_W = 0.65D = 0.65 \times 2 = 1.3\,\text{m}$

出口堰高：本设计采用平直堰，堰上高度 h_{OW} 按下式计算

$$h_{OW} = \frac{2.84}{1000}E\left(\frac{L_h}{l_w}\right)^{2/3} \quad （因溢流强不大，近似取溢流收缩系数 E=1）$$

（1）精馏段

$$L_h = 3600L_s$$

$$h_{OW} = \frac{2.84}{1000} \times \left(\frac{3600 \times 4.09 \times 10^{-3}}{1.3}\right)^{2/3} = 0.014\,\text{m}$$

溢流堰高 $$h_W = h_L - h_{OW} = 0.07 - 0.014 = 0.056\,\text{m}$$

（2）提馏段

$$h_{OW}' = \frac{2.84}{1000} \times \left(\frac{3600 \times 7.66 \times 10^{-3}}{1.3}\right)^{2/3} = 0.022\,\text{m}$$

溢流堰高 $$h_W' = h_L' - h_{OW}' = 0.07 - 0.022 = 0.048\,\text{m}$$

2. 弓形降液管的宽度和横截面

降液管的型式：因塔径和流体量适中，故选取弓形降液管。

查图得： $$\frac{A_F}{A_T} = 0.0721，\quad \frac{W_D}{D} = 0.124$$

$$A_F = 0.0721 \times 3.14 = 0.226\,\text{m}^2$$
$$W_D = 0.124 \times 2 = 0.248\,\text{m}$$

验算降液管内停留时间

（1）精馏段 $\theta = \dfrac{A_F H_T}{L_{s1}} = \dfrac{0.226 \times 0.45}{4.09 \times 10^{-3}} = 24.87\,\text{s} > 5\,\text{s} \Rightarrow$ 降液管可用。

（2）提馏段 $\theta' = \dfrac{A_F H_T'}{L_{s2}} = \dfrac{0.226 \times 0.45}{7.66 \times 10^{-3}} = 13.28\,\text{s} > 5\,\text{s} \Rightarrow$ 降液管可用。

3. 降液管底隙高度

（1）精馏段 取降液管底隙的流速 $u_0 = 0.13\,\text{m/s}$

$$h_0 = \frac{L_{s1}}{l_w u_0} = \frac{4.09 \times 10^{-3}}{1.3 \times 0.13} = 0.024\,\text{m} \Rightarrow \text{取}\ h_0 = 0.02\,\text{m}$$

(2) 提馏段　取降液管底隙的流速 $u_0' = 0.13\,\text{m/s}$

$$h_0' = \frac{L_{s2}}{l_w u_0'} = \frac{7.66 \times 10^{-3}}{1.3 \times 0.13} = 0.045\,\text{m} \Rightarrow \text{取}\ h_0' = 0.05\,\text{m}$$

（八）塔板分布、浮阀数目与排列

1. 塔板分布

本设计塔径 $D = 2\,\text{m}$，故采用分块式塔板，以便通过人孔装拆塔板。

2. 浮阀数目与排列

(1) 精馏段　取阀孔动能因子 $F_0 = 12$

孔速
$$u_{01} = \frac{F_0}{\sqrt{\rho_{V1}}} = \frac{12}{\sqrt{1.25}} = 10.73\,\text{m/s}$$

每层塔板上浮阀数目　$N = \dfrac{V_{s1}}{\dfrac{\pi}{4} d_0^2 u_{01}} = \dfrac{3.90}{0.785 \times 0.039^2 \times 10.73} = 304$ 个

取边缘区宽度　　$W_c = 0.06\,\text{m}$；破沫区宽度　　$W_s = 0.10\,\text{m}$

计算塔板上的鼓泡区面积　$A_a = 2\left[x\sqrt{R^2 - x^2} + \dfrac{\pi}{180} R^2 \arcsin \dfrac{x}{R} \right]$

其中　　　　　$R = \dfrac{D}{2} - W_c = \dfrac{2}{2} - 0.06 = 0.94\,\text{m}$

$$x = \frac{D}{2} - (W_d + W_s) = \frac{2}{2} - (0.248 + 0.10) = 0.652\,\text{m}$$

则计算得　　　　　$A_a = 2.24\,\text{m}$

浮阀排列方式采用等腰三角形叉排，取同一个横排的孔心距 $t = 75\,\text{mm}$。

估算排列间距　　$t' = \dfrac{A_a}{N_t} = \dfrac{2.24}{304 \times 0.075} = 0.098\,\text{m} = 98\,\text{mm}$

若考虑到塔直径较大，必须采用分块式塔板，而各分块的支撑与衔接也要占去一部分鼓泡面积，因此排列间距不宜采用 98mm，而应小些，故取 $t' = 65\,\text{mm}$，按 $t = 75\,\text{mm}$、$t' = 65\,\text{mm}$，以等腰三角形叉排作图（浮阀排列示意图略），排得浮阀数 316 个。

按 $N = 316$ 个重新核算孔速和阀孔动能因子

$$u_{01}' = \frac{3.90}{\dfrac{\pi}{4} \times 0.039^2 \times 316} = 10.34\,\text{m/s}$$

$$F_{01}' = 10.34 \times \sqrt{1.25} = 11.56$$

阀孔动能因子变化不大，仍在 9～13 范围之内。

塔板开孔率 $= \dfrac{u_f'}{u_{01}} = \dfrac{1.24}{10.34} \times 100\% = 11.99\%$

(2) 提馏段　取阀孔动能因子 $F_0 = 12$

孔速
$$u_{02} = \frac{F_0}{\sqrt{\rho_{V2}}} = \frac{12}{\sqrt{0.80}} = 13.42\,\text{m/s}$$

每层塔板上浮阀数目　$N' = \dfrac{V_{s2}}{\dfrac{\pi}{4} d_0^2 u_{02}} = \dfrac{4.03}{0.785 \times 0.039^2 \times 13.42} = 252$ 个

浮阀排列方式采用等腰三角形叉排，取同一个横排的孔心距 $t=75\text{mm}$。

估算排列间距 $\qquad t'=\dfrac{A_a}{N_t}=\dfrac{2.24}{252\times0.075}=0.119\text{m}=119\text{mm}$

故取 $t'=80\text{mm}$，按 $t=75\text{mm}$、$t'=80\text{mm}$，以等腰三角形叉排作图（浮阀排列示意图略），排得阀数 280 个。

按 $N=280$ 个重新核算孔速和阀孔动能因子

$$u'_{02}=\frac{4.03}{\dfrac{\pi}{4}\times0.039^2\times280}=12.05\text{m/s}$$

$$F'_{02}=12.05\times\sqrt{0.80}=10.78$$

阀孔动能因子变化不大，仍在 9~13 范围之内。

塔板开孔率 $=\dfrac{u}{u'_{02}}=\dfrac{1.28}{12.05}\times100\%=10.62\%$

二、塔板的流体力学计算

（一）汽相通过浮阀塔板的压降

依据 $h_p=h_c+h_1+h_\sigma$，$\Delta p_p=h_p\rho_L g$ 来计算。

1. 精馏段

（1）干板阻力 $u_{0c1}=\sqrt[1.825]{73.1/\rho_{V1}}=\sqrt[1.825]{73.1/1.25}=9.29\text{m/s}$

因 $u_{01}>u_{0c1}$，故

$$h_{c1}=5.34\times\frac{\rho_{V1}u_{01}^2}{2\rho_{L1}g}=5.34\times\frac{1.25\times10.73^2}{2\times827.26\times9.8}=0.05\text{m}$$

（2）板上充气液层阻力取 $\varepsilon_0=0.5$，$h_L=0.07\text{m}$，则

$$h_{L1}=\varepsilon_0 h_L=0.5\times0.07=0.035\text{m}$$

（3）液体表面张力所造成的阻力　此阻力很小，通常可忽略不计。

与气体流经塔板的压降相当的液柱高度为：

$$h_{p1}=0.05+0.035=0.085\text{m}$$

$$\Delta p_{p1}=h_{p1}\rho_{L1}g=0.085\times827.26\times9.8=689.11\text{Pa}$$

2. 提馏段

（1）干板阻力 $u_{0c2}=\sqrt[1.825]{73.1/\rho_{V2}}=\sqrt[1.825]{73.1/0.80}=11.87\text{m/s}$

因 $u_{02}>u_{0c2}$，故

$$h_{c2}=5.34\times\frac{\rho_{V2}u_{02}^2}{2\rho_{L2}g}=5.34\times\frac{0.80\times13.42^2}{2\times932.51\times9.8}=0.042\text{m}$$

（2）板上充气液层阻力　取 $\varepsilon_0=0.5$，$h_L=0.07\text{m}$，则

$$h_{L2}=\varepsilon_0 h_L=0.5\times0.07=0.035\text{m}$$

（3）液体表面张力所造成的阻力　此阻力很小，通常可忽略不计。

与气体流经塔板的压降相当的液柱高度为：

$$h_{p2}=0.042+0.035=0.077\text{m}$$

$$\Delta p_{p2}=h_{p2}\rho_{L2}g=0.077\times932.51\times9.8=703.67\text{Pa}$$

（二）淹塔

为了防止淹塔现象的发生，要求控制降液管中的清液层高度 $H_d\leqslant\varphi(H_T+h_W)$，

$$H_d = h_p + h_L + h_d$$

1. 精馏段

(1) 单层气体通过塔板的压降相当的液柱　　　$h_{p1} = 0.085 \text{m}$

(2) 液体通过塔板的压降相当的液柱高度

$$h_{d1} = 0.153 \left(\frac{L_{s1}}{l_W h_0} \right)^2 = 0.153 \times \left(\frac{4.09 \times 10^{-3}}{1.3 \times 0.024} \right)^2 = 0.0026 \text{m}$$

(3) 板上液层高度　$h_L = 0.07 \text{m}$，则

$$H_{d1} = 0.085 + 0.0026 + 0.07 = 0.1576 \text{m}$$

取 $\Phi = 0.5$，已选定 $H_T = 0.45 \text{m}$，$h_W = 0.056 \text{m}$，则

$$\Phi H'_{d1} = \Phi (H_T + h_W)_1 = 0.5 \times (0.056 + 0.45) = 0.253 \text{m}$$

可见 $H_{d1} = 0.1576 \text{m} \leqslant \Phi H'_{d1}) = 0.253 \text{m}$，所以符合防止淹塔的要求。

2. 提馏段

(1) 单层气体通过塔板的压降相当的液柱　　　$h_{p2} = 0.077 \text{m}$

(2) 液体通过塔板的压降相当的液柱高度

$$h_{d2} = 0.153 \left(\frac{L_{s2}}{l_W h'_0} \right)^2 = 0.153 \times \left(\frac{7.66 \times 10^{-3}}{1.3 \times 0.045} \right)^2 = 0.0026 \text{m}$$

(3) 板上液层高度　$h_L = 0.07 \text{m}$，则

$$H_{d2} = 0.077 + 0.0026 + 0.07 = 0.1496 \text{m}$$

取 $\Phi = 0.5$，已选定 $H'_T = 0.45 \text{m}$，$h'_W = 0.048 \text{m}$，则

$$\Phi H'_{d2} = \Phi (H'_T + h'_W)_2 = 0.5 \times (0.048 + 0.45) = 0.249 \text{m}$$

可见 $H_{d2} = 0.1496 \text{m} \leqslant \Phi H'_{d2} = 0.249 \text{m}$，所以符合防止淹塔的要求。

(三) 雾沫夹带

1. 精馏段

$$\text{泛点率} = \frac{V_{s1} \sqrt{\dfrac{\rho_{V1}}{\rho_{L1} - \rho_{V1}}} + 1.36 L_{s1} Z_L}{K C_F A_b} \times 100\%$$

板上液体流经的长度　　　$Z_L = D - 2W_D = 2 - 2 \times 0.248 = 1.504 \text{m}$

板上液流面积　　　$A_b = A_T - 2A_F = 3.14 - 2 \times 0.226 = 2.688 \text{m}^2$

取物性系数 $K = 1.0$，泛点负荷系数 $C_F = 0.103$

$$\text{泛点率} = \frac{3.90 \times \sqrt{\dfrac{1.25}{827.26 - 1.25}} + 1.36 \times 4.09 \times 10^{-3} \times 1.504}{1.0 \times 0.103 \times 2.688} = 57.92\%$$

对于大塔，为了避免过量雾沫夹带，应控制泛点率不超过 80%，由以上计算可知，雾沫夹带能够满足 $e_v < 0.11 \text{kg 液/kg 气}$ 要求。

2. 提馏段

取物性系数 $K = 1.0$，泛点负荷系数 $C_F = 0.103$

$$\text{泛点率} = \frac{4.03 \times \sqrt{\dfrac{0.80}{932.51 - 0.80}} + 1.36 \times 7.66 \times 10^{-3} \times 1.504}{1.0 \times 0.101 \times 2.688} = 49.24\%$$

对于大塔，为了避免过量雾沫夹带，应控制泛点率不超过 80%，由以上计算可知，雾沫夹带能够满足 $e_v < 0.11 \text{kg 液/kg 气}$ 要求。

（四）塔板负荷性能图

1. 雾沫夹带线

$$泛点率 = \frac{V_{s1}\sqrt{\dfrac{\rho_{V1}}{\rho_{L1}-\rho_{V1}}}+1.36L_{s1}Z_L}{KC_FA_b}\times100\%$$

据此式可作出负荷性能图中的雾沫夹带线。按泛点率80%计算。

① 精馏段

$$泛点率 = 0.8 = \frac{V_s\times\sqrt{\dfrac{1.25}{827.26-1.25}}+1.36\times1.504L_s}{1.0\times0.103\times2.688} \Rightarrow V_s = 5.68-52.57L_s$$

由上式知雾沫夹带线为直线，则在操作范围内任取两个 L_s 值，可算出 V_s。

② 提馏段

$$泛点率 = 0.8 = \frac{V_s'\times\sqrt{\dfrac{0.80}{932.51-0.80}}+1.36\times1.504L_s'}{1.0\times0.101\times2.688} \Rightarrow V_s' = 7.41-69.80L_s'$$

在操作范围内任取两个 L_s' 值，可算出 V_s'，计算结果见表 3-17。

表 3-17　雾沫夹带线计算结果

精馏段		提馏段	
$L_s/(\mathrm{m^3/s})$	$V_s/(\mathrm{m^3/s})$	$L_s/(\mathrm{m^3/s})$	$V_s/(\mathrm{m^3/s})$
0.002	5.57	0.002	7.27
0.01	5.15	0.01	6.71

2. 液泛线

$$\Phi(H_T+h_W) = h_p+h_L+h_d = h_c+h_l+h_\sigma+h_L+h_d$$

由此确定液泛线，忽略式中 h_σ。

$$\Phi(H_T+h_W) = 5.34\times\frac{\rho_V u_0^2}{2\rho_L g}+0.153\times\left(\frac{L_s}{l_w h_0}\right)^2+(1+\varepsilon_0)\left[h_W+\frac{2.84}{1000}E\left(\frac{3600L_s}{l_W}\right)^{2/3}\right]$$

而

$$u_0 = \frac{V_s}{\dfrac{\pi}{4}d_0^2 N}$$

（1）精馏段

$$0.253 = 5.34\times\frac{1.25V_{s1}^2}{0.785^2\times0.039^4\times316^2\times827.26\times2\times9.81}+157.16L_{s1}^2+1.5\times(0.056+0.56L_{s1}^{2/3})$$

整理得：$V_{s1}^2 = 58.27-54193.10L_{s1}^2-289.66L_{s1}^{2/3}$

（2）提馏段

$$0.249 = 5.34\times\frac{0.80V_{s2}^2}{0.785^2\times0.039^4\times280^2\times932.51\times2\times9.81}+44.71L_{s2}^2+1.5\times(0.048+0.56L_{s2}^{2/3})$$

整理得：$V_{s2}^2 = 84.69-21392.34L_{s2}^2-401.91L_{s2}^{2/3}$

在操作范围内，任取若干个 L_s 值，可算出相应 V_s，计算结果见表 3-18。

表 3-18　液泛线计算结果

精馏段		提馏段	
$L_s/(m^3/s)$	$V_s/(m^3/s)$	$L_s/(m^3/s)$	$V_s/(m^3/s)$
0.001	7.44	0.001	8.98
0.003	7.20	0.003	8.74
0.004	7.08	0.004	8.50
0.007	6.71	0.005	8.22

3. 液相负荷上限线

液体的最大流量应保证降液管内停留时间不低于 $3\sim5s$。液体在降液管内停留时间

$$\theta = \frac{A_F H_T}{L_s} = 3\sim5s$$

以 $\theta=5s$ 作为液体在降液管内停留时间的下限，则

$$(L_s)_{max} = \frac{A_F H_T}{5} = \frac{0.226\times0.45}{5} = 0.02 m^3/s$$

4. 漏液线

对于 F_1 型重阀，依 $F_0=5$ 作为规定气体最小负荷的标准，则

$$V_s = \frac{\pi}{4} d_0^2 N u_0$$

(1) 精馏段　　$(V_{s1})_{min} = \frac{\pi}{4}\times0.039^2\times316\times\frac{5}{\sqrt{1.25}} = 1.69 m^3/s$

(2) 提馏段　　$(V_{s2})_{min} = \frac{\pi}{4}\times0.039^2\times280\times\frac{5}{\sqrt{0.8}} = 1.88 m^3/s$

5. 液相负荷下限线

取堰上液层高度 $h_{OW}=0.006m$ 作为液相负荷下限线条件，作出液相负荷下限线，该线为与汽相流量无关的直线。

$$\frac{2.84}{1000}E\left[\frac{3600\ (L_s)_{min}}{l_W}\right]^{2/3} = 0.006$$

取 $E=1.0$，则计算得 $(L_s)_{min}=0.001 m^3/s$。

由以上 (1) ～ (5) 作出塔板负荷性能图（图 3-32）。

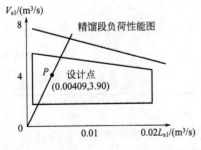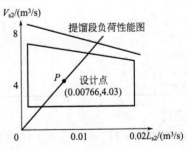

图 3-32　塔板负荷性能图

由塔板负荷性能图可以看出：

① 在任务规定的汽液负荷下的操作点 P（设计点）处在适宜操作区内的适中位置；

② 塔板的操作上限完全由雾沫夹带线控制，操作下限由漏液线控制；

③ 按固定的液汽比，由图可查出塔板的汽相负荷上限 $(V_s)_{max}=5.79$ (7.54) m^3/s，汽相负荷下限 $(V_s)_{min}=1.69$ (1.88) m^3/s。

精馏段操作弹性 $\dfrac{(V_s)_{max}}{(V_s)_{min}}=\dfrac{5.79}{1.69}=3.42$

提馏段操作弹性 $\dfrac{(V_{s2})_{max}}{(V_{s2})_{min}}=\dfrac{7.54}{1.88}=4.01$

浮阀塔设计计算结果汇总见表 3-19。

三、塔总体高度计算

塔总体高度利用下式计算：

$$H=(n-n_F-n_P-1)H_T+n_FH_F+n_PH_P+H_D+H_B+H_1+H_2$$

1. 塔顶封头

封头分为椭圆形、蝶形封头等几种。

本设计采用椭圆形封头，由公称直径 $DN=2000mm$，查本书附录 2 得曲面高度 $h_1=500mm$，直边高度 $h_2=40mm$，内表面积 $A=4.5873m^2$，容积 $V=1.1729m^3$。则封头高度 $H_1=h_1+h_2=500+40=540mm$。

表 3-19　浮阀塔设计计算结果汇总

序号	项　目	计算数据		备　注
		精馏段	提馏段	
1	塔径/m	2.0	2.0	
2	板间距/m	0.45	0.45	
3	塔板类型	单溢流弓形降液管		分块式塔板
4	空塔气速/(m/s)	1.24	1.28	
5	堰长/m	1.3	1.3	
6	堰高/m	0.056	0.048	
7	板上层高度/m	0.07	0.07	
8	降液管底隙高度/m	0.024	0.045	
9	浮阀数/个	316	280	等腰三角形叉排
10	阀孔气速/(m/s)	10.73	13.42	
11	浮阀动能因子	11.56	10.78	
12	临界阀孔气速/(m/s)	9.29	11.87	
13	孔心距/m	0.075	0.075	同一横排孔心距
14	排间距/m	0.098	0.119	相邻横排中心距离
15	单板压降/Pa	689.11	703.67	
16	降液管内清液层高度/m	0.1576	0.1496	
17	泛点率/%	57.92	49.24	
18	汽相负荷上限/(m³/s)	5.79	7.54	雾沫夹带控制
19	汽相负荷下限/(m³/s)	1.69	1.88	漏液控制
20	操作弹性	3.42	4.01	

2. 塔顶空间

设计中取塔顶间距 $H_a=2H_T=2\times0.45=0.9m$，考虑到需要安装除沫器，所以选取塔顶空间 1.2m。

3. 塔底空间

塔底空间高度 H_B 是指从塔底最下一层塔板到塔底封头的底边处的距离，取釜液停留时间为 5min，取塔底液面至最下一层塔板之间距离为 1.5m。则：

$$H_B=\frac{\text{塔釜贮液量}-\text{封头容积}}{\text{塔横截面积}}+1.5=\frac{tL_s'\times60-V}{A_T}+1.5$$

$$= \frac{5 \times 7.66 \times 10^3 \times 60 - 1.1729}{3.14} + 1.5 = 1.86 \text{m}$$

4. 人孔

对 $D \geqslant 1000$mm 的板式塔，为安装、检修的需要，一般每隔 6～8 塔板设一人孔，本塔中共有 58 块塔板，需设置 6 个人孔，每个人孔直径为 450mm，在设置人孔处板间距 $H_P = 600$mm。

5. 进料板处板间距

考虑在进口处安装防冲设施，取进料板处板间距 $H_F = 800$mm。

6. 裙座

塔底常用裙座支撑，本设计采用圆筒形裙座。由于裙座内径＞800mm，故裙座壁厚取 16mm。

基础环内径：$D_{bi} = (2000 + 2 \times 16) - (0.2 \sim 0.6) \times 10^3 = 1632$mm

基础环外径：$D_{bo} = (2000 + 2 \times 16) + (0.2 \sim 0.6) \times 10^3 = 2432$mm

圆整后：　　　$D_{bi} = 1800$mm

　　　　　　　$D_{bo} = 2600$mm

考虑到再沸器，取裙座高 $H_2 = 3$m。

塔体总高度

$$H = (n - n_F - n_P - 1)H_T + n_F H_F + n_P H_P + H_D + H_B + H_1 + H_2$$
$$= (58 - 1 - 6 - 1) \times 0.45 + 1 \times 0.80 + 6 \times 0.60 + 1.2 + 1.86 + 0.54 + 3 = 33.5 \text{m}$$

四、塔的接管

1. 进料管

进料管的结构类型很多，有直管进料管、弯管进料管、T 形进料管。本设计采用直管进料管。管径计算如下：

$$d_F = \sqrt{\frac{4V_s}{\pi u_F}}$$

取 $u_F = 1.6$m/s，$\rho_L = 907.15$kg/m^2，则

$$V_s = \frac{14 \times 10^7}{3600 \times 300 \times 24 \times 907.15} = 0.006 \text{m}^3/\text{s}$$

$$d_F = \sqrt{\frac{4 \times 0.006}{3.14 \times 1.6}} = 0.069 \text{m} = 69 \text{mm}$$

查标准系列选取 $\phi 89 \times 4$ 规格的热轧无缝钢管。

2. 回流管

采用直管回流管，取 $u_R = 1.6$m/s

$$d_R = \sqrt{\frac{4 \times \frac{3.38}{747.38}}{3.14 \times 1.6}} = 0.060 \text{m} = 60 \text{mm} \Rightarrow \text{查标准系列选取 } \phi 76 \times 4 \text{ 规格的热轧无缝钢管。}$$

3. 塔底出料管

采用直管出料，取 $u_W = 1.6$m/s

$$d_W = \sqrt{\frac{4 \times \frac{0.2371 \times 18.02}{957.87}}{3.14 \times 1.6}} = 0.060 \text{m} = 60 \text{mm} \Rightarrow \text{查标准系列选取 } \phi 76 \times 4 \text{ 规格的热轧无}$$

缝钢管。

4. 塔顶蒸汽出料管

采用直管出气，取 $u_V=20\text{m/s}$

$$d'_V=\sqrt{\frac{4\times3.90}{3.14\times20}}=0.498\text{m}=498\text{mm}\Rightarrow\text{查标准系列选取 }\phi530\times9\text{ 规格的热轧无缝钢管。}$$

5. 塔底蒸汽进气管

采用直管进气，取 $u'_V=23\text{m/s}$

$$d'_V=\sqrt{\frac{4\times4.03}{3.14\times23}}=0.472\text{m}=472\text{mm}\Rightarrow\text{查标准系列选取 }\phi530\times9\text{ 规格的热轧无缝钢管。}$$

五、塔的附属设备设计

1. 冷凝器的选择

有机物蒸汽冷凝器设计选用总传热系数一般范围为 $500\sim1500\text{kcal/(m}^3\cdot\text{h}\cdot\text{℃)}$ （1kcal＝4.18J）。

本设计取 $K=700\text{kcal/(m}^3\cdot\text{h}\cdot\text{℃)}=2926\text{kJ/(m}^3\cdot\text{h}\cdot\text{℃)}$，出料液温度 78.17℃ （饱和气）→78.17℃ （饱和液），冷却水 20℃→35℃，逆流操作 $\Delta t_1=58.17\text{℃}$，$\Delta t_2=43.17\text{℃}$，则

$$\Delta t_\text{m}=\frac{\Delta t_1-\Delta t_2}{\ln\dfrac{\Delta t_1}{\Delta t_2}}=50.30\text{℃}$$

根据全塔热量衡算（略）得：

$$Q_\text{C}=14002703\text{kJ/h}$$

传热面积 $$A=\frac{Q_\text{C}}{K\Delta t_\text{m}}=\frac{14002703}{2926\times50.3}=95.1\text{m}^2$$

取安全系数 1.04，则所需传热面积 $A=95.1\times1.04=98.9\text{m}^2$

选择 BES 600-1.6-108-6/19 4Ⅱ浮头式换热器。

2. 再沸器的选择

选用 120℃饱和水蒸气，总传热系数取 $K=2926\text{kJ/(m}^3\cdot\text{h}\cdot\text{℃)}$

料液温度   99.815℃→100℃

水蒸气温度   120℃→120℃

逆流操作 $\Delta t'_1=20\text{℃}$，$\Delta t'_2=20.185\text{℃}$，则

$$\Delta t'_\text{m}=\frac{\Delta t'_1-\Delta t'_2}{\ln\dfrac{\Delta t'_1}{\Delta t'_2}}=20.1\text{℃}$$

根据全塔热量衡算（略）得：

$$Q_\text{B}=16229887\text{kJ/h}$$

传热面积 $$A=\frac{Q_\text{B}}{K\Delta t_\text{m}}=\frac{16229887}{2926\times20.1}=275.96\text{m}^2$$

取安全系数 1.04，则所需传热面积

$$A=275.96\times1.04=287.00\text{m}^2$$

选择 BES 1000-1.6-311-6/19 6Ⅱ浮头式换热器。

3.8.2 筛板精馏塔设计示例

【设计题目】苯-甲苯二元筛板精馏塔设计

【设计条件】在常压连续筛板精馏塔中精馏分离含苯 41% 的苯-甲苯混合液，要求塔顶馏出液中含甲苯量不大于 4%，塔底釜液中含甲苯量不低于 99%（以上均为质量分数）。

已知参数：苯-甲苯混合液处理量 4t/h；进料热状况自选；回流比自选；塔顶压强 4kPa（表压）；热源为低压饱和水蒸气；单板压降不大于 0.7kPa。厂址：吉林地区。

【主要基础数据】

(1) 苯和甲苯的物理性质（见表 3-20）

表 3-20　苯和甲苯的物理性质

项目	分子式	相对分子质量 M	沸点/℃	临界温度 t_c/℃	临界压强 p_c/kPa
苯(以 A 表示)	C_6H_6	78.11	80.1	288.5	6833.4
甲苯(以 B 表示)	$C_6H_5—CH_3$	92.13	110.6	318.57	4107.7

(2) 常压下苯-甲苯的汽液平衡数据（见表 3-21）

表 3-21　常压下苯-甲苯的汽液平衡数据

温度 t/℃	液相中苯的摩尔分数 x/%	汽相中苯的摩尔分数 y/%	温度 t/℃	液相中苯的摩尔分数 x/%	汽相中苯的摩尔分数 y/%
110.56	0.00	0.00	90.11	55.0	75.5
109.91	1.00	2.50	89.80	60.0	79.1
108.79	3.00	7.11	87.63	65.0	82.5
107.61	5.00	11.2	86.52	70.0	85.7
105.05	10.0	20.8	85.44	75.0	88.5
102.79	15.0	29.4	84.40	80.0	91.2
100.75	20.0	37.2	83.33	85.0	93.6
98.84	25.0	44.2	82.25	90.0	95.9
97.13	30.0	50.7	81.11	95.0	98.0
95.58	35.0	56.6	80.66	97.0	98.8
94.09	40.0	61.9	80.21	99.0	99.61
92.69	45.0	66.7	80.01	100.0	100.0
91.40	50.0	71.3			

(3) 饱和蒸气压 p^0

苯、甲苯的饱和蒸气压可用 Antoine 方程求算，即：

$$\lg p^0 = A - \frac{B}{t+C}$$

式中　t——物系温度，℃；

$\quad\quad p^0$——饱和蒸气压，kPa；

A，B，C——Antoine 常数，其值见表 3-22。

表 3-22　苯-甲苯的 Antoine 常数

组分	A	B	C
苯(以 A 表示)	6.023	1206.35	220.24
甲苯(以 B 表示)	6.078	1343.94	219.58

(4) 苯和甲苯的液相密度 ρ_L（见表 3-23）

表 3-23 苯和甲苯的液相密度

温度 t/℃	80	90	100	110	120
ρ_{LA}/(kg/m^3)	815	803.9	792.5	780.3	768.9
ρ_{LB}/(kg/m^3)	810	800.2	790.3	780.3	770.0

(5) 液体的表面张力 σ（见表 3-24）

表 3-24 苯和甲苯的表面张力

温度 t/℃	80	90	100	110	120
σ_A/(mN/m)	21.27	20.06	18.85	17.66	16.49
σ_B/(mN/m)	21.69	20.59	19.94	18.41	17.31

(6) 液体的黏度 μ_L（见表 3-25）

表 3-25 苯和甲苯的黏度

温度 t/℃	80	90	100	110	120
$\mu_{L,A}$/mPa	0.308	0.279	0.255	0.233	0.215
$\mu_{L,B}$/mPa	0.311	0.286	0.264	0.254	0.228

(7) 液体汽化潜热 γ（见表 3-26）

表 3-26 苯和甲苯的汽化潜热

温度 t/℃	80	90	100	110	120
γ_A/(kJ/kg)	394.1	386.9	379.3	371.5	363.2
γ_B/(kJ/kg)	379.9	373.8	367.6	361.2	354.6

【设计计算】

一、精馏流程的确定

苯-甲苯混合液经原料预热器加热至泡点后，送入精馏塔。塔顶上升蒸汽采用全凝器冷凝后，一部分作为回流，其余为塔顶产品经冷却器冷却后送至贮槽。塔釜采用间接蒸汽再沸器供热，塔底产品经冷却后送入贮槽。流程图从略。

二、塔的物料衡算

1. 料液及塔顶、塔底产品含苯摩尔分数

$$x_F = \frac{41/78.11}{41/78.11 + 59/92.13} = 0.45$$

$$x_D = \frac{96/78.11}{96/78.11 + 4/92.13} = 0.966$$

$$x_W = \frac{1/78.11}{1/78.11 + 99/92.13} = 0.0118$$

2. 平均相对分子质量

$$M_F = 0.45 \times 78.11 + (1-0.45) \times 92.13 = 85.82 \text{kg/kmol}$$

$$M_D = 0.966 \times 78.11 + (1-0.966) \times 92.13 = 78.59 \text{kg/kmol}$$

$$M_W = 0.0118 \times 78.11 + (1-0.0118) \times 92.13 = 91.97 \text{kg/kmol}$$

3. 物料衡算

$$F' = 4000 \text{kg/h}, \quad F = 4000/85.82 = 46.61 \text{kmol/h}$$

总物料衡算 $\qquad$ $46.61=D+W$

易挥发组分物料衡算 $\qquad$ $46.61\times0.45=D\times0.966+W\times0.0118$

$$D'=21.40\text{kmol/h}, \quad D'=21.40\times78.59=1681.8\text{kg/h}$$

$$W=25.21\text{kmol/h}, \quad W'=25.21\times91.97=2318.2\text{kg/h}$$

三、塔板数的确定

1. 理论塔板数 N_T 的求取

苯-甲苯属于理想物系，可采用 M. T. 图解法求 N_T。

① 根据苯、甲苯的汽液平衡数据作 $y\text{-}x$ 图及 $t\text{-}x\text{-}y$ 图，参见图 3-33 及图 3-34。

② 求最小回流比 $R_{\min}$ 及操作回流比 R。因泡点进料，在图中对角线自点 e（0.45、0.45）作垂线即为进料线（q 线），该线与平衡线的交点坐标为 $y_q=0.667$，$x_q=0.45$，此即最小回流比时操作线与平衡线的交点坐标。依最小回流比计算式：

$$R_{\min}=\frac{x_D-y_q}{y_q-x_q}=\frac{0.966-0.667}{0.667-0.45}=1.38 \quad \text{取操作回流比} \ R=2R_{\min}=2\times1.38=2.76$$

③ 求理论板数 N_T

精馏段操作线为：$y=\dfrac{R}{R+1}x+\dfrac{x_D}{R+1}=\dfrac{2.76}{2.76+1}x+\dfrac{0.966}{2.76+1}=0.734x+0.257$

如图 3-33 所示，按常规作 M. T. 图解法解得：$N_T=$（12.5−1）层（不包括塔釜）。其中精馏段理论板数为 5 层，提馏段理论板数为 7.5 层（不包括塔釜），第 6 层为进料板。

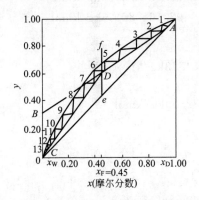

图 3-33 苯-甲苯的 $y\text{-}x$ 图及图解理论板

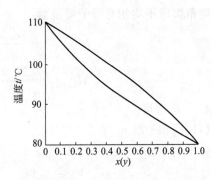

图 3-34 苯-甲苯的 $t\text{-}x\text{-}y$ 图

2. 全塔效率 E_T

依式 $\qquad$ $E_T=0.17-0.616\lg\mu_{Lm}$

根据塔顶、塔底液相组成查图 3-34，求得塔平均温度为 95.15℃，该温度下进料液相平均黏度为：

$$\mu_{Lm}=0.45\mu_A+(1-0.45)\mu_B=0.45\times0.267+(1-0.45)\times0.275=0.271\text{mPa}\cdot\text{s}$$

故 $\qquad$ $E_T=0.17-0.616\lg0.271=0.519\approx52\%$

3. 实际塔板数

精馏段：$N_1=5/0.52=9.6\approx10$ 层

提馏段：$N_2=7.5/0.52=14.42$，取 15 层

注：①精馏段以 1 表示；提馏段以 2 表示；②经试差计算温度校核 $E_T=53\%$，$N_1=9.43$

取为 10 层，$N_2 = 14.2$，取为 15 层。

四、塔的工艺条件及物性数据计算

以精馏段为例进行计算。

1. 操作压强 p_m

塔顶压强 $p_D = 4 + 101.3 = 105.3 \text{kPa}$，取每层塔板压降 $\Delta p = 0.7 \text{kPa}$，则进料板压强：

$p_F = 105.3 + 10 \times 0.7 = 112.3 \text{kPa}$

精馏段平均操作压强：$p_m = \dfrac{105.3 + 112.3}{2} = 108.8 \text{kPa}$

2. 温度 t_m

根据操作压强，依下式试差计算操作温度：$p = p_A^0 x_A + p_B^0 x_B$

试差计算结果，塔顶 $t_D = 82.1 \text{℃}$，进料板 $t_F = 99.5 \text{℃}$，则精馏段平均温度：

$$t_{m,1} = \frac{82.1 + 99.5}{2} = 90.8 \text{℃}$$

3. 平均相对分子质量 M_m

塔顶 $x_D = y_1 = 0.966$，$x_1 = 0.916$，则

$$M_{VDm} = 0.966 \times 78.11 + (1 - 0.966) \times 92.13 = 78.59 \text{kg/kmol}$$

$$M_{LDm} = 0.916 \times 78.11 + (1 - 0.916) \times 92.13 = 79.29 \text{kg/kmol}$$

进料板 $y_F = 0.604$，$x_F = 0.388$，则

$$M_{VFm} = 0.604 \times 78.11 + (1 - 0.604) \times 92.13 = 83.66 \text{kg/kmol}$$

$$M_{LFm} = 0.388 \times 78.11 + (1 - 0.388) \times 92.13 = 86.69 \text{kg/kmol}$$

则精馏段平均相对分子质量为：

$$M_{Vm(1)} = \frac{78.59 + 83.66}{2} = 81.13 \text{kg/kmol}$$

$$M_{Lm(1)} = \frac{79.29 + 86.69}{2} = 82.99 \text{kg/kmol}$$

4. 平均密度 ρ_m

(1) 液相密度 ρ_{Lm}

依下式 $1/\rho_{Lm} = \alpha_A/\rho_{LA} + \alpha_B/\rho_{LB}$（$\alpha$ 为质量分数）

塔顶 $\dfrac{1}{\rho_{LmD}} = \dfrac{0.96}{812.7} + \dfrac{0.04}{807.9} \Rightarrow \rho_{LmD} = 813.3 \text{kg/m}^3$

进料板，由进料板液相组成 $x_A = 0.388$

$$\alpha_A = \frac{0.388 \times 78.11}{0.388 \times 78.11 + (1 - 0.388) \times 92.13} = 0.35$$

$$\frac{1}{\rho_{LmF}} = \frac{0.35}{793.1} + \frac{1 - 0.35}{790.8} \Rightarrow \rho_{LmF} = 792.4 \text{kg/m}^3$$

故精馏段平均液相密度：

$$\rho_{Lm(1)} = \frac{813.3 + 792.4}{2} = 802.9 \text{kg/m}^3$$

(2) 汽相密度 ρ_{mV}

$$\rho_{mV(1)} = \frac{p M_{m,1}}{RT} = \frac{108.8 \times 81.13}{8.314 \times (90.8 + 273.1)} = 2.92 \text{kg/m}^3$$

5. 液体表面张力 σ_m

$$\sigma_m = \sum_{i=1}^{n} x_i \sigma_i$$

$$\sigma_{mD} = 0.966 \times 21.24 + 0.034 \times 21.42 = 21.25 \text{mN/m}$$

$$\sigma_{mF} = 0.388 \times 18.9 + 0.612 \times 20 = 19.57 \text{mN/m}$$

则精馏段平均表面张力为：

$$\sigma_{m(1)} = \frac{21.25 + 19.57}{2} = 20.41 \text{mN/m}$$

6. 液体黏度 μ_{Lm}

$$\mu_{Lm} = \sum_{i=1}^{n} x_i \mu_i$$

$$\mu_{LD} = 0.966 \times 0.302 + 0.034 \times 0.306 = 0.302 \text{mPa} \cdot \text{s}$$

$$\mu_{LF} = 0.388 \times 0.256 + 0.612 \times 0.265 = 0.262 \text{mPa} \cdot \text{s}$$

则精馏段平均液相黏度

$$\mu_{Lm(1)} = \frac{0.302 + 0.262}{2} = 0.282 \text{mPa} \cdot \text{s}$$

塔的工艺条件及物性数据计算结果列表从略。

五、精馏段汽液负荷计算

$$V = (R+1)D = (2.76+1) \times 21.40 = 80.46 \text{kmol/h}$$

$$V_s = \frac{VM_{Vm(1)}}{3600 \rho_{Vm(1)}} = \frac{80.46 \times 81.13}{3600 \times 2.92} = 0.62 \text{m}^3/\text{s}$$

$$L = RD = 2.76 \times 21.40 = 59.06 \text{kmol/h}$$

$$L_s = \frac{LM_{Lm(1)}}{3600 \rho_{Lm(1)}} = \frac{59.06 \times 82.99}{3600 \times 802.9} = 0.0017 \text{m}^3/\text{s}$$

六、塔和塔板主要工艺尺寸计算

1. 塔径 D

初选板间距 $H_T = 0.40$m，取板上液层高度 $h_L = 0.06$m，故

$$H_T - h_L = 0.40 - 0.06 = 0.34 \text{m}$$

$$\left(\frac{L_s}{V_s}\right)\left(\frac{\rho_L}{\rho_V}\right)^{1/2} = \left(\frac{0.0017}{0.62}\right)\left(\frac{802.9}{2.92}\right)^{1/2} = 0.0455$$

查图 3-12 得 $C_{20} = 0.072$，依式(3-69)校正到物系表面张力为 20.4mN/m 时的 C，即

$$C = C_{20}\left(\frac{\sigma}{20}\right)^{0.2} = 0.072\left(\frac{20.4}{20}\right)^{0.2} = 0.0723$$

$$u_{max} = C\sqrt{\frac{\rho_L - \rho_V}{\rho_V}} = 0.0723\sqrt{\frac{802.9 - 2.92}{2.92}} = 1.197 \text{m/s}$$

取安全系数为 0.70，则

$$u = 0.70 u_{max} = 0.70 \times 1.197 = 0.838 \text{m/s}$$

故

$$D = \sqrt{\frac{4V_s}{\pi u}} = \sqrt{\frac{4 \times 0.62}{\pi \times 0.838}} = 0.971 \text{m}$$

按标准，塔径圆整为 1.0m，则空塔气速为 0.79m/s。

2. 溢流装置

采用单溢流、弓形降液管、平形受液盘及平形溢流堰，不设进口堰，各项计算如下。

(1) 溢流堰长 l_W

取堰长 l_W 为 $0.66D$，即

$$l_W = 0.66 \times 1.0 = 0.66\,\mathrm{m}$$

(2) 出口堰高 h_W

$$h_W = h_L - h_{OW}$$

由 $l_W/D = 0.66/1.0 = 0.66$，$L_h/l_W^{2.5} = (3600 \times 0.0017)/0.66^{2.5} = 17.3\,\mathrm{m}$，查图 3-17，知 E 为 1.05，依式(3-76)，即

$$h_{OW} = 2.84 \times 10^{-3} E \left(\frac{L_h}{l_W}\right)^{2/3} = 2.84 \times 10^{-3} \times 1.05 \times \left(\frac{3600 \times 0.0017}{0.66}\right)^{2/3} = 0.013\,\mathrm{m}$$

故

$$h_W = 0.06 - 0.013 = 0.047\,\mathrm{m}$$

(3) 降液管的宽度 W_d 与降液管的面积 A_f

由 $l_W/D = 0.66/1.0 = 0.66$ 查图 3-16，得 $W_d/D = 0.124$，$A_f/A_T = 0.0722$，故

$$W_d = 0.124D = 0.124 \times 1.0 = 0.124\,\mathrm{m}$$

$$A_f = 0.0722 \times \frac{\pi}{4}D^2 = 0.0722 \times 0.785 \times 1.0^2 = 0.0567\,\mathrm{m}^2$$

由式(3-74)计算液体在降液管中停留时间以检验降液管面积，即

$$\tau = \frac{A_f H_T}{L_s} = \frac{0.0567 \times 0.40}{0.0017} = 13.34\,\mathrm{s}\ (>5\mathrm{s}\ 符合要求)$$

(4) 降液管底隙高度 h_0

取液体通过降液管底隙的流速 u_0' 为 $0.08\,\mathrm{m/s}$，依式(3-79)计算降液管底隙高度 h_0，即

$$u_0' = \frac{L_s}{l_W h_0} \Rightarrow h_0 = \frac{L_s}{l_W u_0'} = \frac{0.0017}{0.66 \times 0.08} = 0.032\,\mathrm{m}$$

3. 塔板布置

① 取边缘区宽度 $W_c = 0.035\,\mathrm{m}$、安定区宽度 $W_s = 0.065\,\mathrm{m}$。

② 依式(3-80)计算开孔区面积。

$$A_a = 2\left(x\sqrt{r^2 - x^2} + \frac{\pi}{180}r^2 \sin^{-1}\frac{x}{r}\right)$$

$$= 2 \times \left[0.311 \times \sqrt{0.465^2 - 0.311^2} + \frac{\pi}{180} \times 0.465^2 \sin^{-1}\left(\frac{0.311}{0.465}\right)\right] = 0.532\,\mathrm{m}^2$$

其中

$$x = \frac{D}{2}(W_d + W_s) = \frac{1.0}{2} \times (0.124 + 0.065) = 0.311\,\mathrm{m}$$

$$r = \frac{D}{2} - W_c = \frac{1.0}{2} - 0.035 = 0.465\,\mathrm{m}$$

以上各参数见图 3-19，此处塔板布置图从略。

4. 筛孔数 n 与开孔率 φ

取筛孔的孔径 d_0 为 5mm，正三角形排列，一般碳钢的板厚 δ 为 3mm，取 $t/d_0 = 3.0$，故：

孔中心距 $t = 3.0 \times 5.0 = 15.0\,\mathrm{mm}$

依式(3-81)计算塔板上的筛孔数 n，即

$$n = \left(\frac{1158 \times 10^3}{t^2}\right)A_a = \frac{1158 \times 10^3}{15^2} \times 0.532 = 2738\ \text{个}$$

依式(1-56)计算塔板上开孔区的开孔率 φ，即

$$\varphi=\frac{A_0}{A_a}=\frac{0.907}{(t/d_0)^2}=\frac{0.907}{3.0^2}=10.1\% \quad （在5\%\sim15\%范围内）$$

每层塔板上的开孔面积 A_0 为：$A_0=\varphi A_a=0.101\times0.532=0.0537m^2$

气体通过筛孔的气速：$u_0=\dfrac{V_s}{A_0}=\dfrac{0.62}{0.0537}=11.55m/s$

5. 塔有效高度 Z（以精馏段为例）

$$Z=(10-1)\times0.4=3.6m$$

6. 塔高计算（略）

七、筛板的流体力学验算

1. 气体通过筛板压降相当的液柱高度

$$h_p=h_c+h_1+h_\sigma$$

(1) 干板压降相当的液柱高度

依 $d_0/\sigma=5/3=1.67$，查图 3-21，$C_0=0.84$，由式(3-86)

$$h_c=0.051\left(\frac{u_0}{C_0}\right)^2\left(\frac{\rho_V}{\rho_L}\right)=0.051\times\left(\frac{11.55}{0.84}\right)^2\times\left(\frac{2.92}{802.9}\right)=0.0351m$$

(2) 气流穿过板上液层压降相当的液柱高度 h_1

$$u_a=\frac{V_s}{A_T-A_f}=\frac{0.62}{0.785-0.057}=0.852m/s$$

$$F_a=u_a\sqrt{\rho_V}=0.852\times\sqrt{2.92}=1.46$$

由图 3-22 查取板上液层充气系数 ε_0 为 0.61。

依式 $\qquad h_1=\varepsilon_0 h_L=\varepsilon_0(h_W+h_{OW})=0.61\times0.06=0.0366m$

(3) 克服液体表面张力压降相当的液柱高度 h_σ

依式 $\qquad h_\sigma=\dfrac{4\sigma}{\rho_L g d_0}=\dfrac{4\times20.4\times10^{-3}}{802.9\times9.81\times0.005}=0.00207m$

故 $\qquad h_p=0.0351+0.0366+0.00207=0.074mm$

单板压降 $\Delta p_p=h_p\rho_L g=0.074\times802.9\times9.81=582Pa<0.7kPa$（设计允许值）

2. 雾沫夹带量 e_v 的验算

依式 $e_v=\dfrac{5.7\times10^{-6}}{\sigma}\left(\dfrac{u_a}{H_T-h_f}\right)^{3.2}$

$$=\frac{5.7\times10^{-6}}{20.4\times10^{-3}}\left(\frac{0.852}{0.4-2.5\times0.06}\right)^{3.2}=0.014\ kg\ 液/kg\ 气<0.1kg\ 液/kg\ 气$$

故在设计负荷下不会发生过量雾沫夹带。

3. 漏液的验算

由式 $u_{OW}=4.4C_0\sqrt{(0.0056+0.13h_L-h_\sigma)\rho_L/\rho_V}$

$$=4.4\times0.84\sqrt{(0.0056+0.13\times0.06-0.00207)\times802.9/2.92}=6.52m/s$$

筛板的稳定性系数：$K=\dfrac{u_0}{u_{OW}}=\dfrac{11.55}{6.52}=1.77(>1.5)$

故在设计负荷下不会产生过量漏液。

4. 液泛验算

为防止降液管液泛的发生，应使降液管中清液层高度 $H_d\leqslant\Phi(H_T+h_W)$。

$$H_d = h_p + h_L + h_d$$

$$h_d = 0.153\left(\frac{L_s}{l_w h_0}\right)^2 = 0.153 \times \left(\frac{0.0017}{0.66 \times 0.032}\right)^2 = 0.00099\text{m}$$

$$H_d = 0.074 + 0.06 + 0.00099 = 0.135\text{m}$$

取 $\Phi = 0.5$，则

$$\Phi(H_T + h_W) = 0.5 \times (0.4 + 0.047) = 0.223\text{m}$$

故 $H_d \leqslant \Phi(H_T + h_W)$，在设计负荷下不会发生液泛。

根据以上塔板的各项流体力学验算，可认为精馏段塔径及各工艺尺寸是合适的。

八、塔板负荷性能图

1. 雾沫夹带线（1）

$$e_v = \frac{5.7 \times 10^{-6}}{\sigma}\left(\frac{u_a}{H_T - h_f}\right)^{3.2}$$

式中
$$u_a = \frac{V_s}{A_T - A_f} = \frac{V_s}{0.785 - 0.0567} = 1.373 V_s \tag{a}$$

$$h_f = 2.5(h_W + h_{OW}) = 2.5\left[h_W + 2.84 \times 10^{-3} E\left(\frac{3600 L_s}{l_w}\right)^{2/3}\right]$$

近似取 $E \approx 1.0$，$h_W = 0.047\text{m}$，$l_W = 0.66\text{m}$，故

$$h_f = 2.5\left[h_W + 2.84 \times 10^{-3} E\left(\frac{3600 L_s}{l_w}\right)^{2/3}\right] = 0.118 + 2.206 L_s^{2/3} \tag{b}$$

取雾沫夹带极限值 e_v 为 0.1kg 液/kg 气。已知 $\sigma = 20.41 \times 10^{-3}\text{N/m}$，$H_T = 0.4\text{m}$，并将式(a)、式(b) 代入式(3-94)，得：

$$0.1 = \frac{5.7 \times 10^{-6}}{20.41 \times 10^{-3}}\left(\frac{1.373 V_s}{0.4 - 0.118 - 2.206 L_s^{2/3}}\right)^{3.2}$$

整理得：
$$V_s = 1.29 - 10.09 L_s^{2/3} \tag{1}$$

在操作范围内，任取几个 L_s 值，依式(1) 算出相应的 V_s 值列于表 3-27 中。

表 3-27　雾沫夹带线计算结果

$L_s/(\text{m}^3/\text{s})$	0.6×10^{-4}	1.5×10^{-3}	3.0×10^{-3}	4.5×10^{-3}
$V_s/(\text{m}^3/\text{s})$	1.21	1.76	1.08	1.02

依表中数据在 V_s-L_s 图中作出雾沫夹带线（1），如图 3-35 所示。

2. 液泛线（2）

联立式(3-99) 及式(3-73) 得：

$$\Phi(H_T + h_W) = h_p + h_W + h_{OW} + h_d$$

近似取 $E \approx 1.0$，$l_W = 0.66\text{m}$，则

$$h_{OW} = 2.84 \times 10^{-3} E\left(\frac{L_h}{l_w}\right)^{2/3} = 2.84 \times 10^{-3} \times 1.0 \times \left(\frac{3600 \times L_s}{0.66}\right)^{2/3}$$

故
$$h_{OW} = 0.88 L_s^{2/3} \tag{c}$$

由式
$$h_p = h_c + h_1 + h_\sigma$$

$$h_c = 0.051\left(\frac{u_0}{C_0}\right)^2\left(\frac{\rho_V}{\rho_L}\right) = 0.051\left(\frac{V_s}{0.84 \times 0.0537}\right)^2\left(\frac{2.92}{802.9}\right) = 0.0915 V_s^2$$

则　　$h_1 = \varepsilon_0 h_L = \varepsilon_0(h_W + h_{OW}) = 0.6 \times (0.047 + 0.88 L_s^{2/3}) = 0.0282 + 0.53 L_s^{2/3}$

故
$$h_p = 0.0915V_s^2 + 0.0282 + 0.53L_s^{2/3} + 0.00207$$
$$= 0.0303 + 0.0915V_s^2 + 0.53L_s^{2/3} \tag{d}$$

由式
$$h_d = 0.153\left(\frac{L_s}{l_w h_0}\right)^2 = 0.153 \times \left(\frac{L_s}{0.66 \times 0.032}\right)^2 = 343L_s^2 \tag{e}$$

将 $H_T = 0.4\text{m}$，$h_W = 0.047\text{m}$，$\Phi = 0.5$ 及式（c）、式（d）、式（e）代入式（3-99）及式（3-75）的联立式得：

$$0.5 \times (0.4 + 0.047) = 0.0303 + 0.0915V_s^2 + 0.53L_s^{2/3} + 0.047 + 0.88L_s^{2/3} + 343L_s^2$$

整理得：
$$V_s^2 = 1.6 - 15.4L_s^{2/3} - 3748.6L_s^2 \tag{2}$$

在操作范围内取若干 L_s 值，依式（2）计算 V_s 值，列于表 3-28，依表中数据作出液泛线（2），如图 3-35 中线（2）所示。

表 3-28　液泛线计算结果

$L_s/(\text{m}^3/\text{s})$	0.6×10^{-4}	1.5×10^{-3}	3.0×10^{-3}	4.5×10^{-3}
$V_s/(\text{m}^3/\text{s})$	1.48	1.39	1.25	1.10

3. 液相负荷上限线（3）

取液体在降液管中停留时间为 4s，则

$$L_{s,\max} = \frac{H_T A_f}{\tau} = \frac{0.4 \times 0.0567}{4} = 0.00567\text{m}^3/\text{s} \tag{3}$$

液相负荷上限线（3）在 V_s-L_s 坐标图上为气体流量 V_s 无关的垂直线，如图 3-35 线（3）所示。

4. 漏液线（汽相负荷下限线）（4）

由 $h_L = h_W + h_{OW} = 0.047 + 0.88L_s^{2/3}$，$u_{OW} = \dfrac{V_{s,\min}}{A_0}$ 代入漏液点气速式：

$$u_{OW} = 4.43C_0\sqrt{(0.0056 + 0.13h_c - h_\sigma)\rho_L/\rho_V}$$

$$\frac{V_{s,\min}}{A_0} = 4.4 \times 0.84\sqrt{[0.0056 + 0.13(0.047 + 0.88L_s^{2/3}) - 0.00207] \times \frac{802.9}{2.92}}$$

A_0 前已算出为 0.0537m^3，代入上式并整理，得：

$$V_{s,\min} = 3.28\sqrt{0.00964 + 0.1144L_s^{2/3}} \tag{4}$$

此即汽相负荷下限线关系式，在操作范围内任取 n 个 L_s 值，依式计算相应的 V_s 值，列于表 3-29，依表中数据作汽相负荷下限线（4），如图 3-35 中线（4）所示。

表 3-29　漏液线计算结果

$L_s/(\text{m}^3/\text{s})$	0.6×10^{-4}	1.5×10^{-3}	3.0×10^{-3}	4.5×10^{-3}
$V_s/(\text{m}^3/\text{s})$	0.335	0.346	0.36	0.371

5. 液相负荷下限线（5）

取平堰、堰上液层高度 $h_{OW} = 0.006\text{m}$ 作为液相负荷下限线条件，取 $E \approx 1.0$。

依式 $h_{OW} = 2.84 \times 10^{-3}E\left(\dfrac{L_h}{l_W}\right)^{2/3} = 2.84 \times 10^{-3}E\left(\dfrac{3600L_{s,\min}}{l_W}\right)^{2/3}$

整理得：
$$L_{s,\min} = 5.61 \times 10^{-4}\text{m}^3/\text{s} \tag{5}$$

此值在 V_s-L_s 图上作线（5）即为液相负荷下限线，如图 3-35 所示。

将以上 5 条线标绘于图 3-35（V_s-L_s 图）中，即为精馏段负荷性能图。5 条线包围区域为精馏段塔板操作区，P 为操作点，OP 为操作线。OP 线与雾沫夹带线（1）的交点相应汽相负荷为 $V_{s,\max}$，

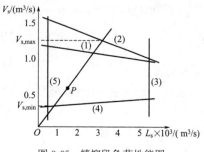

图 3-35　精馏段负荷性能图

与漏液线（4）的交点相应汽相负荷为 $V_{s,min}$。

本设计塔板负荷上限由雾沫夹带控制，下限由漏液控制。

临界点的操作弹性 $= \dfrac{V_{s,max}}{V_{s,min}} = \dfrac{1.11}{0.34} = 3.27$

九、筛板塔的工艺设计计算结果汇总表

筛板塔的工艺设计计算结果汇总见表 3-30。

表 3-30　筛板塔的工艺设计计算结果汇总

项　目		符号	单位	计算数据	
				精馏段	提馏段
各段平均压强		p_m	kPa	109.3	
各段平均温度		t_m	℃	90.8	
平均流量	汽相	V_s	m^3/s	0.62	
	液相	L_s	m^3/s	0.0017	
实际塔板数		N	块	10	
板间距		H_T	m	0.4	
塔低有效高度		Z	m	3.6	
塔径		D	m	1.0	
空塔气速		u	m/s	0.79	
塔板液流型式				单流型	
溢流装置	溢流管型式			弓形	略
	堰长	h_W	m	0.66	
	堰高	l_W	m	0.047	
	溢流堰宽度	W_d	m	0.124	
	管底与受液盘距离	h_0	m	0.032	
板上清液层高度		h_L	m	0.06	
孔径		d_0	mm	5.0	
孔间距		t	mm	15.0	
孔数		n	个	2738	
开孔面积		A_0	m^2	0.0537	
筛孔气速		u_0	m/s	11.55	
塔板压降		h_p	kPa	0.58	
液体在降液管中的停留时间		τ	s	13.34	
降液管内清液层高度		H_d	m	0.135	
雾沫夹带		e_v	kg液/气 kg	0.014	
液相负荷上限		$L_{s,max}$	m^3/s	0.00567	
液相负荷下限		$L_{s,min}$	m^3/s	0.000561	
汽相最大负荷		$V_{s,max}$	m^3/s	1.11	
汽相最小负荷		$V_{s,min}$	m^3/s	0.34	
操作弹性				3.27	

十、精馏塔的附属设备及接管尺寸（略）

3.9 精馏塔设计任务书示例

【题目 1】苯-甲苯二元物系筛板式精馏塔的设计

设计条件：常压 $p = 1\,atm$（绝压），处理量 100kmol/h，进料组成 0.45，馏出液组成 0.98，釜液组成 0.03，以上均为摩尔分数。加料热状况 $q = 0.96$，塔顶全凝器为泡点回流，回流比 $R = (1.1 \sim 2.0) R_{min}$，单板压降 ≤ 0.7kPa。

设计任务：

1. 精馏塔的工艺设计，包括物料衡算、热量衡算、筛板塔的设计计算及辅助设备选型；
2. 绘制带控制点的工艺流程图、精馏塔设备条件图；
3. 撰写精馏塔的设计说明书。

【题目2】苯-甲苯二元物系浮阀精馏塔的设计

设计条件：常压 $p=1$atm（绝压），处理量 80kmol/h，进料组成 0.45，馏出液组成 0.98，釜液组成 0.03，以上均为摩尔分数。加料热状况 $q=0.99$，塔顶全凝器为泡点回流，回流比 $R=(1.1\sim2.0)R_{min}$。

设计任务：

(1) 精馏塔的工艺设计，包括物料衡算、热量衡算、筛板塔的设计计算及辅助设备选型；
(2) 绘制带控制点的工艺流程图、精馏塔设备条件图；
(3) 撰写精馏塔的设计说明书。

任务分配：

1～6 号改变处理量（kmol/h）100；	95；	90；	85；	80；	75；
7～12 号改变进料组成 0.45；	0.44；	0.43；	0.42；	0.41；	0.40；
13～18 号改变 q 0.96；	0.97；	0.98；	0.99；	1.0；	1.01；
19～24 号改变塔顶组成 0.99；	0.985；	0.98；	0.975；	0.97；	0.965；
25～30 号改变塔底组成 0.01；	0.015；	0.02；	0.025；	0.03；	0.035；

【题目3】乙醇-水二元精馏筛板（浮阀）塔设计

表 3-31 中序号对应的设计方案条件为本次课程设计的参数。

工艺条件：进料乙醇含量（表内）（%，质量分数，下同）；年开工 8000h。

塔顶乙醇含量不低于（表内）（%），釜液乙醇不高于含量（表内）（%）。

设计条件：常压 $p=1$atm（绝压），塔顶全凝器为泡点回流，单板压降$\leqslant$0.7kPa。

其他条件见表 3-31。

表 3-31 设计方案

序　　号	1	2	3	4	5	6	7	8	9	10
塔板设计位置	塔顶	塔顶	塔顶	塔顶	塔顶	塔顶	塔顶	塔顶	塔顶	塔顶
塔板形式	筛板	筛板	筛板	筛板	筛板	筛板	筛板	筛板	筛板	筛板
处理量/(万吨/年)	30	25	22	20	15	10	20	20	20	20
x_D(质量)/%	92	92	92	92	92	92	92	92	92	92
x_F(质量)/%	20	20	20	20	20	20	14	16	18	21
x_W(质量)/%	0.3	0.3	0.3	0.3	0.3	0.3	0.3	0.3	0.3	0.3
q 值	1	1	1	1	1	1	1	1	1	1
回流比系数 R/R_{min}	1.3	1.5	1.7	1.3	1.5	1.7	1.3	1.5	1.7	1.3

序　　号	11	12	13	14	15	16	17	18	19	20
塔板设计位置	塔顶	塔顶	塔顶	塔顶	塔顶	塔顶	塔顶	塔顶	塔顶	塔顶
塔板形式	筛板	筛板	筛板	筛板	筛板	筛板	筛板	筛板	筛板	筛板
处理量/(万吨/年)	20	20	20	20	20	20	20	25	30	25
x_D(质量)/%	92	92	92	92	92	92	92	92	92	92
x_F(质量)/%	22	24	20	20	20	20	20	20	20	20
x_W(质量)/%	0.3	0.3	0.3	0.3	0.3	0.3	0.3	0.3	0.3	0.3
q 值	1	1	$q>1$	$q=1$	$0<q<1$	$q=0$	$q<0$	$q=0$	1	1
回流比系数 R/R_{min}	1.5	1.7	1.3	1.5	1.7	1.3	1.5	1.7	1.3	1.5

序　号	21	22	23	24	25	26	27	28	29	30
塔板设计位置	塔顶	塔顶	塔顶	塔顶	塔顶	塔顶	塔顶	塔顶	塔顶	塔顶
塔板形式	浮阀	浮阀	浮阀	浮阀	浮阀	浮阀	浮阀	浮阀	浮阀	浮阀
处理量/(万吨/年)	22	25	15	10	20	20	20	20	20	20
x_D(质量)/%	92	92	92	92	92	92	92	92	92	92
x_F(质量)/%	20	20	20	20	14	16	18	21	22	24
x_W(质量)/%	0.3	0.3	0.3	0.3	0.3	0.3	0.3	0.3	0.3	0.3
q 值	1	1	1	1	1	1	1	1	1	1
回流比系数 R/R_{min}	1.7	1.3	1.5	1.7	1.3	1.5	1.7	1.3	1.5	1.7

序　号	31	32	33	34	35	36	37	38	39	40
塔板设计位置	塔顶	塔顶	塔顶	塔顶	塔顶	塔顶	塔顶	塔顶	塔顶	塔顶
塔板形式	浮阀	浮阀	浮阀	浮阀	浮阀	浮阀	浮阀	浮阀	浮阀	浮阀
处理量/(万吨/年)	20	20	20	20	20	20	18	21	22	24
x_D(质量)/%	92	92	92	92	92	92	92	92	92	92
x_F(质量)/%	20	20	20	20	20	20	18	21	22	24
x_W(质量)/%	0.3	0.3	0.3	0.3	0.3	0.3	0.3	0.3	0.3	0.3
q 值	$q>1$	$q=1$	$0<q<1$	$q=0$	$q<0$	$q=0$	$q>1$	$q=1$	$0<q<1$	$q<0$
回流比系数 R/R_{min}	1.3	1.5	1.7	1.3	1.5	1.7	1.3	1.5	1.7	1.3

3. 10　精馏塔计算框图

以非理想溶液（如乙醇-水溶液）为例。

(1) 理论板数、实际板数计算

(2) 物料衡算

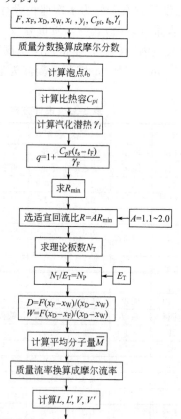

(3) 初算塔径

(4) 塔板设计

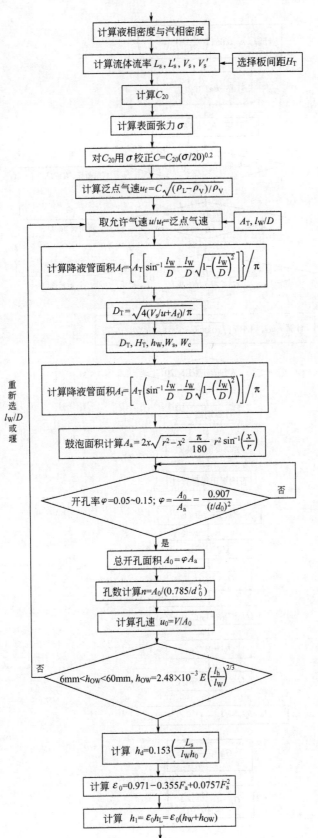

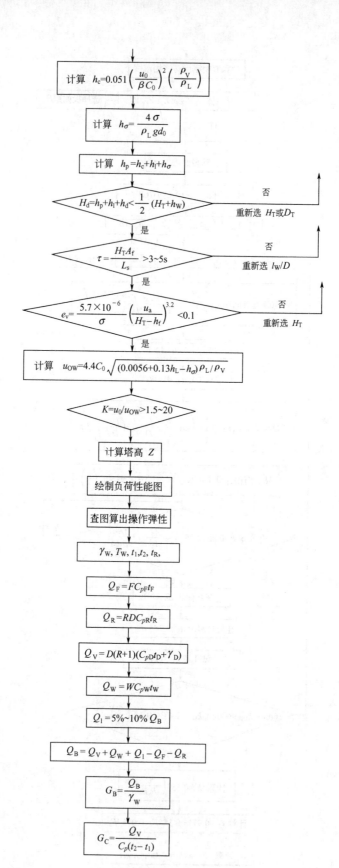

计算 $h_c = 0.051 \left(\dfrac{u_0}{\beta C_0} \right)^2 \left(\dfrac{\rho_V}{\rho_L} \right)$

计算 $h_\sigma = \dfrac{4\sigma}{\rho_L g d_0}$

计算 $h_p = h_c + h_l + h_\sigma$

$H_d = h_p + h_l + h_d < \dfrac{1}{2}(H_T + h_W)$ 否   重新选 H_T 或 D_T

是

$\tau = \dfrac{H_T A_f}{L_s} > 3 \sim 5\mathrm{s}$ 否   重新选 l_W/D

是

$e_V = \dfrac{5.7 \times 10^{-6}}{\sigma} \left(\dfrac{u_a}{H_T - h_f} \right)^{3.2} < 0.1$ 否   重新选 H_T

是

计算 $u_{OW} = 4.4 C_0 \sqrt{(0.0056 + 0.13 h_L - h_\sigma) \rho_L / \rho_V}$

$K = u_0 / u_{OW} > 1.5 \sim 20$

计算塔高 Z

绘制负荷性能图

查图算出操作弹性

(5) 热量衡算

$\gamma_W, T_W, t_1, t_2, t_R,$

$Q_F = F C_{pF} t_F$

$Q_R = R D C_{pR} t_R$

$Q_V = D(R+1)(C_{pD} t_D + \gamma_D)$

$Q_W = W C_{pW} t_W$

$Q_l = 5\% \sim 10\% Q_B$

$Q_B = Q_V + Q_W + Q_l - Q_F - Q_R$

$G_B = \dfrac{Q_B}{\gamma_W}$

$G_C = \dfrac{Q_V}{C_p(t_2 - t_1)}$

本章符号说明

英文字母

A_a——塔板开孔（鼓泡）面积，m^2；

A_f——降液管截面积，m^2；

A_0——筛孔面积，m^2；

A_T——塔截面积，m^2；

C——计算 U_{max} 时的负荷系数，无量纲；

C_0——流量系数，无量纲。

D——塔顶馏出液流量，kmol/h；

D——塔径，m；

d_0——筛孔直径，mm；

E——液流收缩系数，无量纲；

E_T——全塔效率（总板效率），无量纲；

e_v——雾沫夹带量，kg 液/kg 汽；

F——进料量，kmol/h；

F_a——气相动能因子，m/s $(kg/m^3)^{1/2}$；

F_0——阀孔动能因子，m/s $(kg/m^3)^{1/2}$；

g——重力加速度，m/s^2；

H——板间距，m 或 mm；塔高，m 或 mm；

h_c——与干板压降相当的液柱高度，m；

h_d——与液体流经降液管压降相当的液柱高度，m；

h_1——与气流穿过板上液层压降相当的液柱高度，m；

h_f——板上鼓泡层高度，m；

h_i——进口堰与降液管间的水平距离，m；

h_L——板上液层高度，m；

h_0——降液管低隙高度，m；

h_{OW}——堰上液层高度，m；

h_p——与单板压降相当的液层高度，m；

h_σ——与克服液体表面张力的压降相当的液柱高度，m；

h_W——溢流堰高度，m；

K——筛板的稳定性系数，无量纲。

L——塔内下降液体的流量，kmol/h；

L_s——塔内下降液体的流量，m^3/s；

l_W——溢流堰长度，m；

N——塔板数，理论板数；

N_p——实际塔板数；

N_T——理论塔板数；

n——筛孔数；

p——操作压强，Pa 或 kPa；

Δp——压降，Pa 或 kPa；

q——进料热状态参数；

R——回流比；

r——开孔区半径，m；

S——直接蒸汽量，kmol/h；

t——筛孔中心距，mm；

u——空塔气速，m/s；

u_a——按有效流通面积计算的气速，m/s；

u_0——筛孔气速，m/s；

u_0'——降液管底隙处液体流速，m/s；

u_{OW}——漏液点气速，m/s；

V——塔内上升蒸汽流量，kmol/h；

V_s——塔内上升蒸汽流量，m^3/s；

W——釜残液（塔底产品）流量，kmol/h；

W_c——无效区宽度，m；

W_d——弓形降液管宽度，m；

W_s——安定区宽度，m；

x——液相中易挥发组分的摩尔分数；

y——汽相中易挥发组分的摩尔分数；

Z——塔有效高度，m。

希腊字母

α——相对挥发度，无量纲；

β——干筛孔流量系数的修正系数，无量纲；

δ——筛板厚度，mm；

ε_0——板上液层充气系数，无量纲；

μ——黏度，mPa·s；

ρ_L——液相密度，kg/m^3；

ρ_V——汽相密度，kg/m^3；

σ——表面张力，N/m 或 mN/m；

τ——时间，s；

ψ——液体密度校正系数。

下标

A——易挥发组分；

B——难挥发组分；

D——馏出液；

F——原料液；

h——每小时的量；

i——组分序号；

L——液相；

m——平均；

min——最小或最少；

max——最大；

m，n——塔板序号；

s——每秒的量。

第4章

填料吸收塔的设计

4.1 概述

填料塔是化学工业中最常用的气液传质设备之一，它可适用于吸收、解吸、精馏和液-液萃取等化工单元过程。填料塔具有结构简单、压力降小，且可用各种材料制造等优点。在处理容易产生泡沫的物料以及用于真空操作时，有其独特的优越性。过去由于填料本体及塔内构件不够完善，填料塔大多局限于处理腐蚀性介质或不适宜安装塔板的小直径塔。近年来，由于填料结构的改进，新型的高效、高负荷填料的开发，既提高了塔的通过能力和分离效能，又保持了压力降小及性能稳定的特点，因此填料塔已被推广到所有大型气液操作中。在某些场合，还代替了传统的板式塔。随着对填料塔的研究和开发，性能优良的填料塔已大量用于工业生产中。

气体吸收过程是利用气体混合物中各组分在液体中溶解度或化学反应活性的差异，在气液两相接触时发生传质，实现气体混合物的分离。填料塔用于吸收和解吸操作，可以达到很好的传质效果，它具有通量大、阻力小、传质效率高等性能。因此，在实际工程操作过程中，诸如原料气的净化、气体产品的精制、治理有害气体等方面绝大多数使用填料塔。在此，本章仅结合吸收过程讨论填料塔的设计，其基本原则同样适用于其他单元操作。

填料吸收塔的设计步骤为：

① 吸收剂的选择；
② 确定操作温度和压力；
③ 确定气-液相平衡关系；
④ 选择液气比和确定流程；
⑤ 选择填料；
⑥ 计算塔径和填料层高度；
⑦ 压力损失计算；
⑧ 塔内辅助装置的选择和计算，包括液体喷淋装置、填料支承装置、液体再分布装置等。

4.2 设计方案的确定

设计方案的确定主要包括：确定吸收装置的流程、主要设备的型式和操作条件、选择合适的吸收剂。所选方案必须满足制定的工艺要求，达到规定的生产能力及分离要求，经济合理，操作安全。

4.2.1 吸收剂和吸收方法的选择

(1) 吸收剂的选择依据

吸收剂的选择是吸收操作的关键问题，根据吸收剂与溶质间有无化学反应发生来决定选择物理吸收，还是化学吸收。从这种意义上讲，吸收剂的选择和吸收方法的选择有着一定的联系。

选择吸收剂时，首先要考虑前后工序对吸收操作提供的条件和要求，其次从吸收过程的基本原理出发，考虑主要技术经济指标来加以选择。基本原则如下：

① 对被吸收的气体溶质的溶解度要大，选择性要好；

② 易于再生、循环使用，对于化学吸收剂应与溶质发生可逆反应，以利于再生；

③ 蒸气压必小、黏度要低、不易发泡，以减少溶剂损失，实现高效、稳定操作；

④ 具有较好的化学稳定性和热稳定性，不易燃、不易爆，安全可靠；

⑤ 对设备的腐蚀性要小，尽可能无毒、无环境污染的溶剂；

⑥ 价廉易得。

一般说来，任何一种吸收剂都难以同时满足以上所有要求，选用时应针对具体情况和主要矛盾，既要考虑工艺要求，又要兼顾到经济合理性。

(2) 吸收方法和工业常用吸收剂

完成同一吸收任务，可选用不同吸收剂，从而构成了不同的吸收方法，如以合成氨厂变换气脱 CO_2 为例，若配合焦炉气为原料的制氢工艺，宜选用水，碳酸丙烯酯，冷甲醇等作吸收剂，即能脱 CO_2，又能脱除有机杂质。后继配以碱洗和低温液氨洗构成了一个完整的净化体系。若以天然气为原料制 H_2 和 N_2 时，宜选用催化热碳酸钾溶液作吸收剂，净化度高。后继再配以甲烷化法，经济合理。其中，前者为物理吸收，后者则为化学吸收。一般而言，当溶质含量较低，而要求净化度又高时，宜采用化学吸收法；若溶质含量较高，而净化度要求又不很高时，宜采用物理吸收法。

工业上气体吸收常用吸收剂列于表 4-1。

表 4-1　工业上气体吸收常用吸收剂

溶质	吸收剂	溶质	吸收剂
氨	水、硫酸	硫化氢	碱液、砷碱液、有机吸收剂
丙酮蒸气	水	苯蒸气	煤油、洗油
硫化氢	水	丁二烯	乙醇、乙腈
二氧化碳	水、碱液、碳酸丙烯酯	二氯乙烯	煤油
二氧化硫	水	一氧化碳	铜氨液

(3) 物理吸收剂和化学吸收剂的各自特性

物理吸收剂和化学吸收剂的各自特性见表 4-2。

表 4-2　物理吸收剂和化学吸收剂的特性

物理吸收剂	化学吸收剂
① 吸收容量(溶解度)正比于溶质分压	① 吸收容量对溶质分压不太敏感
② 吸收热效应很小(近于等温)	② 吸收热效应显著
③ 常用降压闪蒸解吸	③ 用低压蒸汽气提解吸
④ 适于溶质含量高，而净化度要求不太高的场合	④ 适于溶质含量不高，而净化度要求很高的场合
⑤ 对设备腐蚀性小，不易变质	⑤ 对设备腐蚀性大，易变质

4.2.2 吸收（或解吸）操作条件的选择

吸收的操作条件是指吸收塔的操作压力和操作温度。

(1) 操作压力的选择

对物理吸收，由吸收过程的气-液相平衡关系可知，加压能提高溶质溶解度和传质速率，又能减小塔径和吸收剂用量，但压力过高会使塔造价增高，同时惰性组分的溶解损失亦会增大。减压是常用的解吸方法之一，可一次或逐次减至常压乃至于真空。对化学吸收，其速率可为传质速率控制，也可为化学反应速率控制。加压能提高溶质溶解度，利于前者，对后者的影响不大，但加压总可减小塔径。

因此，工程上必须考虑吸收过程与前后工序间压力条件的联系与制约，以求得总体上的协调一致。

(2) 操作温度的选择

吸收塔操作温度的高低直接关系到溶解度的大小。由吸收过程的气-液相平衡关系可知，对物理吸收选择较低的操作温度是有利的，如用水（或碳酸丙烯酯）脱 CO_2 宜选择常温；若用甲醇脱 CO_2 则宜选择 $-30 \sim -70℃$ 的低温。解吸可为常温或稍加升温。

化学吸收温度应由保持合适的化学吸收速率而定。对于发生可逆化学反应的吸收液，通常是以减压加热的方法解吸。

工程上，吸收剂通常要循环使用。因此，吸收和解吸的温度条件必须根据具体情况统筹考虑。一般来说，等温下的吸收和解吸流程，其过程能耗将最省。

(3) 吸收因子 A 的选值

吸收因子 A 综合反映了操作液气比和相平衡常数对传质过程的影响。对于给定的任务，A 值取得大，吸收剂用量（或循环量）必然大，操作费用增加；若 A 值取得小，则过程推动力小，塔必然很高。合理选 A 值实质是将设备投资和操作费用总体优化的结果。在不具备优化条件时，可按经验取值：

净化气体、提高溶质回收率的吸收，$1.2 < A < 2.0$，一般取 $A = 1.4$；

制取液体产品的吸收，一般取 $A < 1.0$；

解吸，$1.2 < 1/A < 2.0$，一般取 $1/A = 1.4$。

对特殊气-液物系或有特殊要求的吸收过程，A 的选值需根据具体情况来考虑。

4.2.3 吸收（或解吸）装置流程的确定

吸收装置的流程布置是指气体和液体进出吸收塔的流向安排，主要有以下几种。

(1) 并流操作

气液两相均从塔顶流向塔底，此即并流操作，如图 4-1（a）所示。并流操作的特点是，系统不受液流限制，可提高操作气速，以提高生产能力。通常在以下情况下可采用并流操作：

① 易溶气体的吸收，平衡曲线较平坦时，流向对吸收推动力影响不大，或处理的气体不需吸收很完全；

② 吸收剂用量特别大，逆流操作易引起液泛。

(2) 逆流操作

气相自塔底进入由塔顶排出，液相反向流动，即为逆流操作，如图 4-1（b）所示。逆流操作的特点是，传质的平均推动力大，吸收剂利用率高，分离程度高，完成一定分离任务所需传质面积小。工业生产中多采用逆流操作。

（3）吸收剂部分再循环操作

在逆流操作系统中，用泵将吸收塔排出液体的一部分经冷却后与补充的新鲜吸收剂一同送回塔内，即为部分再循环操作，如图 4-1（c）所示。通常用于以下情况：

① 当吸收剂用量较小，为提高塔内液体喷淋密度，以充分润湿填料；

② 对非等温吸收过程，为控制塔内温升，需取出一部分热量时。

该流程特别适用于相平衡常数 m 值很小的情况，通过吸收液部分再循环，提高吸收剂的使用效率。应予指出，吸收剂部分再循环操作较逆流操作的平均吸收推动力要低，还需设置循环用泵，消耗额外的动力，操作费用增加。

（4）多塔串联操作

若设计的填料层高度过大，或由于所处理物料等原因需经常清理填料，为便于维修，可把填料层分装在几个串联的塔内，每个吸收塔通过的吸收剂和气体量都相等，即为多塔串联操作。此种操作因塔内需留有较大空间，输液、喷淋、支承板等辅助装置增加，使设备投资加大。图 4-1（d）所示为多塔串联逆流部分循环流程。

（5）串联-并联混合操作

若吸收过程处理的液量很大，如果用通常的流程，则液体在塔内的喷淋密度过大，操作气速必很小（否则易引起塔内液泛），塔的生产能力很低。实际生产中，可采用气相作串联、液相作并联的混合流程，如图 4-1（e）所示；若吸收过程处理的液量不大而气相流量很大时，可采用液相作串联、气相作并联的混合流程如图 4-1（f）所示。

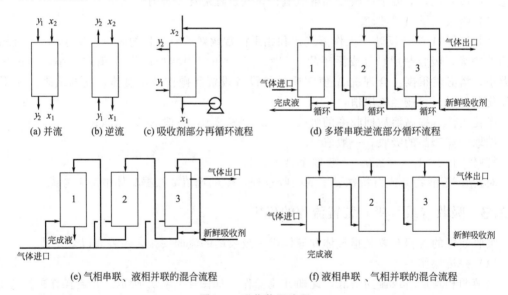

图 4-1　吸收装置流程

（6）解吸方法

① 气提解吸　在解吸塔底通入某种不含溶质的惰性气体（空气、N_2、CO_2）或溶剂蒸汽作为气提气，提供与逆流而下吸收液不相平衡的气相。在解吸推动力作用下，溶质不断由液相释出，由塔顶得到溶质组分与惰性气体或蒸汽的混合物，而于塔底排出较纯净的溶剂。一般气提解吸为连续逆流操作，具有多个理论分离级。因此，可以获得满意的解吸效果。但应注意，若以惰性气体为载气，则很难获得较纯净的溶质气体。

② 改变压力和温度条件的解吸　基于大多数气体溶质的溶解度随压力减小和温度升高

而降低的规律，可以通过减压和升温使溶解的溶质气体解吸出来。具体可分为减压解吸、升温解吸和升温-减压解吸。这种解吸传质过程把所需的热能和机械能作为分离剂。

应注意，解吸过程很少采用单一的一步解吸方法。常常是第一步升温-减压法，第二步是气提法，两者联合使用。

4.2.4 能量的合理利用

吸收装置设计中应充分考虑能量的合理利用，只有充分利用工艺物流的各种能量，才能最大限度地减少公用工程外加的能量，以实现分离过程的节能和降耗。通常要从以下几个方面来考虑。

① 吸收操作压力是重要操作参数，原则上讲，选用前道工序送来的混合气的压强最为经济；当然，也可以和后续工序操作压力相一致，总之，力求避免吸收压力与前道工序操作压力有大起大落的变化。

② 尽可能减少吸收（或解吸）塔压力降，选择大通量、低阻力的新型塔填料及配套的各种塔内件，这是实现塔设备节能的重要环节。

③ 对于加压吸收、升温减压解吸的吸收装置，应设置液力透平机回收高压富液减压放出的机械能，要设置贫、富液的换热器，以充分利用各股工艺物流的热能。

④ 对于气提解吸过程，降低解吸塔压降是解吸过程节能的基础。此外，对于溶剂蒸汽气提解吸过程，需设再沸器和冷凝器，再沸器最好能利用工艺物流的余热加热；冷凝器应选用温位恰当、廉价的冷却介质。

总之，吸收装置能量合理利用的具体方案有多种形式，设计过程中应广泛参考典型实例。

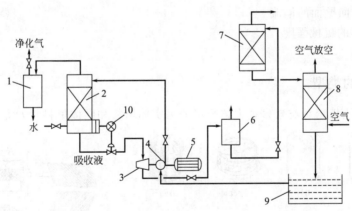

图 4-2 加压水吸收 CO_2 的流程

1—分离器；2—吸收塔；3—涡轮机；4—泵；5—电动机；6—中间解吸罐；
7—解吸塔；8—气提解吸塔；9—贮水池；10—液位调节器

4.2.5 典型吸收-解吸流程

图 4-2 所示的典型吸收-解吸流程是用加压水吸收变换气体中 CO_2，以净化合成氨原料气的流程。变换气进入吸收塔后，其中的 CO_2 被高压水所吸收，塔顶得净化气（含 CO_2 ＜20%，体积分数），吸收 CO_2 的高压水溶液经涡轮机 3 可回收水泵 4 所耗能量的 40% 左右，同时也减低了压力。为了在回收 CO_2 同时，使水再生，设置了三级解吸。第一级在中间解吸罐 6 中解吸，主要是回收氨气；第二级在解吸塔 7 中进一步减压解吸，主要是使水中

CO_2 解吸完全，循环使用；第三级在气提解吸塔 8 中进行。

4.3 填料

塔填料（简称填料）是填料塔的核心构件。其作用是为气、液两相提供充分、密切的接触表面，以实现相际间的高效传热和传质。不同结构形式和尺寸的填料具有不同的几何特性，它决定着填料塔的通过能力、分离效率和过程能耗等各项经济技术指标。因此，塔填料的选择是填料塔设计的重要环节。

4.3.1 传质过程对塔填料的基本要求

传质过程对填料的具体要求表现在如下几个方面。

① 比表面积要大。比表面积是指单位堆积体积填料所具有的表面积，m^2/m^3。

② 能提供大的流体通量。即所选用的填料结构要敞开，死角区域的空间要小，有效的空隙率要大。

③ 液体的再分布性能要好，具体要求如下：

a. 填料在塔内装填之后，整个床层结构均匀；

b. 填料在塔内堆放的形状应有利于液体向四周均匀分布；

c. 填料本身的结构要保证同一截面上的填料在接受上面流下的液体之后，不仅能垂直往下传递，而且能横向传递，从目前的填料看来，曲面结构及倾斜放置形状均有利于液体的横向传递；

d. 减轻液体向壁面的偏流。

④ 要有足够的机械强度。

⑤ 价格低廉。

4.3.2 填料的类型

现代工业所用填料种类繁多，大体上可分为实体填料和网体填料两大类，而按装填方式

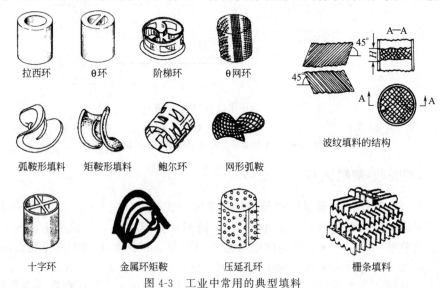

拉西环　　　θ环　　　阶梯环　　　θ网环　　　波纹填料的结构

弧鞍形填料　矩鞍形填料　鲍尔环　　网形弧鞍

十字环　　　金属环矩鞍　　压延孔环　　栅条填料

图 4-3 工业中常用的典型填料

可分为散装填料和规整填料。以下分别介绍几种工业中常用的典型填料，如图4-3所示。

（1）散装填料

散装填料是一个个具有一定几何形状和尺寸的颗粒体，一般以随机的方式堆积在塔内，又称为乱堆填料或颗粒填料。散装填料根据结构特点的不同，又可分为环形填料、鞍形填料、环鞍形填料及球形填料等。现介绍几种较典型的散装填料。

① 拉西环填料 拉西环填料是最早提出的工业填料，其结构为外径与高度相等的圆环，可用陶瓷、塑料、金属等材质制造，常用的直径为25～75mm，陶瓷环壁厚为2.5～9.5mm，金属环壁厚为0.8～1.6mm。它的特点是结构简单，制造容易，价格低廉，机械强度高，但拉西环填料的气液分布较差，传质效率低，阻力大，通量小。目前工业上已很少应用。表4-3～表4-5列出了拉西环的特性参数，可供设计时选用。由于乱堆填料的特性参数是一个与许多因素有关的统计数据，所以这些数据只能视为可供采用的平均值。

表4-3 瓷质拉西环特性参数（乱堆）

外径 (d) /mm	高×厚 ($H×\delta$) /mm×mm	比表面积 (a_t) /(m²/m³)	空隙率 (ε) /(m³/m³)	个数 (n) /m⁻³	堆积密度 (ρ_p) /(kg/m³)	干填料因子 (a_t/ε^3) /m⁻¹	填料因子 (ϕ) /m⁻¹	备注
6.4	6.4×0.8	789	0.73	3110000	737	2030	2400	
8	8×1.5	570	0.64	1465000	778	2170	2500	
10	10×1.5	440	0.70	720000	700	1280	1500	
15	15×2	330	0.70	250000	690	960	1020	
16	16×2	305	0.73	192000	730	784	900	
25	25×2.5	190	0.78	49000	505	400	400	
40	40×4.5	126	0.75	12700	577	305	350	
50	50×4.5	93	0.81	6000	457	177	220	
80	80×9.5	76	0.68	1910	714	243	280	不常用

表4-4 瓷质拉西环特性参数（整砌）

外径 (d) /mm	高×厚 ($H×\delta$) /mm×mm	比表面积 (a_t) /(m²/m³)	空隙率 (ε) /(m³/m³)	个数 (n) /m⁻³	堆积密度 (ρ_p) /(kg/m³)	干填料因子 (a_t/ε^3) /m⁻¹	备注
25	25×2.5	241	0.73	620000	720	629	不常用
40	40×4.5	197	0.60	19800	898	891	不常用
50	50×4.5	124	0.72	8800	673	339	
80	80×9.5	102	0.57	2580	962	564	
100	100×13	65	0.72	1060	930	172	
125	125×14	51	0.68	530	825	165	
150	150×16	44	0.68	318	802	142	

表4-5 钢质拉西环特性参数（乱堆）

外径 (d) /mm	高×厚 ($H×\delta$) /mm×mm	比表面积 (a_t) /(m²/m³)	空隙率 (ε) /(m³/m³)	个数 (n) /m⁻³	堆积密度 (ρ_p) /(kg/m³)	干填料因子 (a_t/ε^3) /m⁻¹	填料因子[1] (ϕ) /m⁻¹
6.4	6.4×0.8	789	0.73	3110000	2100	2030	2500
8	8×0.3	630	0.91	1550000	750	1140	1580
10	10×0.5	500	0.88	800000	960	740	1000
15	15×0.5	350	0.92	248000	660	460	600
25	25×2.5	220	0.92	55000	640	290	390
35	35×1	150	0.93	19700	570	190	260
50	50×1	110	0.95	7000	430	130	175
76	76×1.6	68	0.95	1870	400	80	105

[1] 为推测值。

② 鲍尔环填料 鲍尔环是在拉西环的基础上改进而得。其结构为在拉西环的侧壁上开出一排或两排长方形孔，被切开的环壁侧仍与壁面相连，另一侧向环内弯曲，形成内伸的舌片，几乎在环中心对接起来。一般孔的面积为整个环壁的 35% 左右。这样，气、液便可以从一个个孔中心流过，流通性能改变，对于同样的孔隙率流动阻力大为降低，环的内表面积得到充分利用。另外，由于开孔后保留的舌片向中心弯曲，所以液体的分布较为均匀，改进了拉西环使液体向壁偏流的缺点。

正因如此，与拉西环相比，鲍尔环具有生产能力大、阻力小、效率高、操作弹性大等优点。在一般情况下，同样压降时，处理量比拉西环大 50% 以上，传质效率能提高 20% 左右。所以鲍尔环是目前工业上用于大型塔的一种良好的填料。

鲍尔环的材质有塑料和金属两种。

鲍尔环的特性参数在表 4-6、表 4-7 中列出，可供设计时选用。

表 4-6　金属鲍尔环特性参数

来源	外径 (d) /mm	高×厚 $(H \times \delta)$ /mm×mm	比表面积 (a_t) /(m²/m³)	空隙率 (ε) /(m³/m³)	个数 (n) /m⁻³	堆积密度 (ρ_p) /(kg/m³)	干填料因子 (a_t/ε^3) /m⁻¹	填料因子 (ϕ) /m⁻¹
国内暂行标准	16	15×0.8	239	0.928	143000	216	299	400
	38	38×0.8	129	0.945	13000	365	153	130
	50	50×1	112.3	0.949	6500	395	131	140
国外文献	16	16×0.4	364	0.94	235000	467	438	230
	25	25×0.6	209	0.94	51000	480	252	160
	38	38×0.8	130	0.95	13400	379	152	92
	50	50×0.9	103	0.95	6200	355	120	66

表 4-7　塑料鲍尔环特性参数

来源	外径 (d) /mm	高×厚 $(H \times \delta)$ /mm×mm	比表面积 (a_t) /(m²/m³)	空隙率 (ε) /(m³/m³)	个数 (n) /m⁻³	堆积密度 (ρ_p) /(kg/m³)	干填料因子 (a_t/ε^3) /m⁻¹	填料因子 (ϕ) /m⁻¹
国内暂行标准	16	24.2×1	194	0.87	53500	101	294	320
	38	38.5×1	155	0.89	15800	98	220	200
	50	48×1.8	106.4	0.90	7000	87.5	146	120
国外文献	16		364	0.88	235000	72.6	534	320
	25		209	0.90	51000	72.6	287	170
	38		130	0.91	13400	67.7	173	105
	50		103	0.91	6380	67.7	137	82

③ 阶梯环填料 阶梯环是对鲍尔环的改进。与鲍尔环相比，阶梯环高度减少了一半，并在一端增设了一个锥形翻边。由于高径比减小，使得气体绕外壁的平均路径大大缩短，减少了气体通过填料层的阻力。锥形翻边不仅增加了填料的机械强度，而且使填料之间由线接触为主变为以点为主的接触，这样不但增加了填料间的空隙，同时也成为液体沿填料表面流动的汇集分散点，可以促进液膜的表面更新，有利于传质效率的提高。阶梯环的综合性能优于鲍尔环，成为在目前所使用的环形填料中最为优良的一种。

阶梯环填料的材质多为金属或塑料，其主要特性参数见表 4-8。

表 4-8 阶梯环填料特性参数

公称直径 (d) /mm	外径×高×厚 (d×H×δ) /mm×mm×mm	比表面积 (a_t) /(m²/m³)	空隙率 (ε) /(m³/m³)	个数 (n) /m⁻³	堆积密度 (ρ_p) /(kg/m³)	干填料因子 (a_t/ε^3) /m⁻¹	泛点填料 因子(ϕ_F) /m⁻¹	平均填料 因子(ϕ) /m⁻¹
25	25×17.5×1.4①	228	0.90	81500	97.8	313	245	172
50	50×30×1.5	121.8	0.915	9980	76.8	159	120	100

① 实际尺寸中，高 H=环高 12.5mm＋喇叭口高 5m。

④ 弧鞍形填料　这是一种表面全部敞开的填料，用陶瓷烧成，形状如同马鞍，如图 4-3 所示。大小为 25～50mm 的较为常见，其性能优于拉西环。但由于其结构的对称性，堆放时容易相互重叠，裸露面积减少，表面不能被充分利用，所以流体力学性能和传质性能不及矩鞍形填料，逐渐被后者代替。

⑤ 矩鞍形填料　这也是一种敞开式填料，形状如图 4-3 所示。多用陶瓷制造。它的两面不对称，且大小不等，所以堆放时不会重叠，强度也较好，较耐压。它的流体阻力小，物料处理能力强，水力学性能和传质性能好，制造比鲍尔环、弧鞍形填料简便，液体分布较均匀，是一种性能优良的新型填料。

矩鞍形填料的特性参数见表 4-9。

表 4-9　矩鞍形填料特性参数

材质	公称直径 (d) /mm	外径×高×厚 (d×H×δ) /mm×mm×mm	比表面积 (a_t) /(m²/m³)	空隙率 (ε) /(m³/m³)	个数 (n) /m⁻³	堆积密度 (ρ_p) /(kg/m³)	干填料因子 (a_t/ε^3) /m⁻¹	填料因子 (ϕ) /m⁻¹
陶瓷	16	25×12×2.2	378	0.710	269896	686	1055	1000
	25	40×20×3.0	200	0.772	58230	544	433	300
	38	60×30×4	131	0.804	19680	502	252	370
	50	75×45×5	103	0.782	8710	538	216	122
塑料	16	24×12×0.69	461	0.806	365099	879	879	1000
	25	38×19×1.05	283	0.847	97680	473	473	320
	76		200	0.885	3700	289	289	96

⑥ 十字环填料　十字环是由拉西环改进而成，操作时可使塔内压降相对降低，沟流和壁流较少，效率较拉西环高。

⑦ θ 环填料　这种填料是由拉西环改进而成，在环中间有一隔板，增大了填料的比表面积，可用陶瓷、石墨、塑料或金属制成。

⑧ 网形填料　网形填料主要有 θ 网环、压延孔环、网形弧鞍和双层 θ 网环。

θ 网环：θ 网环填料由金属丝网做成，由于丝网的毛细作用，使液体能够很好地分散，可消除沟流现象。一般用 60～100 目、环直径 1～6mm 的金属丝网做成。是一种高效填料。

压延孔环：压延孔环填料是由冲有许多小孔的薄金属片卷成，但冲孔不去掉金属，而使其突出，成为粗糙的表面，有利于液体在填料表面的润湿，是一种高效填料。

网形弧鞍：网形弧鞍填料是由金属丝网做成的弧鞍形填料，它具有金属丝网分散液体的特点，又有弧形结构的优点。一般由一系列网目 80～100 目的金属丝网压成。

双层 θ 网环：双层 θ 网环是用双层丝网绕成的 θ 环，其优点是强度较好，用双层后网孔间的表面张力作用更显著，因而润湿性非常好。

总之，网形填料因丝网材料很薄，填料可以做得很小，所以其比表面积都较大，而且空隙率大，液体分布均匀，液膜薄，传质效果好，属于高效填料。但因其造价高，故在工业上的应用受到限制。

(2) 规整填料

规整填料是按一定几何图形排列，整齐堆砌的填料。规整填料种类很多，根据其几何结构可分为格栅填料、波纹填料、脉冲填料等，工业上应用的规整填料绝大部分为波纹填料，波纹填料按结构分为网波纹填料和板波纹填料两大类，可用陶瓷、塑料、金属等材质制造。加工中，波纹与塔轴的倾角有 30°和 45°两种，倾角为 30°用代码 BX（或 X）表示，倾角为 45°用代码 CY（或 Y）表示。

金属丝网波纹填料是网波填料的主要形式，是由金属网制成的。其特点是压降低，分离效率高，特别适用于精密精馏及真空精馏装置，为难分离物系、热敏性物系的精密精馏提供了有效手段。尽管其制造价高，但因性能优良仍得到了广泛应用。

金属孔板波纹填料是板波纹填料的主要形式，该填料的波纹板片上冲压有许多 $\phi 4 \sim 6\mathrm{mm}$ 的小孔，可起到粗分板片上的液体，加强横向混合的作用。波纹板片上扎成细小沟纹，可起到细分配板片上的液体，增强表面湿润性能的作用。金属孔板波纹填料强度高，耐腐蚀性强，特别适用于大直径塔及汽液负荷较大的场合。

波纹填料的优点是结构紧凑，阻力小，传质效率高，处理能力大，比表面积大。其缺点是不适于处理黏度大、易聚合或有悬浮物的物料，且装卸、清理困难，造价高。

4.3.3 填料的性能特征

各种填料的性能特征各不相同，用来描述其性能特征的物理量参数有下述几种。

(1) 填料数（n）

指单位体积填料中填料的个数。对乱堆填料来说，这是一个统计数字，其数值依实验而得。

(2) 比表面积（a_t）

指单位堆积体积填料中填料所具有的表面积，单位 $\mathrm{m^2/m^3}$。如果一个单体填料的面积为 a_0，则比表面积与填料数的关系为 $a_t = na_0$。显然，比表面积大，则意味着单位体积填料提供的气、液接触面积大，有利于传质。

(3) 空隙率（ε）

指在干塔状态时单位体积填料所具有的空隙体积，单位为 $\mathrm{m^3/m^3}$。如果一个单体填料的实际体积为 V_0，则空隙率与填料个数之间的关系为 $\varepsilon = 1 - nV_0$。填料空隙率大，气液流动阻力小，流通能力大，这样塔的操作弹性范围宽。在实际操作中，由于填料壁面上附有一层液体，所以实际的空隙率低于持液前的空隙率。

(4) 干填料因子及填料因子

干填料因子是由比表面积和空隙率复合而成的物理量 a_t/ε^3，单位为 $\mathrm{m^{-1}}$，常用来关联气体通过干填料层的各种流动特性。但在填料持液后，部分空隙率会被液体占据，空隙率和比表面积都会发生变化。这样干填料因子就不可能确切地反映填料持液的水力学性能，所以又提出了一个填料持液后的填料因子，即湿填料因子，简称填料因子，以 ϕ 表示，单位为 $\mathrm{m^{-1}}$，用来关联填料持液后对气、液两相流动的影响。填料因子小，流体阻力小，发生液泛时的气速高，水力学性能好。填料因子通常需要由实验测得。

4.3.4 填料的选择

填料的选择包括确定填料的种类、规格及材质等。所选填料既要满足生产工艺的要求，又要使设备投资和操作费用较低。

(1) 填料种类的选择

填料种类的选择依据分离工艺的要求,通常考虑以下几个方面。

① 传质效率 传质效率即分离效率,它有两种表示方法:一种是以理论级进行计算的表示方法,以每一个理论级当量填料层高度表示,即 HEIP 值;另一种是以传质速率进行计算的表示方法,以每个传质单元相当的填料层高度表示,即 HTU 值。在满足工艺要求的前提下,应选用传质效率高,即 HEIP(或 HTU)值低的填料。对于常用的工业填料,其HEIP(或 HTU)值可由有关手册或文献中查得,也可通过一些经验公式来估算。

② 通量 在相同的液体负荷下,填料的泛点气速愈高或气相动能因子愈大,则通量愈大,塔的处理能力愈大。因此,在选择填料种类时,在保证具有较高传质效率的前提下,应选择具有较高泛点气速或气相动能因子的填料。对于大多数常用填料,其泛点气速或气相动能因子可由有关手册或文献中查得,也可通过一些经验公式来估算。

③ 填料层压降 填料层的压降是填料的主要应用性能,填料层的压降愈低,动力消耗愈低,操作费用愈小。选择压降低的填料对热敏性物系的分离尤为重要。比较填料的压降有两种方法:一是比较填料层单位高度的压降 $\Delta p/Z$;二是比较填料层单位传质效率的比压降 $\Delta p/N_T$。填料层压降可用经验公式计算,亦可从有关图表中查出。

④ 填料的操作性能 填料的操作性能主要指操作弹性、抗污堵性及抗热敏性等。所选填料应具有较大的操作弹性,以保证塔内气液负荷发生波动时维持操作稳定。同时,还应具有一定的抗污堵、抗热敏能力,以适应物料的变化及塔内温度的变化。

此外,所选的填料要便于安装、拆卸和检修。

(2) 填料规格的选择

通常,散装填料与规整填料的规格表示方法不同,选择的方法亦不尽相同,现分别加以介绍。

① 散装填料规格的选择 散装填料的规格通常指填料的公称直径。工业塔常用的散装填料主要有 $DN16$、$DN25$、$DN38$、$DN50$、$DN76$ 等几种规格。同类填料,尺寸越小,分离效率越高,但阻力增加,通量减小,填料的费用也增加很多。而大尺寸的填料应用于小直径塔中,又会产生液体分布不良及严重的壁流,使塔的分离效率降低。因此,对塔径与填料尺寸的比值要有一定的规定,常用填料的塔径与填料公称直径比值 D/DN 的推荐值列于表 4-10。

表 4-10 塔径与填料公称直径比值 D/DN 的推荐值

填料种类	D/DN 的推荐值	填料种类	D/DN 的推荐值
拉西环	≥20~30	阶梯环	>8
环鞍形填料	≥15	矩鞍环	>8
鲍尔环	≥10~15		

② 规整填料规格的选择 工业上常用规整填料的型号和规格的表示方法很多,国内习惯用比表面积表示,主要有 125、150、250、350、700(mm)等几种规格,同种类型的规整填料,其比表面积越大,传质效率越高,但阻力增加,通量减小,填料费用也明显增加。选用时,应从分离要求、通量要求、场地条件、物料性质及设备投资、操作费用等方面综合考虑,使所选填料既能满足工艺要求,又具有经济合理性。

规整填料单体外径一般应比塔内径小 2~10mm;盘高为 40~200mm,设计中要依据塔径来选定。

应予指出,一座填料塔可以选用同种类型、同一规格的填料,也可选用同种类型、不同规格的填料；可以选用同种类型填料，也可以选用不同类型填料；有的塔段可选用规整填料，而有的塔段可选用散装填料。设计时应灵活掌握，根据技术经济统一的原则来进行选择。

(3) 填料材质的选择

选择填料时，应根据工艺物料的腐蚀性和操作温度等因素来确定所选填料材质。工业上，填料的材质分为陶瓷、金属和塑料三大类。

① 陶瓷填料　瓷质填料历史最悠久，具有良好的耐腐蚀性及耐热性，应用面最广。一般能耐除氢氯酸（HF）以外常见的各种无机酸、有机酸以及各种有机溶剂的腐蚀。对强碱性介质，可选用耐碱配方制造的耐碱陶瓷填料。

陶瓷填料的缺点是质脆、易破碎，因此不宜在高冲击强度下使用。

陶瓷填料价格便宜，具有很好的表面润湿性能，工业上，主要用于气体吸收、气体洗涤、液体萃取的过程。

② 金属填料　金属填料可用多种材质制成。金属材质的选择主要根据物系的腐蚀性和金属材质的耐腐蚀性来综合考虑。常用金属材质主要有：碳钢、铝及合金、0Cr13、1Cr13等低合金钢及1Cr18NiTi（不锈钢）等。碳钢填料造价低，且具有良好的表面润湿性能，对于无腐蚀或低腐蚀性物系应优先使用；不锈钢填料耐腐蚀性强，一般能耐除Cl^-以外常见物系的腐蚀，但其造价较高；钛材、特种合金钢等材质制成的填料造价极高，一般只在某些腐蚀性极强的物系下使用。

金属填料可制成薄壁结构（0.2～1.0mm），与同种类型、同种规格的陶瓷、塑料填料相比，它的通量大、气体阻力小，且具有很高的抗冲击性能，能在高温、高压、高冲击强度下使用，工业应用主要以金属填料为主。金属填料特别适用于真空解吸或蒸馏。

③ 塑料填料　常用于制作塑料填料的材质包括聚丙烯（PP）、聚乙烯（PE）、聚氯乙烯（PVC）及其增强塑料。国内一般多采用聚丙烯材质。塑料填料耐腐蚀性能较好，可耐一般的无机酸、碱和有机溶剂的腐蚀，同时，塑料填料又具有质轻、易于注塑成型、价格低的特点。纯聚丙烯填料可长期在100℃以下使用，玻璃纤维增强的聚丙烯填料可在120℃以下长期使用。但应注意，聚丙烯填料在0℃以下时具有冷脆性，宜慎用，此时可选用耐低温性能好的聚乙烯塑料填料。

塑料填料具有质轻、价廉、耐冲击、不易破碎等优点，多用于操作温度较低的吸收、解吸、洗涤、除尘等装置。其缺点是塑料填料表面有憎水特性，这使之不易被水（水溶液）所润湿，因此，使用初期有效润湿比表面积小，传质效果较差。改善的办法是：一种进行表面处理，以提高表面对工艺流体的润湿性能；另一种是自然时效，经过10～15天操作可使填料的表面效率达到正常值。此外，塑料填料在使用及检修时，要严防填料超温、蠕变、熔融，以至于起火燃烧等现象发生。

一般情况下，工业装置常用填料的安全因数值如表4-11所示。

表4-11　工业装置常用填料的安全因数值

填料名称	安全因数/%
拉西环	60～80
矩鞍及鲍尔环	60～85

对有起泡倾向的物系，安全因数可取45%～55%。

(4) 填料的性能评价

填料性能的优劣通常根据效率、通量及压降三要素衡量。表4-12列出了用模糊数学方法对 9 种常用填料的综合性能评价结果。

表 4-12 9 种常用填料的综合性能评价

填料名称	评估值	语言值	排序	填料名称	评估值	语言值	排序
丝网波纹填料	0.86	很好	1	金属鲍尔环	0.51	一般好	6
孔板波纹填料	0.61	相当好	2	瓷 Intalox	0.41	较好	7
金属 Intalox	0.59	相当好	3	瓷鞍形环	0.38	略好	8
金属鞍形环	0.57	相当好	4	瓷拉西环	0.36	略好	9
金属阶梯环	0.53	一般好	5				

4. 4 填料吸收塔的设计计算

根据给定的吸收任务，在选定吸收剂、操作条件（T，p）和填料之后，可以进行填料吸收塔的工艺设计计算。其主要内容包括：

① 查取气-液相平衡关系数据；

② 确定吸收塔流程；

③ 计算吸收剂用量（或部分循环量）和吸收液出塔浓度；

④ 计算塔径；

⑤ 计算填料层高度；

⑥ 计算填料层压降；

⑦ 计算吸收剂循环功率，选择泵及风机。

4.4.1 气-液相平衡关系的获取

气-液相平衡关系是进行填料吸收塔设计计算的最基础的化工热力学数据。平衡关系数据可以通过以下途径获得。

(1) 查阅物性手册及相关文献

(2) 相平衡公式计算法

① 吸收液为理想溶液 相平衡常数可由拉乌尔定律计算，即

$$m = \frac{y_e}{x} = \frac{p^0}{p} \tag{4-1}$$

式中 m——相平衡常数；

$\quad y_e$——溶质在气相中的平衡摩尔分数；

$\quad x$——液相中溶质的摩尔分数；

$\quad p^0$——溶质在气相中的饱和蒸气压，kPa；

$\quad p$——气相的总压，kPa。

假若系统为加压系统，式(4-1) 中的 p 和 p^0 则应分别以逸度 f_v、f_l 代替。

② 吸收液为非理想溶液 吸收液若为稀溶液，则相平衡常数可由亨利定律计算，即

$$m = E/p \tag{4-2}$$

式中 E——亨利系数，kPa。

$$E = p_e/x \tag{4-3}$$

式中 p_e——溶质在气相中的平衡分压，kPa。

吸收液若为非稀溶液，则式(4-1) 中应引入活度系数 γ，即

$$m = \frac{y_e}{x} = \gamma \frac{p^0}{p} \tag{4-4}$$

③ 实验测定相平衡数据　实验测定具体物系的相平衡数据是最为可靠和直接的方法，但是在不方便实测时，亦可查取经验公式进行估算。

(3) 常见气体在水中的溶解度

① CO_2 在水中的平均溶解度见表 4-13，亨利常数见表 4-14。

表 4-13　CO_2 在水中的平均溶解度

单位：[kg(CO_2)/100kg(H_2O)]

总压/atm	12℃	18℃	25℃	31.04℃	35℃	40℃	50℃	57℃	100℃
25	…	3.86	…	2.80	2.56	2.30	1.92	1.35	1.06
50	7.03	6.33	5.38	4.77	4.39	4.02	3.41	3.49	2.01
75	7.18	6.69	6.17	5.80	5.51	5.10	4.45	3.37	2.82
100	7.27	6.72	6.28	6.97	5.76	5.50	5.07	4.07	3.49
150	7.59	7.07	…	6.25	6.03	5.47	5.47	4.86	4.49
200	…	…	…	6.48	6.29	6.28	5.76	5.27	5.03
300	7.86	7.35	…	…	…	…	6.20	5.83	5.84
400	8.12	7.77	7.54	7.27	7.06	6.89	6.58	6.30	6.40
500	…	…	…	7.65	7.51	7.26	…	…	…
700	…	…	…	…	…	…	7.58	7.43	7.61

注：1atm＝101325Pa。

表 4-14　低浓度时二氧化碳亨利常数（E）　　　　单位：kPa

$t/℃$	0	5	10	15	20	25	30	35	40	45	50	60
$E/10^5$kPa	0.378	0.8	1.05	1.24	1.44	1.66	1.88	2.12	2.36	2.60	2.87	3.46

对于 CO_2 在水中的吸收过程，总压＞5atm 时，也可用前苏联学者捷尔温斯基提出的经验公式计算溶解度：

$$\eta = (a - bp)\, p \tag{4-5}$$

式中　η——CO_2 在水中的溶解度，m^3（CO_2）/m^3（H_2O）;

p——CO_2 分压力（绝对大气压）;

a，b——常数，随温度而变化，其值查表 4-15。

表 4-15　a、b 常数随温度变化值

温度/℃	0	25	50	75	100
a	1.84	0.755	0.425	0.308	0.231
b	0.025	0.0042	0.00156	0.000966	0.000322

② O_2、SO_2、NH_3 在水中的平均溶解度分别见图 4-4～图 4-6。

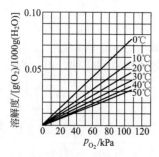
图 4-4　氧在水中的溶解度

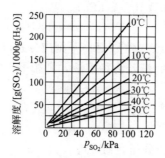
图 4-5　二氧化硫在水中的溶解度

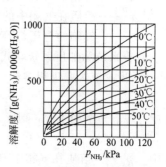
图 4-6　氨在水中的溶解度

4.4.2 吸收剂用量的确定

以稳态逆流吸收操作（见图4-7）为例来讨论吸收剂的用量。用下标2和1分别代表塔顶和塔底，流体流量以通过单位塔截面的摩尔流量（或摩尔比）计。

(1) 全塔物料衡算

① 低浓度气体（$y_1 < 10\%$，体积分数）吸收 对低浓度气体吸收，可假定气液两相符合恒摩尔流，由全塔溶质衡算得：

$$G(y_1 - y_2) = L(x_1 - x_2) \tag{4-6}$$

式中 G——进、出塔的气相摩尔流量，$kmol/(m^2 \cdot s)$；

L——溶剂的摩尔流量，$kmol/(m^2 \cdot s)$；

y——气相中溶质摩尔分数；

x——液相中溶质摩尔分数。

溶质回收率 φ 为：

$$\varphi = \frac{y_1 - y_2}{y_1} \tag{4-7}$$

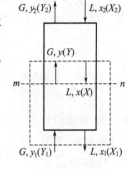

图 4-7 逆流吸收
塔操作示意

② 高浓度气体（$y_1 > 10\%$，体积分数）吸收 对高浓度气体吸收，由于惰性气体和吸收剂摩尔流量恒定，用摩尔比表示溶质浓度，则全塔溶质衡算式为：

$$G_B(Y_1 - Y_2) = L_s(X_1 - X_2) \tag{4-8}$$

式中 G_B——惰性气体的摩尔流量，$kmol/(m^2 \cdot s)$；

L_s——溶剂的摩尔流量，$kmol/(m^2 \cdot s)$；

Y——气相中溶质的摩尔比，kmol（溶质）/kmol（惰性气体）；

X——液相中溶质的摩尔比，kmol（溶质）/kmol（溶剂）。

溶质回收率 φ 为：

$$\varphi = \frac{Y_1 - Y_2}{Y_1} \tag{4-9}$$

(2) 操作液气比和吸收剂用量确定

吸收剂用量 L_s 或液气比 L_s/G_B 在吸收塔的设计计算和塔的操作调节中是一个很重要的参数。

吸收塔的设计计算中，气体处理量 G_B，以及进、出塔组成 Y_1、Y_2 由设计任务给定，吸收剂入塔组成 X_1 则是由工艺条件决定或设计人员选定。由全塔物料衡算式可知，选取的 L_s/G_B 增大，操作线斜率增加，操作线与平衡线的距离加大，塔内传质推动力增加，完成一定分离任务所需塔高降低，设备费用减少，但溶剂的循环、再生费用将增大，反之亦然，如图4-8所示。

要达到规定的分离要求，或完成必需的传质负荷 $G_B(Y_1 - Y_2)$，L_s/G_B 的减小是有限的。当 L_s/G_B 下降到某一值时，操作线将与平衡线相交或者相切，此时对应的 L_s/G_B 称为最小液气比，用 $(L_s/G_B)_{min}$ 表示，而对应的 X_1 则用 $X_{1,max}$ 表示。实际液气比应在大于最小液气比的基础上，兼顾设备费用和操作费用两方面因素，按总费用最低的原则来选取。根据生产实践经验，一般取 $L_s/G_B = (1.1 \sim 2.0)(L_s/G_B)_{min}$。

应予指出，以上由最小液气比确定吸收剂用量是以热力学平衡为出发点的。从两相流体力学角度出发，还必须使填料表面能被液体充分润湿，以保证两相均匀分散，并有足够的传质面积，因此，所取吸收剂用量 L 值还应不小于所选填料的最低润湿率，即单位塔截面上、

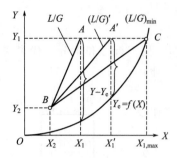

图 4-8 吸收塔的液气
比及最小液气比

单位时间内的液体流量不得小于某一最低允许值。

① 低浓度气体吸收

最小液气比 $\quad (L/G)_{min} = (y_1 - y_2)/(x_{e1} - x_2)$ (4-10)

最小吸收剂用量 $\quad L_{min} = G(y_1 - y_2)/(x_{e1} - x_2)$ (4-11)

实际液气比 $\quad L/G = (1.1 \sim 2.0)(L/G)_{min}$ (4-12)

吸收剂用量 $\quad L = (1.1 \sim 2.0)L_{min}$ (4-13)

吸收剂用量也可由吸收因子（A）求取。

吸收因子 $\quad A = L/mG$ (4-14)

吸收因子可根据经验值选取 $1.2 < A < 2.0$，一般取 $A = 1.4$，选定 A 或 L/G 值后，可确定吸收剂用量。

② 高浓度吸收

实际液气比 $\quad L_s/G_B = (1.1 \sim 2.0)(L_s/G_B)_{min}$ (4-15)

吸收剂用量 $\quad L_s = G_B(Y_1 - Y_2)/(X_1 - X_2)$ (4-16)

4.4.3 塔径的计算

气体沿塔上升可视为通过一个空管，故可按流量公式计算塔径。

$$D = \sqrt{\dfrac{V_s}{\dfrac{\pi}{4}u}}$$ (4-17)

式中 $\quad D$——塔径，m；

$\quad V_s$——气体的体积流量，m^3/s；

$\quad u$——空塔气速，m/s。

计算塔径的核心是确定适宜的空塔气速。通常由液泛气速来确定操作空塔气速。操作空塔气速与泛点气速之比称为泛点率。

对散装填料，其泛点率的经验值为 $\quad u/u_F = 0.6 \sim 0.85$ (4-18)

对规整填料，其泛点率的经验值为 $\quad u/u_F = 0.5 \sim 0.95$ (4-19)

上述两式中 u_F 为泛点气速，m/s。

泛点率的选择主要考虑填料塔的操作压力和物系的发泡程度等。设计中，对于加压操作的塔，应取较高的泛点率；对于减压操作的塔，应取较低的泛点率；对易起泡沫的物系，泛点率应较低；而无泡沫的物系，可取较高的泛点率。

(1) 泛点气速的计算

填料塔的泛点气速与气液流量、物系性质及填料类型、尺寸等因素有关。其计算方法很多，目前工程常采用埃克特（Echert）通用压降关联图或贝恩-霍根（Bain-Hougen）关联式来计算泛点气速 μ_F。

① 贝恩-霍根（Bain-Hougen）关联式 填料的泛点气速可由贝恩-霍根（Bain-Hougen）关联式计算：

$$\lg \left[\frac{u_F^2}{g} \left(\frac{a_t}{\varepsilon^3} \right) \left(\frac{\rho_V}{\rho_L} \right) \mu_L^{0.2} \right] = A - K \left(\frac{w_L}{w_V} \right)^{1/4} \left(\frac{\rho_V}{\rho_L} \right)^{1/8}$$ (4-20)

式中 $\quad g$——重力加速度，m/s；

$\quad a_t$——填料总体积比表面积，m^2/m^3；

$\quad \varepsilon$——填料层空隙率，m^3/m^2；

ρ_V，ρ_L——气相、液相的密度，kg/m^3；

μ_L——液体黏度，$mPa \cdot s$；

w_V，w_L——气相、液相的质量流量，kg/h；

A，K——关联常数。

常数 A、K 与填料形状及材质有关，不同类型填料的 A、K 值列于表 4-16 中。由式(4-20) 计算的泛点气速，误差在 15% 以内。

表 4-16　贝恩-霍根关联式中关联常数 A、K 值

散装填料类型	A	K	规整填料类型	A	K
塑料鲍尔环	0.0942	1.75	金属丝网波纹填料	0.30	1.75
金属鲍尔环	0.1	1.75	塑料丝网波纹填料	0.4201	1.75
塑料阶梯环	0.204	1.75	金属网孔波纹填料	0.155	1.47
金属阶梯环	0.106	1.75	金属孔板波纹填料	0.291	1.75
瓷矩鞍	0.176	1.75	塑料孔板波纹填料	0.291	1.563
金属矩鞍环	0.06225	1.75			

② 通用压降关联图　散装填料的泛点气速可用埃克特（Echert）通用压降关联图计算，如图 4-9 所示。计算时，先由气液相负荷及有关物性数据求出横坐标 $\dfrac{w_L}{w_V}\left(\dfrac{\rho_V}{\rho_L}\right)^{0.5}$，然后作垂线与相应泛点线相交，读取交点的纵坐标值 $\dfrac{u^2\phi\psi}{g}\left(\dfrac{\rho_V}{\rho_L}\right)\mu_L^{0.2}$。此时所对应的 u 即为泛点气速 u_F。

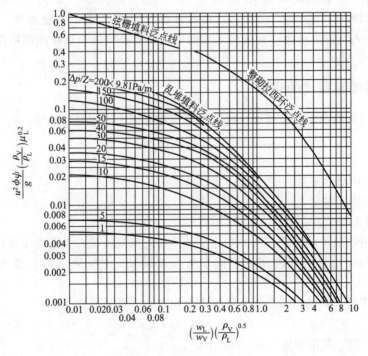

图 4-9　埃克特通用压降关联图

应予指出，利用埃克特通用压降关联图计算泛点气速时，所需填料因子为泛点时的湿塔填料因子，称为泛点填料因子，以 ϕ_F 表示。ϕ_F 与液体的喷淋密度有关，为了工程计算的方便，常采用与液体喷淋密度无关的泛点填料因子平均值。表 4-17 列出了部分散装填料的泛

点填料因子平均值。

表 4-17　散装填料的泛点填料因子平均值

填料类型	泛点填料因子/m^{-1}					填料类型	泛点填料因子/m^{-1}				
	$DN16$	$DN25$	$DN38$	$DN50$	$DN76$		$DN16$	$DN25$	$DN38$	$DN50$	$DN76$
金属鲍尔环	410	—	117	160	—	塑料阶梯环	—	260	170	127	—
金属矩鞍环	—	170	150	135	120	瓷矩鞍	1100	550	200	226	—
金属阶梯环	—	—	160	140	—	瓷拉西环	1300	832	600	410	—
塑料鲍尔环	550	280	184	140	92						

(2) 填料塔的操作气速

一般情况下，填料塔操作气速选取可参考表 4-18。

表 4-18　填料塔一般操作气速范围

吸收系统	操作气速 u/(m/s)	吸收系统	操作气速 u/(m/s)
气体溶解度很大的吸收过程	1～3.0	纯碱溶液吸收二氧化碳过程	1.5～2.0
气体溶解度中等或稍小的吸收过程	1.5～2.0	一般除尘	1.8～2.8
气体溶解度低的吸收过程	0.3～0.8		

注：若液体喷淋密度较大，则操作气速应远低于上述气速值。

(3) 塔径的计算与圆整

应用上述方法求出空塔气速后，即可由塔径计算公式计算出塔径 D。应予指出，计算出的塔径 D 值，还应按塔径系列标准进行圆整，以符合设备的加工要求及设备定型，便于设备的设计加工。常用的标准塔径为 400、500、600、700、800、1000、1200、1400、1600、2000、2200（mm）等。圆整后，再核算操作空塔气速 u 与泛点率，其值必须符合 $u=(0.5\sim0.8)u_F$。除此而外，对实际采用的塔径还要必须校核吸收剂的喷淋密度，具体方法见 4.4.4。

4.4.4　液体喷淋密度的验算

填料塔的液体喷淋密度是指单位时间内单位塔截面上液体的喷淋量，其计算式为：

$$U=\frac{L_h}{0.785D^2} \tag{4-21}$$

式中　U——液体喷淋密度，m^3/(m^2·h)；

　　　L_h——液体喷淋量，m^3/h；

　　　D——填料塔直径，m。

填料塔内传质效率的高低与液体的分布及填料的润湿情况有关，为使填料能获得良好的润湿，应保证塔内液体的喷淋密度不低于某一极限值，此极限值称为最小喷淋密度，以 U_{min} 表示。

对于散装填料，其最小喷淋密度与比表面积有关，其关系式为：

$$U_{min}=(L_W)_{min}a_t \tag{4-22}$$

式中　U_{min}——最小喷淋密度，m^3/(m^2·h)；

　　　$(L_W)_{min}$——最小润湿速率，m^3/(m·h)；

　　　a_t——填料的总比表面积，m^2/m^3。

最小润湿速率是指在塔的横截面上，单位长度的填料周边上最小液体体积流量。其值可由经验公式计算（见有关填料手册），也可用一些经验值。对于不超过 75mm 的散装填料，

可取最小润湿速率 $(L_W)_{min}$ 为 $0.08m^3/(m \cdot h)$；对于直径大于 75mm 的散装填料，$(L_W)_{min}$ 取 $0.12m^3/(m \cdot h)$。

对于规整填料，其最小喷淋密度可从有关手册中查出。在设计过程中，通常取 $U_{min} = 0.2m^3/(m^2 \cdot h)$。

实际操作时，采用的液体喷淋密度应大于最小喷淋密度。若液体喷淋密度小于最小喷淋密度，不能保证填料表面全被润湿，则将降低吸收效率，所以需进行调整，具体方法有：①在许可范围内减小塔径；②采用液体再循环以加大液体流量；③适当增加填料层高度加以补偿。

如果喷淋密度过大，会使气速过小。最大喷淋密度通常为最小喷淋密度的 4~6 倍。

4.4.5 填料层高度计算

填料层是填料塔完成传质实现分离任务的场所，其高度的计算实质是计算过程所需相际传质面积的问题，它涉及物料衡算、传质速率和相平衡关系。填料层高度的计算分为传质单元数法和等板高度法。在工程设计中，对于吸收、解吸及萃取过程中的填料塔的设计计算，多采用传质单元数法；而对于精馏过程中的填料塔的设计计算，则习惯上采用等板高度法。

(1) 传质单元数法

采用传质单元数法计算填料层高度的计算通式为：

$$填料层高度 = 传质单元数 \times 传质单元高度$$

用数学式表示为：

$$Z = N_{OG}H_{OG} = N_{OL}H_{OL} \tag{4-23}$$

① 传质单元数的计算　计算填料层高度关键是求传质单元数，具体计算可根据气-液相平衡关系的不同情况而选用不同的方法。

a. 平衡线为直线时的传质单元数的计算　平衡线为直线（$y_e = mx$ 或 $y_e = mx + b$）时，通常可采用对数平均推动力法或吸收吸因子法计算传质单元数。

对数平均推动力法：

$$N_{OG} = \int_{Y_2}^{Y_1} \frac{dY}{Y - Y_e} = \frac{Y_1 - Y_2}{\Delta Y_m} \tag{4-24}$$

$$N_{OL} = \int_{X_2}^{X_1} \frac{dX}{X_e - x} = \frac{X_1 - X_2}{\Delta X_m} \tag{4-25}$$

吸收吸因子法：

$$N_{OG} = \frac{1}{1 - \frac{1}{A}} \ln \left[\left(1 - \frac{1}{A} \right) \frac{Y_1 - mX_2}{Y_2 - mX_2} + \frac{1}{A} \right] \tag{4-26}$$

$$N_{OL} = \frac{1}{A - 1} \ln \left[\left(1 - \frac{1}{A} \right) \frac{Y_1 - mX_2}{Y_2 - mX_2} + \frac{1}{A} \right] \tag{4-27}$$

式中　A——吸收因子，$A = \dfrac{L_s}{mG_B}$。

为了方便计算，以解吸因子 $S = 1/A = mG_B/L_s$ 为参变量，标绘出 N_{OG} 与 $\dfrac{Y_1 - mX_2}{Y_2 - mX_2}$ 的关系图，得到一组对应不同 S 值的曲线，如图 4-10 所示。若已知 G_B、L_s、Y_1、Y_2、X_2 及平衡线斜率 m 时，通过查此图可便捷地求出 N_{OG} 值来。

当气、液进口浓度一定时，要求的吸收率越低，Y_2 便愈小，横坐标 $\dfrac{Y_1 - mX_2}{Y_2 - mX_2}$ 值愈大。

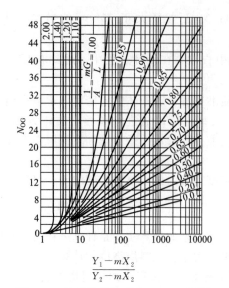

图 4-10 传质单元数 [式(4-26) 的图]

则对同一 S 值的 N_{OG} 也就愈大，所需填料层高度也就愈高。因此，横坐标 $\dfrac{Y_1-mX_2}{Y_2-mX_2}$ 的值的大小反映了溶质吸收率的大小。

当气、液进口浓度和吸收率一定时，横坐标 $\dfrac{Y_1-mX_2}{Y_2-mX_2}$ 值便也确定。此时若增加 S 值，即减小溶剂量，则溶液出口浓度 Y_1 增加，而塔内吸收传质推动力减小，N_{OG} 必然增大，所需填料层高度增加；反之，S 值减小，N_{OG} 值变小，填料层高度减小。因此，S 值的大小反映了吸收传质推动力的大小。

需要注意的是，只有在 $\dfrac{Y_1-mX_2}{Y_2-mX_2}>20$ 及 $S \leqslant 0.5$ 的范围内使用该图时读数才较为准确，否则误差较大。必要时还须用式(4-26)进行计算。

b. 图解（或数值）积分法　当平衡线为曲线，不能用简单确切的函数式表达时，通常可采用图解积分法或数值积分法求解传质单元数。具体计算方法可参见《化工原理》及《化工传质与分离过程》教材。

② 传质单元高度的计算　传质过程的影响因素十分复杂，对于不同物系、不同的填料以及不同的流动状况与操作条件，传质单元高度各不相同，迄今为止，尚无通用的计算方法和计算公式，目前，在进行设计时多选用一些无量纲特征数关联式或经验公式进行计算，其中应用较普遍的是修正的恩田（Onda）公式

$$k_G = 0.237\left(\frac{U_V}{a_t\mu_V}\right)^{0.7}\left(\frac{\mu_V}{\rho_V D_V}\right)^{1/3}\left(\frac{a_t D_V}{RT}\right)\psi^{1.1} \tag{4-28}$$

$$k_L = 0.0095\left(\frac{U_L}{a_w\mu_L}\right)^{2/3}\left(\frac{\mu_L}{\rho_L D_L}\right)^{-1/2}\left(\frac{\mu_L g}{\rho_L}\right)^{1/3}\psi^{0.4} \tag{4-29}$$

$$k_G a = k_G a_w \tag{4-30}$$

$$k_L a = k_L a_w \tag{4-31}$$

其中

$$\frac{a_w}{a_t} = 1 - \exp\left[-1.45\left(\frac{\sigma_c}{\sigma_L}\right)^{0.75}\left(\frac{U_L}{a_t\mu_L}\right)^{0.1}\left(\frac{U_L^2 a_t}{\rho_L^2 g}\right)^{-0.05}\left(\frac{U_L^2}{\rho_L\sigma_L a_t}\right)^{0.2}\right] \tag{4-32}$$

式中　U_V, U_L——气体、液体的质量通量，kg/(m²·h)；

μ_V, μ_L——气体、液体的黏度，kg/(m·h) [1Pa·s=3600kg/(m·h)]；

ρ_V, ρ_L——气体、液体的密度，kg/m³；

D_V, D_L——溶质在气体、液体的扩散系数，m²/s；

R——通用气体常数，8.314 (m³·kPa)/(kmol·K)；

T——系统温度，K；

a_t——填料的总比表面积，m²/m³；

a_w——填料的润湿比表面积，m²/m³；

g——重力加速度，9.81m/s² = 1.27×10⁸ m/h²；

σ_L——液体的表面张力，kg/h² (1dyn/cm=12960kg/h²)；

σ_c——填料材质的临界表面张力，kg/h^2；

ψ——填料的形状系数。

常见材质的临界表面张力值见表 4-19，常见填料的形状系数见表 4-20。

表 4-19　常见材质的临界表面张力值

材质	碳	瓷	玻璃	聚丙烯	聚氯乙烯	钢	石蜡
表面张力/$mN \cdot m^{-1}$	56	61	73	33	40	75	20

表 4-20　常见填料的形状系数

填料类型	球形	棒形	拉西环	弧鞍	开孔环
ψ	0.72	0.75	1	1.19	1.45

由修正的恩田公式计算出 k_Ga 和 k_La 后，可按下式计算气相总传质单元高度 H_{OG}。

$$H_{OG} = \frac{V_B}{K_Ya\Omega} = \frac{V_B}{K_Yap\Omega} \tag{4-33}$$

其中

$$K_Ya = K_Gap$$

$$K_Ga = \frac{1}{1/k_Ga + 1/Hk_La} \tag{4-34}$$

式中　V_B——惰性气体流量，$kmol/s$；

H——溶解度系数，$kmol/(m^3 \cdot kPa)$；

Ω——塔横截面积，m^2。

应予指出，修正恩田公式只适用于 $u \leqslant 0.5u_F$ 的情况，当 $u > 0.5u_F$ 时，需按下式进行校正：

$$k'_Ga = \left[1 + 9.5\left(\frac{u}{u_F} - 0.5\right)^{1.4}\right]k_Ga \tag{4-35}$$

$$k'_La = \left[1 + 2.6\left(\frac{u}{u_F} - 0.5\right)^{2.2}\right]k_La \tag{4-36}$$

③ 几种不同体系的吸收系数经验公式

a. 氨-空气-水吸收体系　氨易溶于水，所以吸收阻力主要集中在气膜，属气膜控制过程。此时气膜体积吸收系数的经验公式为：

$$k_Ga = 6.07 \times 10^{-4} G^{0.9} W^{0.39} \tag{4-37}$$

式中　k_Ga——气膜体积吸收系数，$kmol/(m^3 \cdot h \cdot kPa)$；

G——气相空塔质量速度，$kg/(m^2 \cdot h)$；

W——液相空塔质量速度，$kg/(m^2 \cdot h)$。

适用条件：在填料塔中水吸收空气中的氨；直径为 12.5mm 的环形陶瓷填料。

b. 二氧化碳-空气-水吸收体系　二氧化碳是难溶气体，所以吸收阻力主要集中在液膜，属液膜控制过程。此时液膜体积吸收系数的经验公式为：

$$k_La = 2.57 U^{0.96} \tag{4-38}$$

式中　k_La——液膜体积吸收系数，$1/h$；

U——喷淋密度，$m^3/(m^2 \cdot h)$。

适用条件：常压下在填料塔中水吸收二氧化碳；直径为 $10 \sim 32mm$ 的环形陶瓷填料；喷淋密度 $U = 3 \sim 20 m^3/(m^2 \cdot h)$；气体空塔质量流速为 $130 \sim 580 kg/(m^2 \cdot h)$；温度 $21 \sim 27℃$。

c. 二氧化硫-空气-水吸收体系　　二氧化硫的溶解度为中等程度，气膜、液膜阻力在总阻力中都占有相当比例，属双膜控制过程。此时气膜、液膜体积吸收系数的经验公式分别为：

$$k_G a = 9.81 \times 10^{-4} G^{0.7} W^{0.25} \tag{4-39}$$

$$k_L a = d W^{0.82} \tag{4-40}$$

式中　d——常数，其值与温度有关，见表 4-21。

其他符号与式(4-37)、式(4-38) 相同。

表 4-21　d 值与温度的关系

温度/℃	10	15	20	25	30
d	0.0093	0.0102	0.0116	0.0218	0.0143

适用条件：在填料塔中水吸收空气中的二氧化硫；气体空塔质量流速为 $320 \sim 4150$ kg/($m^2 \cdot$ h)；液体空塔质量流速为 $4400 \sim 58500$ kg/($m^2 \cdot$ h)；直径为 25mm 的环形陶瓷填料。

(2) 等板高度法

等板高度是与一层理论板的传质作用相当的填料层高度，用 HETP (height equivalent to a theoretical plate) 表示，单位 m。等板高度的大小，表明填料效率的高低。采用等板高度法计算填料层高度的基本公式为：

$$Z = \text{HETP} \times N_T \tag{4-41}$$

① 理论板数的计算　　理论板数 N_T 的计算可以通过吸收塔的模拟计算求得，也可以利用图解法确定，特别是对于低浓度气体吸收，当气-液相平衡关系符合亨利定律时，理论板数可以用下式求得：

当 $A \neq 1$ 时
$$N_T = \frac{1}{\ln A}\left[\left(1 - \frac{1}{A}\right)\frac{y_1 - mx_1}{y_2 - mx_2} + \frac{1}{A}\right] \tag{4-42}$$

当 $A \neq 1$ 时
$$N_T = \frac{y_1 - mx_1}{y_2 - mx_2} - 1 \tag{4-43}$$

式中　y_1，y_2——进、出塔气相中溶质的摩尔分数；

$\quad\quad x_1$，x_2——出、进塔液相中溶质的摩尔分数；

$\quad\quad A$——吸收因子。

② 等板高度的计算　　等板高度与填料塔内物系性质、气液流动状态、填料的特性等多种因素有关。目前尚无准确可靠的方法计算填料的 HETP 值。一般通过实测数据或由经验关联式进行估算，也可从工业应用的实际经验中选取 HETP 值。某些填料在一定条件下的 HETP 值，可从有关填料手册中查得。表 4-22 列出的数据可供参考。

表 4-22　等板高度

填料类型	HETP/m	应用情况	HETP/m
25mm 直径填料	0.46	吸收	$1.5 \sim 1.8$
38mm 直径填料	0.66	小直径塔(<0.6m 直径)	塔径
50mm 直径填料	0.90	真空塔	塔径+0.1

等板高度亦可采用默奇 (Murch) 等板高度经验公式计算：

$$\text{HETP} = c_1 G^{c_2} D^{c_3} Z^{\frac{1}{3}} \frac{\alpha \mu_L}{\rho_L} \tag{4-44}$$

式中　G——气体的空塔质量速度，kg/($m^2 \cdot$ h)；

$\quad\quad \alpha$——相对挥发度；

D——塔径，m；

μ_L——液体黏度，mPa·s；

Z——填料层高度，m；

ρ_L——液体的密度，kg/m^3；

c_1，c_2，c_3——常数，取决于填料类型及尺寸，见表 4-23。

适用条件：常压操作，操作气速为泛点气速的 $25\%\sim85\%$；高回流比操作；a 值不大于 3 的碳氢化合物蒸馏系统；填料层高度为 0.9~3.0m，塔径为 0.5~0.45m，填料尺寸不大于塔径的 1/8。

表 4-23　默奇（Murch）等板高度经验公式中的常数

填料类型	填料直径/mm	c_1	c_2	c_3
陶瓷拉西环	9	1.36×10^4	-0.34	1.24
	12.5	4.48×10^4	-0.24	1.24
	25	2.39×10^3	-0.10	1.24
弧鞍	50	1.5×10^3	0	1.24
	12.5	2.55×10^4	-0.45	1.11
	25	2.11×10^3	-0.14	1.11

4.4.6　填料层的分段

液体沿填料层下流时，有逐渐向塔壁方向集中的趋势，形成壁流效应。壁流效应会造成填料层内气液分布不均匀，使传质效率降低。因此，设计中每隔一定的填料层高度，需要设置液体收集再分布装置，即将填料层分段。

(1) 散装填料的分段

对于散装填料，一般推荐的分段高度值见表 4-24，表中 h/Z 为分段高度与塔径之比，h_{max} 为允许的最大填料层高度。

表 4-24　散装填料分段高度推荐值

填料类型	h/Z	h_{max}/m	填料类型	h/Z	h_{max}/m
拉西环	2.5	≤4	500(BX)丝网波纹填料	8~15	≤6
矩鞍	5~8	≤6	700(CY)丝网波纹填料	8~15	≤6
鲍尔环	5~10	≤6			

(2) 规整填料的分段

对于规整填料，分段高度可大于乱堆填料，填料层的分段高度可按下式确定：

$$h=(15\sim20)\text{HETP} \tag{4-45}$$

式中　h——规整填料的分段高度，m；

HETP——规整填料的等板高度，m。

亦可按表 4-25 推荐的分段高度值确定。

表 4-25　规整填料分段高度推荐值

填料类型	h/m	填料类型	h/m
250Y 板波纹填料	6.0	500(BX)丝网波纹填料	3.0
500Y 板波纹填料	5.0	700(CY)丝网波纹填料	1.5

4.4.7　塔的附属高度

塔的附属空间高度主要包括塔的上部空间高度、安装液体分布器和液体再分布器（包括液体收集器)所需的空间高度、塔的底部空间高度以及塔的裙座高度。

塔上部空间高度是指填料层以上应有足够的空间距离,以使气流携带的液滴从气相中分离出来,其高度一般取 1.2～1.5m。

安装液体分布器所需的空间高度,依据所用分布器的形状而定,一般需要 1～1.5m 的空间高度。

塔的底部空间高度的取法与精馏塔的取法相同,参见本书第 3 章。

4.4.8 填料塔的总压降及填料层压降的计算

(1) 填料塔总压降的计算

填料塔总压降通常包括以下几部分:

① 填料层压降 Δp_1;②通过液体初始分布器压降 Δp_2;③通过填料支承板后或气体分布器压降 Δp_3;④通过除雾沫层的压降 Δp_4;⑤气体入塔出塔局部压降 Δp_5。

于是,气体通过填料塔的总压降为:

$$\Delta p = \Delta p_1 + \Delta p_2 + \Delta p_3 + \Delta p_4 + \Delta p_5 \tag{4-46}$$

填料塔的总压降确定之后,可根据气体处理量计算气体通过填料塔的总能耗,为选择适宜的动力机械提供依据。

(2) 填料层压降的计算

填料层压降是填料塔总压降的主要组成部分,通常用单位填料层的压降 $\Delta p/Z$(略去下标 1,下同)表示。设计时,根据有关文献,由通用关联图(或压降曲线)先求得每米填料层的压降值,再乘以填料层高度,即得出填料层的压力降。

① 散装填料的压降计算

a. 由埃克特通用关联图计算 散装填料的压降可由埃克特通用关联图计算。计算时,先根据气液负荷及有关物性数据,求出横坐标 $\dfrac{w_L}{w_V}\left(\dfrac{\rho_V}{\rho_L}\right)^{1/2}$ 值,再根据操作空塔气速及有关物性数据,求出纵坐标值。通过作图得出交点,读出过交点的等压线数值,即得每米填料压降。

应予指出,用埃克特通用关联图计算压降时,所需的填料因子为操作状态下的湿填料因子,称为压降填料因子,以 Φ_p 表示。压降填料因子 Φ_p 与喷淋密度有关,为了工程计算的方便,常采用与液体喷淋密度无关的压降填料因子平均值。表 4-26 列出了部分分散填料因子平均值,可供设计中参考。

表 4-26 散装填料压降填料因子平均值

填料类型	填料因子/m^{-1}					填料类型	填料因子/m^{-1}				
	$DN16$	$DN25$	$DN38$	$DN50$	$DN76$		$DN16$	$DN25$	$DN38$	$DN50$	$DN76$
金属鲍尔环	306	—	114	98	—	塑料阶梯环	—	176	116	89	—
金属矩鞍环	—	138	93.4	71	36	瓷矩鞍	700	215	140	160	—
金属阶梯环	—	—	118	82	—	瓷拉西环	1050	576	450	268	—
塑料鲍尔环	343	232	114	125	62						

b. 由填料压降曲线查得 散装填料压降曲线的横坐标通常以空塔气速 u 表示,纵坐标以单位填料层压降 $\Delta p/Z$ 表示,常见散装填料的 u-$\Delta p/Z$ 曲线可从有关填料手册中查得。

② 规整填料的压降计算

a. 由填料的压降曲线关联式计算 规整填料的压降通常关联成以下形式:

$$\frac{\Delta p}{Z} = \alpha \left(u \sqrt{\rho_V} \right)^{\beta} \tag{4-47}$$

式中　$\Delta p/Z$——每米填料层高度的压力降，Pa/m；

　　　　u——空塔气速，m/s；

　　　　ρ_V——气体密度，kg/m^3；

　　　　α、β——关联式常数，可从有关填料手册中查得。

b. 由填料压降曲线查得　规整填料压降曲线的横坐标通常以空塔气速因子 F 表示，纵坐标以单位填料层压降 $\Delta p/Z$ 表示，常见散装填料的 F-$\Delta p/Z$ 曲线可从有关填料手册中查得。

4.5　填料塔附属结构

填料塔的设计中，除了正确地进行填料层本身的设计计算外，还要合理选择和设计填料塔的附属结构，这对于保证填料塔正常操作，充分发挥通量大、压降低、效率高、弹性好等性能至关重要。填料塔的主要内件有：填料支承装置、填料压紧装置、液体分布装置、液体收集再分布装置、除沫器等。填料塔的结构示意图如图 4-11 所示。

填料塔附属结构的选型、设计、安装是否正确合理，对填料塔的操作和传质分离效果都会有直接影响，应给予足够的重视。

4.5.1　填料支承装置

填料支承的作用是支承塔内填料及其持液的重量。

为了使气、液两相流体顺利通过填料层，填料塔的填料支承装置应满足以下三个基本条件。

① 足够的机械强度以承受设计载荷量，支承板的设计载荷主要包括填料的重量和液泛状态下持液的重量。

② 足够的自由面积以确保气、液两相顺利通过。总开孔面积应尽可能不小于填料层的自由截面积。开孔率过小可导致液泛提前发生。

③ 要有一定的耐腐蚀性能。

常用的支承板有栅板、升气管式和气体喷射式等类型，如图 4-12 所示。

对于散装填料，通常选用升气管式、气体喷射式支承装置；对于规整填料，通常选用栅板装置，设计中，为了防止在填料支承装置处压降过大，甚至发生液泛，要求填料支承装置的自由截面积应大于 73%。

栅板填料支承装置通常可以制成整块或分块。一般直径小于 500mm 可制成整块的；直径在 600～800mm 时，可以分成两块：直径在 900～1000mm 时，分成三块；直径大于1400mm 时，分成四块，使每块宽度约在 300～400mm 之间，以便装卸。

对于散装填料，通常选用升气管式、气体喷射式支承装置；对于规整填料，通常选用栅板装置，设计中，为了防止在填料支承装置处压降过大，甚至发生液泛，要求填料支承装置的自由截面积应大于 73%。

栅板填料支承装置通常可以制成整块或分块。一般直径小于 500mm 可制成整块的；直径在 600～800mm 时，可以分成两块：直径在 900～1000mm 时，分成三块；直径大于1400mm 时，分成四块，使每块宽度约在 300～400mm 之间，以便装卸。

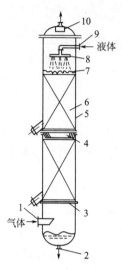

图 4-11　填料塔结构示意

1—气体进口；2—液体出口；3—支承栅板；4—液体再分
布器；5—塔壳；6—填料；7—填料压网；8—液体分布
装置；9—液体进口；10—气体出口

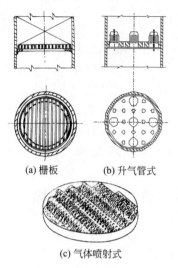

(a) 栅板　　　(b) 升气管式

(c) 气体喷射式

图 4-12　填料支承装置

4.5.2　液体喷淋装置

　　液体喷淋（分布）装置的种类多样，有喷头式、盘式、管式及槽式等，如图 4-13 所示。工业应用以管式、槽式及槽盘式为主。

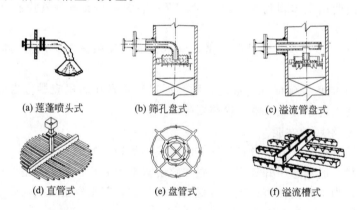

(a) 莲蓬喷头式　　　(b) 筛孔盘式　　　(c) 溢流管盘式

(d) 直管式　　　(e) 盘管式　　　(f) 溢流槽式

图 4-13　液体喷淋装置

　　管式分布器由不同结构形式的开孔制成。其突出特点是结构简单，供气体流过的自由截面大，阻力小。但小孔易堵，操作弹性一般较小。管式液体分布器多用于中等以下液体负荷的填料塔中。

　　槽式液体分布器是由分流槽（又称主槽或一级槽）、分布槽（又称副槽或二级槽）构成的。一级槽通过槽底开孔将液体初分成若干流股，分别加入其下方的液体分布槽。分布槽的槽底（或槽壁）上没有孔道（或导管），将液体均匀分布到填料层上。槽式液体分布器具有较大的操作弹性和极好的抗污堵性，特别适合大气液负荷及含有固体悬浮物、黏度大的液体的分离场合，应用范围非常广泛。

槽盘式分布器是近年来开发的新型液体分布器，它兼有集液、分液及分气三种作用，结构紧凑，气液分布均匀，阻力较小，操作弹性高达 10：1，适用于各种液体喷淋量。近年来应用非常广泛，在设计中建议优先选用。

4.5.3　液体收集及再分布装置

　　前面述及，为减少壁流现象，当填料层较高时需进行分段，故需设置液体收集及再分布装置。液体再分布器有截锥式和盘式等，如图 4-14 所示。

　　最简单的液体再分布装置是截锥式再分布器。截锥式再分布器结构简单、安装方便，但它只起到将壁流向中心汇集的作用，无液体再分布的功能，一般用于直径小于 0.6m 的塔中。截锥体与塔壁的夹角一般取为 $35°\sim40°$，截锥下口直径 $D_i=(0.7\sim0.8)D$。

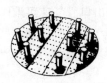

(a) 无支承板的截锥式　　(b) 有支承板的截锥式　　　(c) 盘式

图 4-14　液体再分布器

　　在通常情况下，一般将液体收集器及液体分布器同时使用，构成液体收集及再分布装置。液体收集器的作用是将上层填料流下的液体收集，然后送至液体分布器进行液体再分布。常用液体收集器为斜板式液体收集器。

　　前已述及，槽盘式液体分布器兼有集液和分液的功能，故槽盘式液体分布器是优良的液体收集及再分布装置。

4.5.4　填料压板与床层限制板

　　填料压紧和限位装置安装在填料层顶部，用于阻止填料的流化和松动，前者为直接压在填料之上的填料压圈或压板，后者为固定于塔壁的填料限位圈。一般要求压板或限制板自由截面分率大于 70%。

　　规整填料一般不会发生流化，但在大塔中，分块组装的填料会移动，因此也必须安装由平行扁钢构造的填料限制圈。

4.5.5　防壁流圈

　　在填料安装过程中，填料与塔壁之间存在一定的缝隙，为防止产生气液因壁流而短路，需在此间隙加防壁流圈。

　　防壁流圈可与填料做成一体，也可分开到塔内组装。小直径整圆盘填料的防壁流圈常与填料做成一体，有时身兼两职，既做防壁流圈，又起捆绑填料的作用；对于大直径的塔，可采用分块的防壁流圈如图 4-15 所示。

4.5.6　气体的进、出口装置与排液装置

　　(1) 气体进口装置

　　填料塔的气体进口既要防止液体倒灌，更要有利于气体的均匀分布。对 $\phi 500$mm 直径以

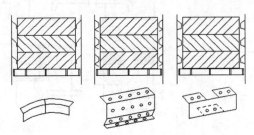

图 4-15　分块式防壁流圈

下的小塔，可使进气管伸到塔中心位置，管端切成 45°向下斜口或切成向下切口，使气流折转向上；对 $\phi1.5m$ 以下直径的塔，管的末端可制成下弯的锥形扩大器，或采用其他均布气流的装置。

（2）气体出口装置

气体出口装置既要保证气流畅通，又要尽量除去被夹带的液沫。最简单的装置是在气体出口处装一除沫挡板（折板）或填料式、丝网式除沫器，对除沫要求高时可采用旋流板除沫器。

（3）液体出口装置

液体出口装置既要使塔底液体顺利排出，又能防止塔内与塔外气体串通，常压吸收塔可采用液封装置。

常压塔气体进出口管气速可取 10～20m/s（高压塔气速低于此值）；液体进出口管气速可取 0.8～1.5m/s（必要时可加大些）。依据所选气、液流速确定管径后，应按标准管规格进行圆整，并规定其厚度。

4.5.7 除沫器

当塔内气速较高，液沫夹带较严重时，在塔顶气体出口处需设置除沫装置。常用除沫器有如下几种。

（1）折流板式除沫器

折流板式除沫器是一种利用惯性使液滴得以分离的装置，如图 4-16(a) 所示。其优点是阻力较小（500～100Pa），缺点是只能除去 $50\mu m$ 以上的液滴。

（2）旋流板式除沫器

旋流板式除沫器由几块固定的旋流板片组成，它是利用离心力使液滴得以分离的装置，如图 4-16(b) 所示。其特点是效率较高，但压降稍大（约 300Pa 以内），适用于大塔径，净

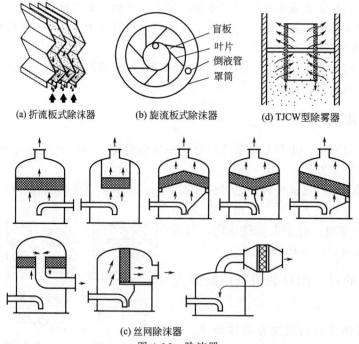

(a) 折流板式除沫器　　(b) 旋流板式除沫器　　(d) TJCW型除雾器

(c) 丝网除沫器

图 4-16　除沫器

化要求高的场合。

(3) 丝网除沫器

丝网除沫器是最常用的除沫器，这种除沫器由金属丝网卷成高度为 $100\sim150\mathrm{mm}$ 的盘状使用，其安装方式有多种，分别见图 4-16(c)。其特点是造价较高，可除去 $5\mu\mathrm{m}$ 的液滴，但压降较大（约 20Pa 以内）。

(4) TJCW 型除雾器

TJCW 型除雾器是一种结构简单、造价低、易安装、除雾效率高、操作弹性大的除沫器，如图 4-16(d) 所示。对于大于 $5\mu\mathrm{m}$ 的液滴除雾效率达到 99.8% 以上，对大于 $8\sim40\mu\mathrm{m}$ 的液滴，除雾效率可达 100%。

4.5.8 填料塔附属结构设计

填料塔操作性能的好坏、传质效率的高低在很大程度上与塔附属结构的设计有关。在塔的附属结构设计中，最关键的是液体分布器的设计，现对液体分布器的设计进行简要介绍。

(1) 液体分布器设计的基本要求

性能优良的液体分布器设计时必须满足以下要求。

① 液体分布均匀　评价液体分布器的标准是：足够的分布点密度；分布点的几何均匀性；降液点间流量的均匀性。

液体分布器分布点密度的选取与填料类型及规格、塔径大小、操作条件等密切相关，各种文献推荐值也相差很大。大致规律是：分布点密度越小，液体喷淋密度越小；分布点密度越大，液体喷淋密度越大。对散装填料，填料尺寸越大，分布点密度越小；对规整填料，比表面积越大，分布点密度越大。表 4-27、表 4-28 分别列出了散装填料和规整填料塔的分布点密度推荐值，可供设计时参考。

表 4-27　Eckert 的散装填料塔分布点密度推荐值

塔径/mm	分布点密度/(点/m² 截面积)
$D=400$	330
$D=750$	170
$D\geqslant1200$	42

表 4-28　苏尔寿公司的规整填料塔分布点密度推荐值

填料类型	分布点密度/(点/m² 截面积)
250Y 孔板波纹填料	$\geqslant100$
500(BX)丝网波纹填料	$\geqslant200$
700(CY)丝网波纹填料	$\geqslant300$

分布点在塔界面上的几何均匀分布是较分布点密度更重要的问题。设计中，一般需要通过反复计算和绘图排列，进行比较，选择较佳方案。分布点的排列可采用正方形、正三角形等不同方式。

为了保证分布点的流量均匀，需要分布器总体的合理设计、精细制作和正确安装。高性能的液体分布器，要求分布点与平均流量的偏差小于 6%。

② 操作弹性大　液体分布器的操作弹性是指液体的最大负荷与最小负荷之比。设计中，一般要求分布器的操作弹性为 $2\sim4$，对于液体负荷变化很大的工艺过程，有时要求操作弹性达到 10 以上，此时，分布器必须特殊设计。

③ 自由截面积大　液体分布器的自由截面积是指气体通道占塔截面积的比值。根据设计经验，性能优良的液体分布器，其自由截面积为 $50\%\sim70\%$。设计中，自由截面积最小应在 35% 左右。

④ 其他　液体分布器应结构紧凑、占用空间小，制造容易、调整和维修方便。

(2) 液体分布器的布液能力的计算

液体分布器布液能力的计算是液体分布器设计的重要内容。设计时，按其布液作用原理不同和具体结构特性，选用不同的公式计算。

① 重力型液体分布器布液能力的计算　重力型液体分布器有多孔型和溢流型两种型式，工业上以多孔型应用为主，其布液工作的动力为开孔上方的液位高度。多孔型分布器布液能力的计算公式为：

$$L_s = \frac{\pi}{4} d_0^2 n \varphi \sqrt{2g\Delta H} \tag{4-48}$$

式中　L_s——液体流量，m^3/s；

n——开孔数目（布液孔数目或分布点数目）；

φ——孔流系数，通常取 $\varphi=0.55\sim0.60$；

d_0——孔径，m；

ΔH——开孔上方的液位高度，m。

应予指出，开孔上方的液位高度的确定应和布液孔径协调设计，使各项参数均在适宜的范围之内。最高液位的通常范围通常在 $200\sim500mm$ 之间，而布液孔的直径宜在 $3mm$ 以上。

对溢流型分布器的布液能力依下式计算：

$$L_s = \frac{2}{3} \varphi b \Delta H \sqrt{2g\Delta H} \tag{4-49}$$

式中　φ——孔流系数，通常取 $\varphi=0.60\sim0.62$；

b——溢流周边长或堰口宽度，m。

其他符号与式(4-48)相同。

② 压力型液体分布器布液能力的计算　压力型液体分布器布液工作的动力为压力差（或压降），则其布液能力的计算公式为：

$$L_s = \frac{\pi}{4} d_0^2 n \varphi \sqrt{2g \left(\frac{\Delta p}{\rho_L g} \right)} \tag{4-50}$$

式中　φ——孔流系数，通常取 $\varphi=0.60\sim0.65$；

Δp——分布器的工作压力差（或压降），Pa。

设计中，L_s 为已知，给定 ΔH（或 Δp），依据分布器布液能力计算公式，可设定开孔数目 n，计算孔径 d_0；亦可设定孔径 d_0，计算开孔数目 n。

4.6 吸收剂循环功率计算和选泵

(1) 吸收剂输送管路直径计算

$$d = \sqrt{\frac{4V_s}{\pi u}} \tag{4-51}$$

式中　d——吸收剂输送管路直径，m；

V_s——吸收剂输送的体积流量，m^3/s。

管径计算值需圆整，并核算流速 u。

(2) 管路总阻力和所需压头计算

根据管路的平立面布置，按范宁方程计算压降：

$$\Delta p = \Sigma \lambda \left(\frac{l + \Sigma l_e}{d} \right) \frac{\rho u^2}{2} \tag{4-52}$$

式中　Δp——吸收剂输送管路总阻力损失，Pa；

　　　　λ——摩擦系数；

　　　　l——输送管路的总管长，m；

　　　　l_e——输送管路的管件、阀门等当量长度，m；

　　　　ρ——吸收剂密度，m^3/s；

　　　　u——核算后输送管路的流速，m/s。

计算出管路总阻力后，再根据总机械能衡算式计算所需压头 H。

（3）吸收剂循环泵功率计算

有效功率 $$N_e = HQ\rho g \qquad\qquad (4\text{-}53)$$

轴功率 $$N = \frac{N_e}{\eta} = \frac{HQ\rho g}{\eta} \qquad\qquad (4\text{-}54)$$

式中　N_e——泵的有效功率，W；

　　　　N——泵的轴功率，W；

　　　　H——所需压头，m 液柱；

　　　　Q——流量，m^3/s；

　　　　ρ——液体密度，kg/m^3；

　　　　η——泵效率。

（4）泵的选择

根据吸收剂种类及性质、吸收剂流量、所需压头等数据选择循环泵的类型及型号，并根据液体密度确定轴功率，选择电机。

4.7　填料塔的辅助装置

填料塔的辅助装置是指与塔有关的辅助装置，如裙座、人孔、手孔、视镜、吊柱、吊耳、塔箍以及操作平台、梯子等。有关设计方法参照本书第 3 章及相关文献。

4.8　填料吸收塔设计示例

【设计题目】水吸收丙酮常压填料塔设计

【设计任务】混合气（空气、丙酮蒸气）处理量 $1500 m^3/h$。

【设计条件】（1）进塔混合气含丙酮 1.82%（体积分数）；（2）相对湿度 70%，温度 $35℃$；（3）进塔吸收剂（清水）的温度 $25℃$；（4）丙酮回收率 90%；（5）常压操作。

【设计计算】

一、吸收工艺流程的确定

采用单塔逆流吸收操作流程，流程说明从略。

二、物料计算

1. 进塔混合气中各组分的量

因所选吸收操作过程为常压操作，所以近似取塔平均操作压强为 $101.3 kPa$。故：

混合气体量 $V_1=1500\times\left(\dfrac{273}{273+35}\right)\times\dfrac{1}{22.4}=59.36\text{kmol/h}$

混合气体中丙酮含量 $=59.36\times0.182=1.08\text{kmol/h}=62.64\text{kg/h}$

查有关资料，35℃饱和水蒸气压强为 5623.4Pa，则每 1kmol 相对湿度为 70% 的混合气中含水蒸气量为：

$$\dfrac{5623.4\times0.7}{101.3\times10^3-0.7\times5623.4}=0.040\text{kmol（水汽）/kmol（空气＋丙酮）}$$

混合气中水蒸气含量 $=\dfrac{59.36\times0.0404}{1+0.0404}=2.31\text{kmol/h}=41.58\text{kg/h}$

混合气中空气量 $=59.36-1.08-2.31=55.97\text{kmol/h}=55.97\text{kmol/h}\times29\text{kg/kmol}=$ 1623kg/h

2. 混合气进出塔的摩尔组成

$$y_1=0.0182, \quad y_2=\dfrac{1.08\times（1-0.9）}{55.97+2.31+1.08\times（1-0.9）}=0.00185$$

3. 混合气进出塔的比摩尔组成

若将空气与水蒸气视为惰性气体，则

惰性气体量 $=55.97+2.31=58.28\text{kmol/h}=1623\text{kg/h}+41.58\text{kg/h}=1664.6\text{kg/h}$

$$Y_1=\dfrac{1.08}{58.28}=0.0185\text{kmol（丙酮）/kmol（惰气）}$$

$$Y_2=\dfrac{1.08\times（1-0.9）}{58.28}=0.00185\text{kmol（丙酮）/kmol（惰气）}$$

4. 出塔混合气量

出塔混合气量 $=58.28+1.08\times0.1=58.388\text{kmol/h}=1664.6\text{kg/h}+62.64\text{kg/h}\times0.1=$ 1670.8kg/h

三、热量衡算

热量衡算是为了计算液相温度的变化以判明是否为等温吸收过程。假设丙酮溶于水放出的热量全被水吸收，且忽略气相温度变化及塔的散热损失（塔保温良好）。

查相关手册，丙酮的微分溶解热（丙酮蒸气冷凝热及对水的溶解热之和）：

$$H_d=30230+10467.5=40697.5\text{kJ/mol}$$

吸收液（依水计）平均比热容 $C_{pL}=75.366\text{kJ/(mol·℃)}$，则

$$t_n=t_{n-1}+(H_d/C_{pL})(x_n-x_{n-1})$$

对低浓度气体吸收，吸收液浓度很低时，依惰性组分及比摩尔浓度计算较方便，故上式也可写为：

$$t_L=25+（40697.6/75.366）\Delta X（℃）$$

依上式，可在 $X=0.00\sim0.008$ 之间，设系列 X 值，求出相应 X 浓度下吸收液的温度 t_L，计算结果列于表 4-29 第 1、2 列中。由表 4-29 中数据可见，液相浓度 X 变化 0.001 时，温度升高 0.54℃，依此求取平衡线。

表 4-29　各液相浓度下的吸收液温度及相平衡数据

X	t_L/℃	E/kPa	$m(=E/P)$	$Y^* \times 10^3$
0.000	25.00	211.5	2.088	0.000
0.001	25.54	217.6	2.148	2.148
0.002	26.08	223.9	2.210	4.420
0.003	26.62	230.1	2.272	6.816
0.004	27.12	236.9	2.338	9.352
0.005	27.70	243.7	2.406	12.025
0.006	28.24	250.6	2.474	14.844
0.007	28.78	257.7	2.544	17.808
0.008	29.32	264.96	2.616	20.928

注：1. 与气相浓度 Y_1 相平衡的液相浓度 $X_1 = 0.0072$，故取 $X_n = 0.008$。

2. 平衡关系符合亨利定律，与液相平衡的气相浓度可用 $Y^* = mX$ 表示。

3. 吸收剂为清水，$x = 0$，$X = 0$。

4. 近似计算中也可视为等温吸收。

四、气-液相平衡曲线

当 $x < 0.01$，$t = 15 \sim 45$℃时，丙酮溶于水的亨利常数 E 可用下式计算：

$$\lg E = 9.171 - [2040/(t+273)]$$

由前设 X 值求出液温 t_L℃，依上式计算相应 E 值，且 $m = E/p$，分别将相应 E 值及相平衡常数 m 值列于表 4-29 中第 3、4 列。

根据 X-Y^* 数据，绘制 X-Y 平衡曲线 OE 如图 4-17 所示。

五、吸收剂（水）的用量 L_s

由图 4-17 查出，当 $Y_1 = 0.0185$ 时，$X_1^* = 0.0072$，最小吸收剂用量：

$$L_{s,min} = V_B \frac{Y_1 - Y_2}{X_1^* - X_2} = 58.28 \times \frac{0.0185 - 0.00185}{0.0072} = 134.8 \text{kmol/h}$$

取安全系数为 1.8，则

$$L_s = 1.8 \times 134.8 = 242.6 \text{kmol/h} = 242.6 \text{kmol/h} \times 18 \text{kg/kmol} = 4367 \text{kg/h}$$

六、塔底吸收液浓度 X_1

依物料衡算式：$V_B (Y_1 - Y_2) = L_s (X_1 - X_2)$

$$X_1 = \frac{58.28 \times (0.0185 - 0.00185)}{242.6} = 0.004$$

七、操作线

依操作线方程式：

$$\overline{Y} = \frac{L_s}{V_B} X + \left(\overline{Y}_2 - \frac{L_s}{V_B} X_2 \right) = \frac{242.6}{58.28} X + 0.00185$$

$$Y = 4.162X + 0.00185$$

由上式求得操作线绘于图 4-17，如图中 BT 线所示。

八、塔径计算

塔底气液负荷大，依塔底条件（混合气 35℃、101.3kPa），查表 4-29，吸收液按

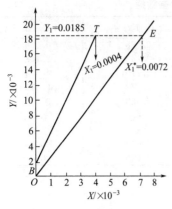

图 4-17 气-液相平衡线
与操作线 (丙酮-水)

27.16℃计算。

$$D=\sqrt{\dfrac{V_s}{\pi u/4}}$$

$$u=(0.6\sim0.8)u_F$$

1. 采用 Eckert 通用关联图法计算泛点气速 u_F

(1) 有关数据计算

塔底混合气流量:

$$V'=1623+62.64+41.58=1727\text{kg/h}$$

吸收液流量:

$$L'=4367+1.08\times0.9\times58=4423\text{kg/h}$$

进塔混合气密度:

$$\rho_G=\dfrac{29}{22.4}\times\dfrac{273}{273+35}=1.15\text{kg/m}^3\text{（混合气浓度低，可}$$

近似视为空气密度)

查有关文献，吸收液密度: $\rho_L=996.7\text{kg/m}^3$

吸收液黏度: $\mu_L=0.8543\text{mPa}\cdot\text{s}$

经比较，选 $DN50\text{mm}$ 塑料鲍尔环。查相关文献国内矩鞍形填料的特性数据，可知其填料因子 $\phi=120\text{m}^{-1}$，比表面积 $a_t=106.4\text{m}^2/\text{m}^3$。

(2) 关联图的横坐标值

$$\dfrac{L'}{V'}(\rho_G/\rho_L)^{1/2}=\dfrac{4423}{1727}\left(\dfrac{1.15}{996.7}\right)^{1/2}=0.087$$

(3) 液泛气速

由通用压降关联图查得纵坐标值为 0.14，即

$$\dfrac{u_F^2\Phi}{g}\left(\dfrac{\rho_G}{\rho_L}\right)\mu_L^{0.2}=\dfrac{u_F^2\times120}{9.81}\left(\dfrac{1.15}{996.7}\right)(0.8543^{0.2})=0.0137u_F^2=0.14$$

故，液泛气速为

$$u_F=\sqrt{\dfrac{0.14}{0.0137}}=3.197\text{m/s}$$

2. 操作气速

$$u=0.6u_F=0.6\times3.197=1.92\text{m/s}$$

3. 塔径

$$D=\sqrt{\dfrac{V_s}{\dfrac{\pi}{4}u}}=\sqrt{\dfrac{1500}{3600\times0.785\times1.92}}=0.526\text{m}=526\text{mm}$$

取塔径为 0.6m (=600mm)

4. 核算操作气速

$$u=\dfrac{1500}{3600\times0.785\times0.6^2}=1.474\text{m/s}$$

5. 核算径比

$D/d=600/50=12$，满足鲍尔环的径比要求。

6. 喷淋密度校核

依 Morris 等推荐，$d<75\text{mm}$ 环形及其他填料的最小润湿速率（MWR）为 0.08

$m^3/(m \cdot h)$，则

最小喷淋密度 $L_{min} = (MWR)_{at} = 0.08 \times 106.4 = 8.512 m^3/(m^2 \cdot h)$

因为 $L = 4367 kg/h$

所以　　　　　喷淋密度 $= \dfrac{4367}{996.7 \times 0.785 \times 0.6^2} = 15.5 m^3/(m^2 \cdot h)$

故满足最小喷淋密度要求。

九、填料层高度计算

填料层高度计算式

$$Z = H_{OG} N_{OG} = \frac{V_B}{K_Y a \Omega} \int_{Y_2}^{Y_1} \frac{DY}{Y - Y^*}$$

1. 传质单元高度 H_{OG} 计算

$$H_{OG} = \frac{V_B}{K_Y a \Omega}$$

其中 $K_Y a = K_G a p$

$$\frac{1}{k_G a} = \frac{1}{k_G a} + \frac{1}{H k_L a}$$

(1) 本设计采用恩田关联式（参考相关文献）计算填料润湿面积 a_W 作为传质面积 a，依改进的恩田关联式分别计算 k_L 及 k_G，再合并为 $k_L a$ 和 $k_G a$。

① 列出各关联式中的物性数据

气体性质（以塔底 35℃，101.3kPa 空气计）$\rho_G = 1.15 kg/m^3$（前已算出）；$\mu_G = 0.01885 \times 10^{-3} Pa \cdot s$（查相关文献）；$D_G = 1.09 \times 10^{-5} m^2/s$（依 Gilliland 式估算）。

液体性质（以塔底 27.16℃ 水为准）$\rho_L = 996.7 kg/m^3$；$\mu_L = 0.8543 \times 10^{-3} Pa \cdot s$；$D_L = 1.344 \times 10^{-9} m^2/s$。

注：依 $D_L = \dfrac{7.4 \times 10^{-12} (\beta m_s)^{0.5} T}{\mu_L V_A^{0.6}}$ 计算（式中，V_A 为溶质在常沸点下的摩尔体积；m_s 为溶剂的分子量；β 为溶剂的缔合因子）。

$\sigma_L = 71.6 \times 10^{-3} N/m$（查相关文献）

液体与气体的质量流速：

$$L'_G = 4367/(3600 \times 0.785 \times 0.6^2) = 4.3 kg/(m^2 \cdot s)$$

$$V'_G = \frac{1727}{3600 \times 0.785 \times 0.6^2} = 1.7 kg/(m^2 \cdot s)$$

$DN50mm$ 塑料鲍尔环（乱堆）特性：

$$d_p = 50mm = 0.05m$$

$$a_t = 106.4 m^2/m^3 \text{（查国内鲍尔环特性数据）}$$

$$\sigma_c = 40 dyn/cm = 40 \times 10^{-3} N/m \text{（查不同材质的临界表面张力值）}$$

$$\psi = 1.45 \text{（鲍尔环为开孔环，查各类填料的形状系数）}$$

② 依恩田等的关联式

$$\frac{a_W}{a_t} = 1 - \exp\left[-1.45\left(\frac{\sigma_c}{\sigma_L}\right)^{0.75}\left(\frac{L'_G}{a_t \mu_L}\right)^{0.1}\left(\frac{L_G'^2 a_t}{\rho_L^2 g}\right)^{-0.05}\left(\frac{L_G'^2}{\rho_L \sigma_L a_t}\right)^{0.2}\right]$$

$$= 1 - \exp\left[-1.45\left(\frac{40 \times 10^{-3}}{71.6 \times 10^{-3}}\right)^{0.75}\left(\frac{4.3}{106.4 \times 0.8543 \times 10^{-3}}\right)^{0.1}\right.$$

$$\left(\frac{4.3^2 \times 106.4}{996.7^2 \times 9.81}\right)^{-0.05} \left(\frac{4.3^2}{996.7 \times 71.6 \times 10^{-3} \times 106.4}\right)^{0.2}\right]$$
$$= 1 - \exp(-0.632) = 0.469$$

故 $a_W = \dfrac{a_W}{a_t} \times a_t = 0.469 \times 106.4 = 49.9 \, \text{m}^2/\text{m}^3$

③ 依恩田修正式

$$k_L = 0.0095 \left(\frac{L'_G}{a_W \mu_L}\right)^{2/3} \left(\frac{0.8543 \times 10^{-3}}{996.7 \times 1.344 \times 10^{-9}}\right)^{-1/2} \left(\frac{0.8543 \times 10^{-3} \times 9.81}{996.7}\right)^{1/3} (1.45)^{0.4}$$
$$= 0.0095 \times 21.7 \times 0.0396 \times 0.02034 \times 1.16 = 1.93 \times 10^{-4} \, \text{m/s}$$

④ 依恩田修正式

$$k_G = 0.237 \left(\frac{V'_G}{a_t \mu_G}\right)^{0.7} \left(\frac{\mu_G}{\rho_G D_G}\right)^{1/3} \left(\frac{a_t D_G}{RT}\right) \psi^{1.1}$$
$$= 0.237 \left(\frac{1.7}{106.4 \times 1.885 \times 10^{-5}}\right)^{0.7} \left(\frac{1.885 \times 10^{-5}}{1.15 \times 1.09 \times 10^{-5}}\right)^{\frac{1}{3}} \left(\frac{106.4 \times 1.09 \times 10^{-5}}{8.314 \times 308}\right) (1.45)^{1.1}$$
$$= 2.075 \times 10^{-5} \, \text{kmol}/(\text{m}^2 \cdot \text{s} \cdot \text{kPa})$$

故 $\quad k_L a = k_L a_W = 1.93 \times 10^{-4} \times 49.9 = 9.63 \times 10^{-3} \, \text{s}^{-1}$

$\quad\quad k_G a = k_G a_W = 2.075 \times 10^{-5} \times 49.9 = 1.04 \times 10^{-3} \, \text{kmol}/(\text{m}^3 \cdot \text{s} \cdot \text{kPa})$

(2) 计算 $K_Y a$

$K_Y a = K_G a p$，而 $\dfrac{1}{K_G a} = \dfrac{1}{k_G a} + \dfrac{1}{H k_L a}$，$H = \dfrac{\rho_L}{E m_s}$。

由于在操作范围内，随液相浓度 X 和温度 t_L 的增加，m（或 E）亦变，故本设计分为两个液相区间，分别计算 $K_G a_{(1)}$ 和 $K_G a_{(2)}$，即

区间1： $X = 0.004 \sim 0.002$（为 $K_G a_{(1)}$）

区间2： $X = 0.002 \sim 0$（为 $K_G a_{(2)}$）

由表 4-29 知

$$E_1 = 2.30 \times 10^2 \, \text{kPa} \quad H_1 = \frac{\rho_L}{E_1 m_s} = \frac{996.7}{2.30 \times 10^2 \times 18} = 0.241 \, \text{kmol}/(\text{m}^3 \cdot \text{kPa})$$

$$E_2 = 2.18 \times 10^2 \, \text{kPa} \quad H_2 = \frac{\rho_L}{E_2 m_s} = \frac{996.7}{2.18 \times 10^2 \times 18} = 0.254 \, \text{kmol}/(\text{m}^3 \cdot \text{kPa})$$

故 $\quad \dfrac{1}{K_G a_{(1)}} = \dfrac{1}{1.04 \times 10^{-3}} + \dfrac{1}{0.241 \times 9.63 \times 10^{-3}} = 1.393 \times 10^3 \Rightarrow$

$$K_G a_{(1)} = 7.18 \times 10^{-4} \, \text{kmol}/(\text{m}^3 \cdot \text{s} \cdot \text{kPa})$$

$$K_Y a_{(1)} = K_G a_{(1)} \, p = 7.18 \times 10^{-4} \times 101.3 = 0.0727 \, \text{kmol}/(\text{m}^3 \cdot \text{s})$$

$$\frac{1}{K_G a_{(2)}} = \frac{1}{1.04 \times 10^{-3}} + \frac{1}{0.254 \times 9.63 \times 10^{-3}} = 1.371 \times 10^3 \Rightarrow$$

$$K_G a_{(2)} = 7.29 \times 10^{-4} \, \text{kmol}/(\text{m}^3 \cdot \text{s} \cdot \text{Pa})$$

$$K_Y a_{(2)} = K_G a_{(2)} \, p = 7.29 \times 10^{-4} \times 101.3 = 0.0738 \, \text{kmol}/(\text{m}^3 \cdot \text{s})$$

(3) 计算 H_{OG}

$$H_{OG(1)} = \frac{V_B}{K_Y a_{(1)} \, \Omega} = \frac{58.28/3600}{0.0727 \times 0.785 \times 0.6^2} = 0.788 \, \text{m}$$

$$H_{OG(2)} = \frac{V_B}{K_Y a_{(2)} \, \Omega} = \frac{58.28/3600}{0.0738 \times 0.785 \times 0.6^2} = 0.776 \, \text{m}$$

2. 传质单元数 N_{OG} 计算

在上述两个区间内，可将平衡线视为直线，操作线系直线，故采用对数平均推动力法计算两个区间内对应的 X、$\overline{Y}$、$\overline{Y}^*$ 浓度关系，见表4-30。

表4-30 两个区间气液相浓度关系

组成	区间1	区间2
X	0.004~0.002	0.002~0
$\overline{Y}$	0.0185~0.0102	0.0102~0.00185
$\overline{Y}^*$	0.009352~0.00442	0.00442~0

依式 $N_{OG} = \dfrac{\overline{Y}_1 - \overline{Y}_2}{\Delta \overline{Y}_m}$

$$\Delta \overline{Y}_{m(1)} = \frac{(0.0185 - 0.00935) - (0.0102 - 0.00442)}{\ln \dfrac{0.0185 - 0.00935}{0.0102 - 0.00442}} = 7.34 \times 10^{-3}$$

$$N_{OG(1)} = \frac{0.0185 - 0.0102}{7.34 \times 10^{-3}} = 1.13$$

$$\Delta \overline{Y}_{m(2)} = \frac{(0.0102 - 0.00442) - (0.00185 - 0)}{\ln \dfrac{0.0102 - 0.00442}{0.00185 - 0}} = 3.45 \times 10^{-3}$$

$$N_{OG(2)} = \frac{0.0102 - 0.00185}{3.45 \times 10^{-3}} = 2.42$$

3. 填料层高度 Z 计算

$$Z = Z_1 + Z_2 = H_{OG(1)} N_{OG(1)} + H_{OG(2)} N_{OG(2)} = 0.788 \times 1.13 + 0.776 \times 2.42 = 0.89 + 1.88 = 2.77\text{m}$$

取25%富余量，则完成设计任务需 $DN50$mm 塑料鲍尔环的填料层高度：

$$Z = 1.25 \times 2.77 = 3.5\text{m}$$

十、填料层压降计算

取通用压降关联图横坐标值0.087（前面已算出），将操作气速 u'（$=1.474$m/s）代替纵坐标中的 u_F，$DN50$mm 塑料鲍尔环（米字筋）的压降填料因子 $\Phi = 125$，代替纵坐标中的 Φ，则纵坐标值为：

$$\frac{1.474^2 \times 125}{9.81} \left(\frac{1.15}{996.7} \right) (0.8543^{0.2}) = 0.031$$

查图（内插）得：$\Delta p \approx 24 \times 9.81 = 235.4$Pa/m 填料

全塔填料层压降：$\Delta p_{全塔} = 3.5 \times 235.4 = 823.9$Pa

至此，吸收塔的物料衡算、塔径、填料层高度及填料层压降均已算出。关于吸收塔的物料计算总表和塔设备计算总表此处从略。

十一、填料吸收塔的附属设备

① 本设计任务液相负荷不大，可选用排管式液体分布器；且填料层不高，可不设液体再分布器。

② 塔径及液体负荷不大，可采用较简单的栅板型支承板。

③ 其他塔附件及气液出口装置计算与选择此处从略。

4.9 填料吸收塔设计任务书示例

【题目1】 年处理量为_____吨氨气吸收塔设计

1. 设计题目

试设计一座填料吸收塔，用于脱除混于空气中的氨气。混合气体的处理量为 2000～3200m³/h，其中含空气为 0.95%，氨气为 5%（体积分数），要求塔顶排放气体中含氨低于 0.02%（体积分数），采用清水进行吸收，吸收剂的用量为最小用量的 1.5 倍 [20℃氨在水中的溶解度系数为 $H = 0.725 \text{kmol}/(\text{m}^3 \cdot \text{kPa})$]。

2. 工艺操作条件

(1) 操作平均压力：常压。

(2) 操作温度：$t = 20℃$。

(3) 每年生产时间：7200h。

(4) 选用填料类型及规格自选。

3. 设计任务

完成填料吸收塔的工艺设计与计算，有关附属设备的设计和选型，绘制吸收系统的工艺流程图和吸收塔的工艺条件图，编写设计说明书。

4. 说明

为使学生独立完成课程设计，每个学生的原始数据均在产品产量上不同，即 1～20 号每上浮 50kg/h 为一个学号的产品产量（例如：1 号产品产量为 2000kg/h；2 号产品产量为 2050kg/h 等依此类推）。

【题目2】 年处理量为_____吨丙酮气体吸收塔设计

1. 设计题目

试设计一座填料吸收塔，用于脱除混于空气中的丙酮气体。混合气体的处理量为 1000～2000m³/h，其中含空气为 96%，丙酮气为 4%（摩尔分数），要求丙酮回收率为 98%（摩尔分数），采用清水进行吸收，吸收剂的用量为最小用量的 1.5 倍。（25℃下该系统的平衡关系为 $y = 1.75x$）

2. 工艺操作条件

(1) 操作平均压力：常压。

(2) 操作温度：$t = 25℃$。

(3) 每年生产时间：7200h。

(4) 选用填料类型及规格自选。

3. 设计任务（同【题目1】）

4. 说明

为使学生独立完成课程设计，每个学生的原始数据均在产品产量上不同，即 1～20 号每上浮 50m³/h 为一个学号的产品产量（例如：1 号产品产量为 1000m³/h；2 号产品产量为 1050m³/h 等依此类推）。

【题目3】 年处理量为_____吨二氧化硫气体吸收的工艺设计

1. 设计题目

矿石焙烧炉送出的气体冷却到 25℃后送入填料塔中，用 20℃清水洗涤除去其中的 SO_2。

入塔的炉气流量为 $2400m^3/h$，其中进塔 SO_2 的摩尔分数为 0.05，要求 SO_2 的吸收率为 95％。吸收塔为常压操作，因该过程液气比很大，吸收温度基本不变，可近似取为清水的温度。吸收剂的用量为最小用量的 1.5 倍。

2. 工艺操作条件

(1) 操作平均压力：常压。

(2) 操作温度：$t=25℃$。

(3) 每年生产时间：7200h。

(4) 选用填料类型及规格自选。

3. 设计任务（同【题目1】）

4. 说明

为使学生独立完成课程设计，每个学生的原始数据均在产品产量上不同，即 1～20 号每上浮 50kg/h 为一个学号的产品产量（例如：1 号产品产量为 2400kg/h；2 号产品产量为 2450kg/h 等依此类推）。

本章符号说明

英文字母

a——填料层的有效传质比表面积，m^2/m^3；

a_W——填料层的润湿比表面积，m^2/m^3；

A——吸收因子；

d——填料直径，mm；

D——扩散系数，m^2/s；

D——塔径，m；

E——亨利系数，kPa；

g——重力加速度，$kg/(m^2 \cdot s)$；

H——溶解度系数，$kmol/(m^3 \cdot kPa)$；

H_G——气相传质单元高度，m；

H_L——液相传质单元高度，m；

H_{OG}——气相总传质单元高度，m；

H_{OL}——液相总传质单元高度，m；

k_G——气膜吸收系数，$kmol/(m^2 \cdot s \cdot kPa)$；

k_L——液膜吸收系数，m/s；

k_x——液膜吸收系数，$kmol/(m^2 \cdot s)$；

k_y——气膜吸收系数，$kmol/(m^2 \cdot s)$；

K_G——气相总吸收系数，$kmol/(m^2 \cdot s \cdot kPa)$；

K_L——液相总吸收系数，m/s；

K_X——液相总吸收系数，$kmol/(m^2 \cdot s)$；

K_Y——气相总吸收系数，$kmol/(m^2 \cdot s)$；

L_G——吸收液质量流速，$kg/(m^2 \cdot h)$；

L_s——吸收剂用量，kmol/s；

L——吸收液量，kmol/h；

L'——吸收液质量流量，kg/h；

m——相平衡常数，无量纲；

N_G——气相传质单元数，无量纲；

N_L——液相传质单元数，无量纲；

N_{OG}——气相总传质单元数；无量纲；

N_{OL}——液相总传质单元数，无量纲；

R——通用气体常数，$kJ/(kmol \cdot K)$；

S——解吸因子；

T——温度，℃；

U——喷淋密度，$m^3/(m^2 \cdot h)$；

u——空塔气速，m/s；

u_F——泛点气速，m/s；

V_B——惰性气体流量，kmol/s；

V_s——混合气体体积流量，m^3/s；

V'——混合气质量流量，kg/h；

x——溶质组分在液中的摩尔分数，无量纲；

X——溶质组分在液中的摩尔比，无量纲；

y——溶质组分在气中的摩尔分数，无量纲；

Y——溶质组分在气中的摩尔比，无量纲；

Z——填料层高度，m。

希腊字母

μ——黏度，$Pa \cdot s$；

ρ——密度，kg/m^3；

Φ——填料因子，1/m。

下标

L——液相的；

V——气相的；

m——平均的、对数平均的；

min——最小的；

1——塔底；区间 1；

2——塔顶；区间 2。

第5章

换热器的设计

换热器是许多工业生产部门的通用工艺设备，尤其是石油、化工生产中应用更为广泛，在化工厂中换热器可用作加热器、冷却器、冷凝器、蒸发器和再沸器等。换热器的类型很多，性能各异，从早期发展起来的列管式换热器到近年来不断出现的新型、高效换热设备，各具特点。进行换热器的设计，首先是根据工艺要求选择适当的类型，同时计算完成给定生产任务所需的传热面积，并确定换热器的工艺尺寸。

换热器的类型虽然很多，但计算传热面积所依据的传热基本原理相同，不同之处仅是在结构设计上，需根据各自的设备特点采用不同的计算方法而已。

列管式换热器是目前化工生产中应用最广泛的一种换热器，它结构简单，坚固，制造容易，材料广泛，处理能力可以很大，适用性强，尤其在高温高压下较其他型式换热器更为适用。当然，在传热效率、设备的紧凑性、单位面积的金属消耗量等方面，还稍逊于各种板式换热器，但仍不失为目前化工厂中主要的换热设备。

为此，本章就设计成熟、应用广泛的列管式换热器的工艺设计作重点介绍。

5.1 列管式换热器的类型

列管式换热器的型式主要依据换热器管程与壳程流体的温度差来确定。因管束与壳体的温度不同会引起热膨胀程度的差异，若两流体的温度相差较大时，就可能由于热应力而引起管子弯曲或使管子从管板上拉脱，因此必须考虑这种热膨胀的影响。根据热补偿方法的不同，列管式换热器有以下几种型式。

5.1.1 固定管板式换热器

固定管板式换热器如图 5-1 所示。它由壳体、管板、管束、封头、折流挡板、接管等部件组成。管子两端与管板的连接方式可用焊接法或膨胀法固定，壳体则同管板焊接，从而管束、管板与壳体成为一个不可拆卸的整体。

优点：结构简单、紧凑，制造成本低；管内不易积垢，即使产生了污垢也便于清洗。

缺点：壳程检修和清洗困难。

主要适用于壳体和管束温差小，管外物料比较清洁，不易结垢的场合。当冷、热流体间温差超过 50℃时，应加补偿圈以减少热应力。

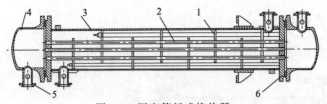

图 5-1　固定管板式换热器

1—折流挡板；2—管束；3—壳体；4—封头；5—接管；6—管板

5.1.2　浮头式换热器

浮头式换热器如图 5-2 所示。其两端管板之一不与外壳连接，可以沿管长方向浮动，该端称为浮头。当壳体与管束因温度不同而引起热膨胀时，管束连同浮头可在壳体内沿轴向自由伸缩，可完全消除热应力。

优点：当换热管与壳体有温差存在，壳体或换热管膨胀时，互不约束，不会产生温差应力；管束可从壳体内抽出，便于管内和管间清洗和检修。

缺点：结构复杂，用材量大，造价高；浮头盖与浮动管间若密封不严，易发生泄漏，造成两种介质的混合。

适用于两流体温差较大的各种物料的换热，应用较为普遍。

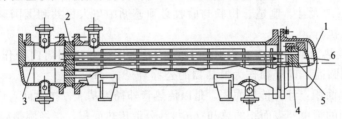

图 5-2　浮头式换热器

1—壳盖；2—固定管板；3—隔板；4—浮头钩圈法兰；5—浮动管板；6—浮头盖

5.1.3　U 形管式换热器

U 形管式换热器如图 5-3 所示。该换热器的每根管子都弯成 U 形，管子的两端固定在同一块管板上。封头内用隔板分成两室，管程至少为两程。管子可自由伸缩，与壳体无关。

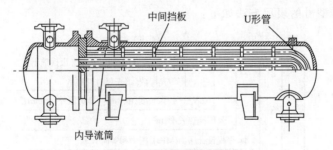

图 5-3　U 形管式换热器

优点：结构简单、只有一块管板，质量轻，密封面少，运行可靠；管束可以抽出，管间清洗方便。

缺点：但管内清洗困难，制造困难，管板利用率低，报废率较高。

适用于高温、高压、管内为清洁的流体的场合。

5.1.4 填料函式换热器

填料函式换热器的结构如图 5-4 所示。该换热器是管板只有一端与壳体固定连接，另一端采用填料函密封。管束可以自由伸缩，不会产生因壳壁与管壁温差而引起的温差应力。

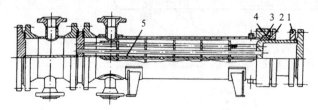

图 5-4 填料函式换热器

1—活动管板；2—填料压盖；3—填料；4—填料函；5—纵向隔板

优点：结构较浮头式换热器简单，制造方便，耗材少，造价也比浮头式的低；管束可以从壳体内抽出，管内、管间均能进行清洗，维修方便。

缺点：填料函耐压不高，壳程介质可能通过填料函外漏。

对易燃、易爆、有毒和贵重的介质不适用。

5.2 列管式换热器标准简介

列管式换热器的设计、制造、检验与验收必须遵循中华人民共和国国家标准"管壳式换热器"（GB 151）执行。

按该标准，换热器的公称直径做如下规定：卷制圆筒，以圆筒内径作为换热器公称直径，mm；钢管制圆筒，以外径作为换热器的公称直径，mm。

换热器的传热面积：计算传热面积，是以传热管外径为基准，扣除伸入管板内的换热管长度后，计算所得到的管束外表面积的总和（m^2）。公称传热面积，指经圆整后的传热面积。

换热器的公称长度：以传热管长度（m）作为换热器的公称长度。传热管为直管时，取直管长度；传热管为 U 形管时，取 U 形管的直管段长度。

该标准还将列管式换热器的主要组合部件分为前端管箱、壳体和后端结构（包括管束）三部分，详细分类及代号见相关文献。

该标准将换热器分为 I、II 两级。I 级换热器采用高级冷拔传热管，适用于无相变传热和易产生振动的场合。II 级换热器采用普通冷拔传热管，适用于再沸、冷凝和无振动的一般场合。

列管式换热器型号的表示方法如下：

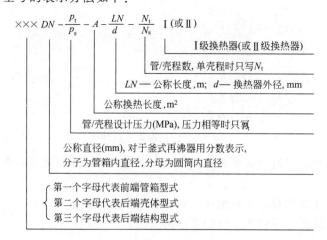

5.3 设计的主要内容

① 了解各种换热器的性能和特点，以便根据工业要求选用适当的类型；

② 换热器基本尺寸的确定、传热面积计算以及流体阻力核算等，以便在现有系列标准的换热器中选定合适的规格。

设计必须做到经济上合理、技术上可行，即最优设计。

5.4 设计方案的确定

确定设计方案的原则是要保证达到工艺要求的传热指标，操作上要安全可靠，结构上要简单，便于维修，尽可能节省操作费用和设备投资。确定设计方案主要考虑如下几个问题。

(1) 选择换热器的类型

换热器的种类繁多，选择时应根据操作温度、操作压力、换热器的热负荷、管程与壳程的温度差、换热器的腐蚀性及其他特性、检修与清洗的要求等因素进行综合考虑。

(2) 流程的选择

在列管式换热器设计中，哪种流体走管程，哪种流体走壳程，需进行合理安排。

选择原则：传热效果好、结构简单、检修与清洗方便。一般应考虑以下几个方面。

① 易结垢流体应走易于清洗的一侧。对于固定管板式、浮头式换热器，一般应使易结垢流体流经管程；但对于 U 形管式换热器，易结垢流体应走壳程。

② 若在设计上需要提高流体的流速，以提高其传热膜系数。在这种情况下，应将需提高流速的流体放在管程。这是因为管程流通截面积较小，且易于采用多管程结构，以提高流速。

③ 具有腐蚀性的流体应走管程，以免管束与壳体同时受到腐蚀，同时这样也可以节约耐腐蚀材料，降低换热器成本。

④ 压力高的流体应走管程，这是因为管子直径小，承压能力强，能够避免采用耐压的壳体和密封措施。

⑤ 具有饱和蒸汽冷凝的换热器，应使饱和蒸汽走壳程，便于及时排出冷凝液，且蒸汽较清洁，以免污染壳程。

⑥ 温度很高（或很低）的物料应走管内，以减少热量（或冷量）的散失。当然，如果为了更好地散热，也可以让被冷却流体走壳程，以增强冷却效果。

⑦ 黏度大的流体应走壳程，因为壳程内的流体在折流板的作用下，流通截面和方向都不断变化，在较低的雷诺数下就可达湍流状态。

⑧ 有毒的流体宜走管程，以减少向环境泄漏的机会。

⑨ 若两流体的温度差较大，传热膜系数 α 较大的流体宜走壳程，因为壁温接近传热膜系数较大的流体温度，以减小管壁与壳壁的温度差。

需要指出的是：上述各点常常不可能同时满足，而且有时还会互相矛盾。因此在设计中要应根据具体情况，抓住主要方面，作出适当的选择。

(3) 加热剂或冷却剂的选择

一般情况下，用作加热剂或冷却剂的流体是由实际情况决定的。但有些时候则需要设计者自行选择。在选用加热剂或冷却剂时，除首先应满足所能达到的加热或冷却温度外，还应考虑到其来源方便、价格低廉、使用安全。常用的冷却剂和加热剂如表 5-1。

表 5-1 常用冷却剂和加热剂

冷却剂		加热剂	
名称	温度范围	名称	温度范围
水(自来水、河水、井水、冰水)	0～80℃	氨蒸气	低于−15℃用于冷冻工业
空气	＞30℃	饱和水蒸气	＜180℃
盐水	−15～0℃用于低温冷却	烟道气	700～1000℃

对冷却剂来说，除低温及冷冻外，冷却剂优先选用水。

对加热剂来说，常选用饱和水蒸气、烟道气等。此外，结合具体工况，还可采用加热空气或热水等作加热剂。

（4）流体出口温度的确定

在换热器的设计中，被处理物料的进出口温度为工艺要求所规定，加热剂或冷却剂的进口温度一般由来源而定，但它的出口温度应由设计者根据经济核算来确定。一般来说，水的初温由气候条件决定，关于水的出口温度的确定，提供下面几点供参考：

① 水与被冷却流体之间应有 5～35℃ 的温度差；

② 水的出口温度一般不超过 40～50℃，即控制冷却水两端温度差不应低于 5℃（常控制在 10～25℃），在此温度上溶于水的无机盐（如 $MgCO_3$、$CaCO_3$、$MgSO_4$ 和 $CaSO_4$ 等）将会析出，在壁面上形成污垢。因此，用未经处理过的河水作冷却剂时，其出口温度一般不应超过 50℃，否则会加快污垢的生成，大大增加传热阻力；

③ 对于缺水地区，冷却水两端温度差应适当加大。

（5）流体流速的选择

提高流体在换热器中的流速，将增大对流传热系数，减少污垢在管子表面上沉积的可能性，即降低了污垢热阻，使总传热系数增加，所需传热面积减少，设备费用降低。但是流速增加，流体阻力将相应加大，操作费用增加。因此，选择适宜的流速是十分重要的，适宜的流速应通过经济核算来确定。一般尽可能使管程内流体的 $Re > 10^4$（同时也要注意其他方面的合理性），高黏度流体常按层流设计。根据经验，在表 5-2～表 5-4 列出一些工业上常采用的流体流速范围，以供参考。

表 5-2 列管式换热器中常用的流速范围

流 体 的 种 类	流速/(m/s)	
	管程	壳程
一般液体	0.5～0.3	0.2～1.5
易结垢液体	＞1	＞0.5
气体	5～30	3～15

表 5-3 列管式换热器中不同黏度液体的最大流速

液体黏度/mPa·s	＞1500	1500～500	500～100	100～35	35～1	＜1
最大流速/(m/s)	0.6	0.75	1.1	1.5	1.8	2.4

表 5-4　列管式换热器中易燃、易爆液体的安全允许速度

液体名称	乙醚、二硫化碳、苯	甲醇、乙醇、汽油	丙酮
安全允许速度/(m/s)	<1	2~3	<1

（6）流动方式的选择

流向有逆流、并流、错流和折流四种类型。在流体进、出口温度相同的情况下，逆流的平均温度差大于其他流向的平均温度差，因此，若无其他工艺要求，一般采用逆流操作。但在列管式换热器设计中，为了增加传热系数或使换热器结构合理，冷、热流体还可以作各种多管程的复杂流动。当流量一定时，管程或壳程越多，对流传热系数越大，对传热越有利。但是，采用多管程或多壳程必然会导致流体阻力损失，即输送流体的动力费用增加。因此，在决定换热器的程数时，需权衡传热和流体输送两方面的损失。当采用多管程或多壳程时，列管式换热器内的流动形式较为复杂，此时需要根据纯逆流的平均推动力和修正系数 Ψ 来计算实际推动力，Ψ 的数值应大于 0.8，否则应改变流动方式。

（7）材质的选择

在进行换热器设计时，换热器各种零、部件的材料，应根据设备的操作压力、操作温度、流体的腐蚀性能以及对材料的制造工艺性能等的要求来选取。当然，最后还要考虑材料的经济合理性。一般为了满足设备的操作压力和操作温度，即从设备的强度或刚性的角度来考虑，是比较容易达到的，但材料的耐腐蚀性能，有时往往成为一个复杂的问题。在这个方面考虑不周，选材不妥，不仅会影响到换热器的寿命，而且也大大提高设备的成本。至于对材料的制造工艺性能，是与换热器的具体结构有着密切关系。

一般换热器常用的材料有碳钢和不锈钢。

① 碳钢　价格低，强度较高，对碱性介质的化学腐蚀比较稳定，很容易被腐蚀，在无腐蚀性要求的环境中应用是合理的。如一般换热器用的普通无缝钢管，其常用的材料为 10 号和 20 号碳钢。

② 不锈钢　奥氏体系不锈钢以 1Cr18Ni9 为代表，它是标准的 18-8 奥氏体不锈钢，有稳定的奥氏体组织，具有良好的耐腐蚀性和冷加工性能。

5.5　换热器工艺结构尺寸设计

5.5.1　换热管的选择

换热管的材料有钢、合金钢、铜、铝和石墨等，应根据操作压力、温度和介质的腐蚀性能选定不同材质的管子。目前我国常用的换热管规格和尺寸偏差见表 5-5。其中最常用的管子规格有：$\phi25\text{mm}\times2.5\text{mm}$ 和 $\phi19\text{mm}\times2\text{mm}$ 两种。对于洁净的流体，可选择较小的管径；对于易结垢或不洁净的流体可选择较大管径。此外，小直径的管子可以承受更大的压力，而且管壁较薄；对于相同的壳径，可排列较多的管子。因此，选择小直径管子单位体积所提供的传热面积更大，设备更紧凑，但管径小，流动阻力大，机械清洗困难，设计时可根据具体情况选用适宜的管径。通常在管程结垢不很严重以及压力降较高的情况下，采用 $\phi19\text{mm}\times2\text{mm}$ 更为合理。如果管程走的是易结垢的流体，有时也采用 $\phi38\text{mm}\times2.5\text{mm}$ 或更大直径的管子。

我国生产的标准钢管长度为 6000mm，当选取管长时，应根据钢管长度规格，合理剪裁，避免材料的浪费。

表 5-5　常用换热管的规格和尺寸偏差

材料	钢管	外径×厚度	I 级换热器		II 级换热器	
			外径偏差	厚度偏差	外径偏差	厚度偏差
碳钢	GB 8136—87	10×1.5	±0.15		±0.20	
		14×2	±0.20	+12% −10%	±0.40	+15%，−10%
		19×2				
		25×2				
		25×2.5				
		32×3	±0.30		±0.45	
		38×3				
		45×3				
		57×3.5	±0.8%	±10%	±1%	±12%，−10%
不锈钢	GB 2270—80	10×1.5	±0.15		±0.20	
		14×2	±0.20	+12% −10%	±0.40	±15%
		19×2				
		25×2				
		32×2				
		38×2.5	±0.30		±0.45	
		45×2.5				
		57×2.5	±0.8%		±1%	

5.5.2　管长、管程数和总管数的确定

选定了管径和管内流速后，可依下式来确定换热器的单程管子数：

$$n_s = \frac{V}{0.785 d_i^2 u} \tag{5-1}$$

式中　n_s——单程管子数；

　　　V——管程流体的体积流量，m^3/s；

　　　d_i——传热管内径，m；

　　　u——管内流体流速，m/s。

依式(5-2) 可计算按单程换热器计所得的管子长度：

$$L = \frac{A}{n_s \pi d_o} \tag{5-2}$$

式中　L——按单程计算的管子长度，m；

　　　A——估算的传热面积，m^2；

　　　d_o——管子外径，m。

如果按单程计算的管子太长，则应采用多管程，并按实际情况选择每程管子的长度。国标 GB 151 推荐的传热管长度为 1.0、1.5、2.0、2.5、3.0、4.5、6.0、7.5、9.0、12.0m。在选择管长时应注意合理利用材料，还要使换热器具有适宜的长径比。列管式换热器的长径比可在 4~25 范围内，一般情况下为 6~10，竖直放置的换热器，长径比为 4~6。

确定了每程管子长度 l 之后，即可求得管程数：

$$N_p = \frac{L}{l} \tag{5-3}$$

式中　L——按单程换热器计算的管子长度，m；

l——选取的每程管子长度，m;

　　　N_p——管程数（必须取整数）。

　　换热器的总管数为：

$$N_T = N_p n_s \qquad (5\text{-}4)$$

式中　N_T——换热器的总管数。

5.5.3　管子的排列

　　管子在管板上的排列方式有：正三角形、正方形及同心圆形，如图 5-5 所示。传热管的排列应使其在整个换热器圆截面上均匀分布，同时还要考虑流体的性质、管箱结构及加工制造等方面的问题。

　　正三角形排列使用最普遍，这是因为在同一管板上可以排列较多的管子，且管外传热系数较高，但管外不易机械清洗。适用于壳程流体较清洁、不需经常清洗管壁的情况。

　　正方形排列的传热管数虽然较正三角形排列得少，传热系数也较低，但便于管外表面进行机械清洗。当管子外表面需用机械清洗时，采用正方形排列。为了提高管外传热系数，且又便于机械清洗管外壁面，往往采用正方形错列，即将正方形排列旋转 45° 角。此法在浮头式和填料函式换热器中用得较多。

　　同心圆形排列管子紧凑，且靠近壳体处布管均匀，在小直径的换热器中，管板上可排的管数比正三角形的还多，这种排列法仅用于空分设备上。

　　此外，对于多程列管式换热器，常采用组合排列方法，如每一程内采用三角形排列，而在各程之间，为了便于安排隔板，则采用正方形排列方法。

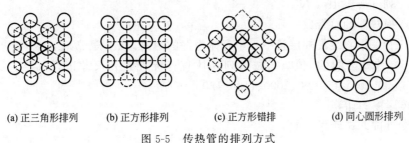

(a) 正三角形排列　　(b) 正方形排列　　(c) 正方形错排　　(d) 同心圆形排列

图 5-5　传热管的排列方式

5.5.4　排管图与实际管数

　　根据下述所确定壳体内径 D_i、管心距 t、隔板槽两侧管心距 c 以及选定的管子排列方式，便可画出排管图，以便确定出实际的管子数目。

　　管板上两管子中心距离 t 称为管心距（或管间距）。管心距取决于管板的强度、清洗管子外表面时所需的空隙，管子在管板上的固定方法等。当管子采用焊接方法固定时，相邻两根管的焊接太近，会相互受到影响，使焊接质量不易保证，一般取 $t = 1.25d_o$。（d_o 为管子的外径）。当管子采用胀接固定时，过小的管心距会造成管板在胀接时由于挤压力的作用发生变形，失去管子与管板之间的连接力，故一般采用 $t = (1.3 \sim 1.5)d_o$。常用 d_o 与 t 的对比关系见表 5-6。

表 5-6　管壳式换热器 d_o 与 t 的关系

换热管外径 d_o/mm	10	14	19	25	32	38	45	57
换热管中心距 t/mm	14	19	25	32	40	48	57	72

在画排管图时还应注意：最外层管中心至壳体内表面的距离最少应有（$0.5d_o+10$）mm；此外，管程为多管程时，隔板槽要占有管板部分面积，隔板槽两侧管心距 c 可参照图5-6。

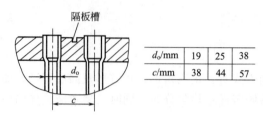

d_o/mm	19	25	38
c/mm	38	44	57

图 5-6　隔板槽两侧管心距

5.5.5　壳体直径与壳体厚度的确定

(1) 壳体直径的计算

壳体的内径应等于或大于管板的直径，所以，从管板直径的计算可以决定壳体的内径。其计算表达式为：

$$D_i = t(n_c-1)+2e \tag{5-5}$$

式中　D_i——壳体内径，m；

　　t——管子中心距，用胀接法连接，$t=(1.3\sim1.5)d_o$，用焊接法 $t=1.25d_o$；

　　n_c——横过管束中心线的管数，管子按正三角形排列 $n_c=1.1\sqrt{N}$；管子按正方形排列 $n_c=1.19\sqrt{N}$；

　　N——换热器的总管数；

　　e——管束中心线最外层管中心至壳体内壁的距离，m；通常取 $e=(1\sim1.5)d_o$。

由式(5-5)计算出的 D_i 值，需按下列壳体直径标准系列尺寸进行圆整，D_i（mm）为325、400、500、600、700、800、900、1000、1100、1200。

(2) 壳体厚度的计算

壳体厚度可按下式计算：

$$\delta = \frac{pD_i}{2[\sigma]\Psi-p}+C \tag{5-6}$$

式中　δ——壳体壁厚，mm；

　　D_i——外壳内径，mm；

　　$[\sigma]$——材料在设计温度下的许用应力，MPa；

　　Ψ——焊缝系数，对于单面焊缝 $\Psi=0.65$；对于双面焊缝 $\Psi=0.85$；

　　p——设计压力，MPa；

　　C——腐蚀裕度，mm，可在 $1\sim8$mm 范围内，根据流体的腐蚀性而定。

利用式(5-6)计算出外壳的厚度后，还应适当考虑安全系数以及开孔补强等措施，故要求外壳的厚度应大于表5-7所列出的最小厚度。

表 5-7　壳体的最小厚度

壳体内径 D_i/mm	325	400	500	600	700	800	900	1000	1100	1200
最小厚度/mm	8	10					12		14	

5.6 列管式换热器的设计计算

目前，我国已制定了列管式换热器的系列标准，设计中应尽可能选用系列化的标准产品。当系列产品不能满足工艺需要时，可根据生产的具体要求自行设计换热器。

5.6.1 列管式换热器的设计计算步骤

(1) 试算并初选设备规格

① 根据流体物性及工艺要求，确定流体通入的空间；

② 确定流体在换热器两端的温度，选择列管式换热器的型式；

③ 计算流体的定性温度，以确定流体的物性数据；

④ 根据传热任务计算热负荷；

⑤ 计算平均温差，并根据温度校正系数不应小于 0.8 的原则，决定壳程数；

⑥ 依据总传热系数的经验值范围，或按实际生产情况，决定总传热系数 $K_选$ 值；

⑦ 由总传热速率方程初步估算出传热面积，并确定换热器的基本尺寸（如 d、L、n 及管子在管板上的排列等），或按系列标准选择设备规格。

(2) 核算总传热系数

分别计算流经管程和壳程中流体的对流传热系数，确定污垢热阻，再计算总传热系数 $K_{计算}$，并与估算值 $K_选$ 进行比较。如果两者相差较多，则应重新估算传热面积和选择合适型号的换热器，重复以上计算步骤，直至前后的总传热系数数值相近为止。

(3) 计算传热面积

根据核算所得的 K 值与温度校正系数 φ，由下式计算传热面积：

$$A = \frac{Q}{K \Delta t_m \varphi}$$ (5-7)

选用的换热器的传热面积一般应比计算值大 $10\% \sim 25\%$ 为宜。

(4) 计算管、壳程的压强降

计算初选设备的管、壳程流体的压强降，如超过工艺允许的范围，要调整流速，再确定管程数，或选择另一规格的换热器，重新计算压强降直至满足要求为止。

从上述步骤来看，换热器的设计计算实际上是一个反复试算的过程，目的是使最终选定的换热器既能满足工艺传热要求，又能使操作时流体的压强降在允许范围之内。

5.6.2 传热计算的主要公式

传热速率方程式为：

$$Q = KA\Delta t_m$$ (5-8)

式中　Q——传热速率（即热负荷），W；

　　　K——总传热系数，$W/(m^2 \cdot ℃)$；

　　　A——与 K 值对应的换热器传热面积，m^2；

Δt_m——平均温度差，℃。

(1) 热负荷（传热速率）Q

① 无相变传热

$$Q = W_h C_{ph}(T_1 - T_2) = W_c C_{pc}(t_2 - t_1) \tag{5-9}$$

式中　　W——流体的质量流量，kg/s；

　　　　C_p——流体的平均定压比热容，J/(kg·℃)；

　　　　T——热流体的温度，℃；

　　　　t——冷流体的温度，℃；

下标 h 和 c——分别表示热流体和冷流体；

下标 1 和 2——分别表示换热器的进口和出口。

式(5-9) 在换热器绝热良好，热损失可以忽略的情况下成立。

② 相变传热　若换热器中流体有相变，例如热流体为饱和蒸汽冷凝时，则热负荷为：

$$Q = W_h r = W_c C_{pc}(t_2 - t_1) \tag{5-10}$$

式中　r——饱和蒸汽的冷凝潜热，J/kg。

式(5-10) 是指冷凝液在饱和温度下离开换热器。若冷凝液的出口温度低于饱和温度，则热负荷计算式为：

$$Q = W_h[r + C_{ph}(T_s - T_2)] = W_c C_{pc}(t_2 - t_1) \tag{5-11}$$

式中　T_s——冷凝液的饱和温度，℃。

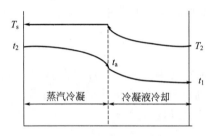

图 5-7　饱和蒸汽冷凝和冷却示意

以冷凝冷却器中饱和蒸汽的冷凝和冷却为例进行说明。饱和蒸汽先在其冷凝温度下放出潜热并液化，冷凝液开始冷却，从此液化和冷却同时进行。为简化设计，将整个过程假定为冷凝和冷却两个阶段。冷凝器中冷、热流体的温度的变化可描绘如图 5-7 所示（逆流）。实际上，冷凝和冷却过程在理论上不应截然分为两段，只为便于计算，才作两段处理，由于这两个段中的温差与传热系数是不相同的，所以必须分别计算，即分别算出各段的传热面积：

$$A_{ln} = \frac{Q_{ln}}{K_{ln}(\Delta t_m)_{ln}} \text{ 及 } A_{lq} = \frac{Q_{lq}}{K_{lq}(\Delta t_m)_{lq}} \tag{5-12}$$

式中　A_{ln}，A_{lq}——冷凝段、冷却段的传热面积，m²；

　　　　Q_{ln}，Q_{lq}——冷凝段、冷却段的传热速率，W；

　　　　K_{ln}，K_{lq}——冷凝段、冷却段的总传热系数，W/(m²·℃)；

$(\Delta t_m)_{ln}$，$(\Delta t_m)_{lq}$——冷凝段、冷却段的平均温度差，℃。

整个冷凝器的传热面积应为：

$$A = A_{ln} + A_{lq} \tag{5-13}$$

在计算各段的平均温差时，必须知道两段交界处的冷流体温度 t_a，这可以由图 5-7 求取。

因为：

$$Q_{ln} = W_h r = W_c C_{pc}(t_2 - t_a) \tag{5-14}$$

$$Q_{lq} = W_h C_{ph}(T_s - T_2) = W_c C_{pc}(t_a - t_1) \tag{5-15}$$

将上述两式等号左右相比得：

$$\frac{Q_{ln}}{Q_{lq}} = \frac{t_2 - t_a}{t_a - t_1} \tag{5-16}$$

由式(5-16) 即可求出 t_a。

（2）平均传热温差

间壁两侧流体传热温差的大小和计算方法，与换热器中两流体的温度变化情况以及两流体的相互流动方向有关。

就换热器中两流体温度变化情况而言，有恒温传热和变温传热。当换热器中间壁两侧的流体均存在相变时，两流体温度可分别保持不变，这种传热称作恒温传热；若间壁传热过程中有一侧流体没有相变，或者两侧流体均无相变，其温度沿流动方向变化，传热温差也势必沿程变化。这种情况下的传热称为变温传热。

平均传热温差是换热器的传热推动力，其值不但与流体的进、出口温度有关，而且还与换热器内两流体的相互流动方向有关。对于列管式换热器，常见的流动类型有：并流、逆流、错流和折流。

对于恒温传热，平均传热温差为：

$$\Delta t_m = T - t \tag{5-17}$$

式中　　T——热流体温度，℃；

t——冷流体温度，℃。

① 逆流和并流的传热温差　逆流和并流的平均传热温差均可由换热器两端流体温度的对数平均温差表示，即：

$$\Delta t_m = \frac{\Delta t_2 - \Delta t_1}{\ln \dfrac{\Delta t_2}{\Delta t_1}} \tag{5-18}$$

式中　　Δt_m——逆流或并流的平均传热温差，℃；

Δt_1，Δt_2——换热器两端冷、热流体的温差，℃。

在工程计算中，当换热器两端温差相差不大，即 $\Delta t_1 / \Delta t_2 < 2$ 时，可以用算术平均温差来代替对数平均温差，即

$$\Delta t_m = \frac{\Delta t_1 + \Delta t_2}{2} \tag{5-19}$$

② 错流和折流的传热温差　为了强化传热，常采用多管程或多壳程的列管式换热器。流体经过两次或多次折流后，再流出换热器，这使换热器内流体流动型式偏离纯粹的逆流和并流，因而使平均温差的计算变为复杂。对于错流或更复杂流动的平均温差，常采用安德伍德（Underwood）和鲍曼（Bowman）提出的图算法。该法是先按逆流计算对数平均温差 $\Delta t_m'$，再乘以考虑流动型式的温差修正系数 $\varphi_{\Delta t}$，进而得到平均温差，即

$$\Delta t_m = \varphi_{\Delta t} \Delta t_m' \tag{5-20}$$

温差修正系数 $\varphi_{\Delta t}$ 与换热器内流体温度变化有关。对不同流动型式，可分别表示为两个参量 P 和 R 的函数，即

$$\varphi_{\Delta t} = f(P, R) \tag{5-21}$$

其中　　　　　　　　$P = \dfrac{t_2 - t_1}{T_1 - t_1}$；　　　$R = \dfrac{T_1 - T_2}{t_2 - t_1}$ \tag{5-22}

温差修正系数 $\varphi_{\Delta t}$ 可根据 P 和 R 两因数由图 5-8 查取。

对于 1-2 型（单壳程，双管程）换热器，$\varphi_{\Delta t}$ 还可以用下式计算：

$$\varphi_{\Delta t} = \frac{\sqrt{R^2 + 1}}{R - 1} \ln\left(\frac{1 - P}{1 - PR}\right) \Big/ \ln\left(\frac{2/P - 1 - R + \sqrt{R^2 + 1}}{2/P - 1 - R - \sqrt{R^2 + 1}}\right) \tag{5-23}$$

对于 1-2n 型（如 1-4，1-6，…）的换热器，也可近似使用上式计算 $\varphi_{\Delta t}$。

由于在相同的流体进、出口温度下，逆流流型具有较大的传热温差，所以在工程上若无特殊需要的情况下，均采用逆流。

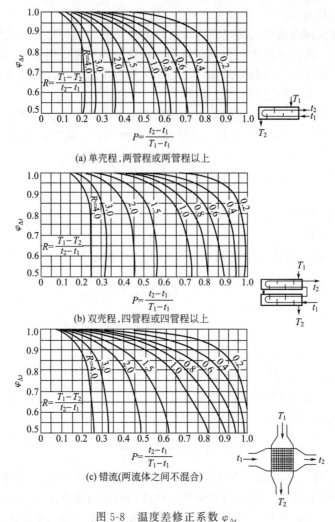

图 5-8　温度差修正系数 $\varphi_{\Delta t}$

(3) 总传热系数

总传热系数 K（简称传热系数）是表示换热设备性能的极为重要的参数，也是对设备进行传热计算的依据。为计算流体被加热或冷却所需要的传热面积，必须知道传热系数的值。

不论是研究设备的性能，还是设计换热器，求算 K 的数值都是最基本的要求，所以大部分有关传热的研究都是致力于求算这个系数 K。K 的取值取决于流体的物性、传热过程的操作条件及换热器的类型等。通常 K 值的来源有三个方面。

a. 生产实际中的经验数据。在有关手册或传热的专业书中，都列有不同情况下 K 的经验值，可供初步设计时参考。但要注意选用与工艺条件相仿，设备类似，而且较为成熟的经验 K 值。

b. 实验测定。对现有的换热器，通过实验测定有关的数据，如设备的尺寸、流体的流量和温度等，再利用传热速率方程式计算 K 值。实测的 K 值不仅可以为换热器设计提供依据，而且可以从中了解换热设备的性能，从而寻求提高设备传热能力的途径。

c. 分析计算。实际上常将计算得到的 K 值与前两种途径得到的 K 值进行对比，以确定合适的 K 值。

① K 值计算公式(以外表面为基准)

$$K = \cfrac{1}{\cfrac{1}{\alpha_o} + R_{so} + \cfrac{bd_o}{\lambda d_m} + R_{si} + \cfrac{d_o}{\alpha_i d_i}} \tag{5-24}$$

式中 K——基于换热器外表面积的总传热系数,W/(m²·℃);

      α_o,α_i——管外及管内的对流传热系数,W/(m²·℃);

    R_{so},R_{si}——管外侧及管内侧表面上的污垢热阻,W/(m²·℃);

d_o,d_i,d_m——换热器列管的外径、内径及平均直径,m;

      b——列管管壁厚度,m;

      λ——列管管壁的热导率,W/(m²·℃)。

同理,若以内表面为基准,则总传热系数的计算公式为:

$$K = \cfrac{1}{\cfrac{1}{\alpha_i} + R_{si} + \cfrac{bd_i}{\lambda d_m} + R_{so}\cfrac{d_i}{d_o} + \cfrac{d_i}{\alpha_o d_o}} \tag{5-25}$$

② K 值的经验数据   在进行换热器的设计时,首先要估算冷、热流体间的传热系数。列管式换热器中的总传热系数的大致范围见表5-8。

由表5-8可见,K 值变化范围很大,化工技术人员应对不同类型流体间换热时的 K 值有一数量级概念。

表5-8   列管式换热器中的总传热系数 K

冷流体	热流体	总传热系数 K /[W/(m²·℃)]	冷流体	热流体	总传热系数 K /[W/(m²·℃)]
水	水	850～1700	水	水蒸气冷凝	1420～4250
水	气体	17～280	气体	水蒸气冷凝	30～300
水	有机溶剂	280～850	水	低沸点烃类冷凝	450～1140
水	轻油	340～910	水沸腾	水蒸气冷凝	2000～4250
水	重油	60～280	轻油沸腾	水蒸气冷凝	450～1020
有机溶剂	有机溶剂	115～340			

(4) 污垢热阻

换热器在经过一段时间运行后,壁面往往积一层污垢,对传热形成附加的热阻,称为污垢热阻。这层污垢热阻一般不容忽视。污垢热阻的大小与流体的性质、流速、温度、设备结构以及运行时间等因素有关。对一定的流体,增大流速,可以减少污垢在加热面上沉积的可能性,从而降低污垢热阻。由于污垢层厚度及其热导率难以测定,通常只能根据污垢热阻的经验值作为参考来计算传热系数。某些流体的污垢热阻的经验值可参见表5-9～表5-11。

表5-9   冷却水的壁面污垢的热阻   单位:W/(m²·℃)

热流体的温度/℃ 项目	>115		115～205	
水的温度/℃	>25		>25	
水的流速/(m/s)	<1	>1	<1	>1
类型				
海水	0.8×10⁻⁴	0.86×10⁻⁴	1.72×10⁻⁴	1.72×10⁻⁴
自来水、井水、湖水	1.72×10⁻⁴	1.72×10⁻⁴	3.44×10⁻⁴	3.44×10⁻⁴
蒸馏水	0.86×10⁻⁴	0.86×10⁻⁴	0.86×10⁻⁴	0.86×10⁻⁴
硬水	5.16×10⁻⁴	0.86×10⁻⁴	0.86×10⁻⁴	0.86×10⁻⁴
河水	5.16×10⁻⁴	3.44×10⁻⁴	6.88×10⁻⁴	5.16×10⁻⁴
软化锅炉水	1.72×10⁻⁴	1.72×10⁻⁴	3.44×10⁻⁴	3.44×10⁻⁴

表 5-10　工业用气体的壁面污垢的热阻

气体名称	污垢热阻/[W/(m² · ℃)]	气体名称	污垢热阻/[W/(m² · ℃)]
有机化合物	0.86×10^{-4}	溶剂蒸气	1.72×10^{-4}
水蒸气	0.86×10^{-4}	天然气	1.72×10^{-4}
空气	3.44×10^{-4}	焦炉气	1.72×10^{-4}

表 5-11　工业用液体的壁面污垢的热阻

液体名称	污垢热阻/[W/(m² · ℃)]	气体名称	污垢热阻/[W/(m² · ℃)]
有机化合物	1.72×10^{-4}	石脑油	1.72×10^{-4}
盐水	1.72×10^{-4}	煤油	1.72×10^{-4}
熔盐	0.86×10^{-4}	柴油	$3.44 \times 10^{-4} \sim 5.16 \times 10^{-4}$
植物油	5.16×10^{-4}	重油	8.6×10^{-4}
原油	$3.44 \times 10^{-4} \sim 12.1 \times 10^{-4}$	沥青油	1.72×10^{-4}
汽油	1.72×10^{-4}		

污垢热阻往往对换热器的操作有很大影响，需要采取必要措施防止污垢的积累。因此，在换热器过程中，要根据具体情况，注意定期清洗或采取其他措施，以降低污垢热阻。

(5) 对流传热系数

不同流动状态下的对流传热系数 α 的关联式不同，具体可参考有关书籍的介绍。现将设计列管式换热器中常用到的 α 的无量纲特征数关联式介绍如下。

① 无相变流体在圆形直管中作强制湍流时的对流传热系数 α

a. 对于低黏度流体：

$$Nu = 0.023 Re^{0.8} Pr^n \tag{5-26}$$

式中　Nu——努塞尔数；

$\quad\quad Re$——雷诺数，$Re = \dfrac{d_i u \rho}{\mu}$；

$\quad\quad Pr$——普朗特数，$Pr = \dfrac{C_p \mu}{\lambda}$。

$$\alpha = 0.023 \frac{\lambda}{d_i} \left(\frac{d_i u \rho}{\mu} \right)^{0.8} \left(\frac{C_p \mu}{\lambda} \right)^n \tag{5-27}$$

式中　n——当流体被加热时，$n = 0.4$，当流体被冷却时，$n = 0.3$；

$\quad\quad \rho$——流体的密度，kg/m^3；

$\quad\quad \mu$——流体的黏度，$Pa \cdot s$；

$\quad\quad \lambda$——流体的热导率，$W/(m \cdot ℃)$；

$\quad\quad C_p$——流体的比热容，$J/(kg \cdot ℃)$；

$\quad\quad u$——管内流速，m/s；

$\quad\quad d_i$——列管直径，m。

式(5-26) 应用范围：$Re > 10000$，$Pr = 0.7 \sim 160$，管长与管径之比 $l/d_i > 60$，若 $l/d_i < 0$，可将式(5-27) 算出的 α 乘以 $[1 + (l/d_i)^{0.7}]$。

特征尺寸：管内径 d_i。

定性温度：取流体进、出口温度的算术平均值。

b. 对于高黏度流体 (μ 大于 2 倍常温水的黏度)：

$$Nu = 0.023 Re^{0.8} Pr^{0.33} \left(\frac{\mu}{\mu_w} \right)^{0.14} \tag{5-28}$$

式中，$(\mu/\mu_w)^{0.14}$ 是考虑热流方向的校正系数，可以用 φ_μ 表示。μ_w 是指壁面温度下流体的黏度，因壁温未知，计算 μ_w 需用试差法，故 φ_μ 可取近似值。液体被加热时，取 $\varphi_\mu=$ 1.05，液体被冷却时，取 $\varphi_\mu=0.95$。气体不论加热或冷却均取 $\varphi_\mu=1.0$。

应用范围：$Re>10000$，$Pr=0.7\sim160$，管长与管径之比 $l/d_i>60$。

特征尺寸：管内径 d_i。

定性温度：除 μ_w 按壁温取值外，均取流体进、出口温度的算术平均值。

② 无相变流体在管外作强制对流时的对流传热系数　若列管式换热器内装有圆缺形挡板时，对流传热系数可以用下式计算：

$$Nu=0.35Re^{0.55}Pr^{1/3}\varphi_\mu^{0.14} \tag{5-29}$$

$$\alpha=0.36\frac{\lambda}{d_e}\left(\frac{d_e u\rho}{\mu}\right)^{0.55}\left(\frac{C_p\mu}{\lambda}\right)^{1/3}\left(\frac{\mu}{\mu_w}\right)^{0.14} \tag{5-30}$$

应用范围：$Re>20000\sim1000000$。

特征尺寸：管间传热当量直径 d_e。

定性温度：除 μ_w 按壁温取值外，均取流体进、出口温度的算术平均值。

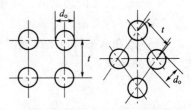

(a) 正方形排列　(b) 正三角形排列

图 5-9　管间当量直径推导的示意

当量直径 d_e 可根据管子排列方式采用不同式子进行计算，图 5-9 所示为管间当量直径推导的示意图。

管子成正方形排列时：
$$d_e=\frac{4\times\left(t^2-\frac{\pi}{4}d_o^2\right)}{\pi d_o} \tag{5-31}$$

管子成正三角形排列时：
$$d_e=\frac{4\times\left(\frac{\sqrt{3}}{2}t^2-\frac{\pi}{4}d_o^2\right)}{\pi d_o} \tag{5-32}$$

式中　t——相邻两管中心距，m；

d_o——管外径，m。

管外的流速可以根据流体流过管间最大截面积 A 来计算：

$$A=hD\left(1-\frac{d_o}{t}\right) \tag{5-33}$$

式中　h——两挡板间的距离，m；

D——换热器的外壳直径，m。

若换热器的管间无挡板，管外流体沿管束平行流动时，则 α 值仍可用管内强制对流的公式计算，但需将式(5-25)中的管内径 d_i 改为管间的当量直径 d_e。

③ 蒸汽在垂直管外冷凝时的冷凝传热系数　当冷凝液膜呈层流流动时，α 可采用下式计算：

$$\alpha=1.13\left(\frac{g\rho^2\lambda^3 r}{\mu L\Delta t}\right)^{1/4} \tag{5-34}$$

式中　L——垂直管的高度，m；

λ——冷凝液的热导率，W/(m·℃)；

ρ——冷凝液的密度，kg/m³；

μ——冷凝液的黏度，Pa·s；

r——饱和蒸汽的冷凝潜热，kJ/kg；

Δt——蒸汽的饱和温度与壁温之差 $\Delta t=t_s-t_w$，℃。

定性温度：蒸汽冷凝潜热取其饱和温度下的值，其余物性取液膜平均温度 $t_m = \frac{1}{2}(t_w + t_s)$ 下的值。

膜层流型的 Re 数可表示为：

$$Re = \frac{4M}{\mu} \tag{5-35}$$

式中　M——冷凝负荷，$kg/(m \cdot s)$，$M = W/b$；

　　　b——润湿周边，m，对垂直管 $b = \pi d_o$，对水平管 $b = 2L$（其中，L 为管长，m）；

　　　W——冷凝液的质量流量，kg/s。

④ 蒸汽在水平管束上冷凝时的蒸汽冷凝传热系数　若蒸汽在水平管束上冷凝，可用下式计算传热系数：

$$\alpha = 0.725 \left(\frac{g \rho^2 \lambda^3 r}{n_c^{2/3} d_o \mu \Delta t} \right)^{1/4} \tag{5-36}$$

式中　n_c——水平管束在垂直列上的管数，当管子按正三角形排列时，$n_c = 1.1\sqrt{n}$，当管子按正方形排列时，$n_c = 1.19\sqrt{n}$（其中，n 为换热器的总管数）。

5.6.3　流体通过换热器的阻力损失（即压强降）的计算

列管式换热器的设计必须满足工艺上提出的压强降要求。常用列管式换热器允许的压强降范围见表 5-12。

表 5-12　常用列管式换热器允许的压强降范围

换热器的操作压强/Pa	允许的压强降/Pa
$p < 10^5$	$\Delta p = 0.1p$
$p = 0 \sim 10^5$	$\Delta p = 0.5p$
$p > 10^5$	$\Delta p < 5 \times 10^4$

一般说来，液体流经换热器的压强降为 $10^4 \sim 10^5$ Pa，气体为 $10^3 \sim 10^4$ Pa 左右。

流体流经列管式换热器时，因流动阻力所引起的压强降可按管程和壳程分别计算。

(1) 管程阻力损失

多程换热器的管程的总阻力损失 $\sum \Delta p_i$ 为各程直管阻力损失 Δp_1，回弯阻力损失 Δp_2 及进、出口阻力损失之和。相比之下，进、出口阻力损失一般可以忽略不计。因此，管程总阻力损失的计算式为：

$$\sum \Delta p_i = (\Delta p_1 + \Delta p_2) F_t N_s N_p \tag{5-37}$$

式中　F_t——结垢校正系数，无量纲，对于 $\phi 25mm \times 2.5mm$ 的管子 $F_t = 1.4$，对于 $\phi 19mm \times 2mm$ 的管子 $F_t = 1.5$；

　　　N_p——管程数。

　　　N_s——串联的壳程数。

式(5-37)中直管阻力损失可按下式计算：

$$\Delta p_1 = \lambda \frac{L}{d_i} \times \frac{\rho u_i^2}{2} \tag{5-38}$$

式中　λ——摩擦系数；

　　　ρ——管内流体的密度，kg/m^3；

u_i——管内流体的流速，m/s；

d_i——管内径，m。

式(5-37)中回弯的阻力损失可以用下面的经验式估算：

$$\Delta p_1 = 3 \times \frac{\rho u_i^2}{2} \qquad (5-39)$$

（2）壳程阻力损失

用来计算壳程阻力损失的公式很多，由于壳程流动情况复杂，用不同公式计算的结果往往很不一致。下面介绍目前比较通用的埃索法，这种方法是将壳程阻力损失看成是由流体横向通过管束的阻力损失 $\Delta p_1'$ 与流体通过折流挡板缺口处的折流损失 $\Delta p_2'$ 两部分组成。其总阻力 $\sum \Delta p_o$ 的计算公式为：

$$\sum \Delta p_o = (\Delta p_1' + \Delta p_2') F_s N_s \qquad (5-40)$$

其中

$$\Delta p_1' = F f_o n_c (N_B + 1) \frac{\rho u_o^2}{2} \qquad (5-41)$$

$$\Delta p_2' = N_B \left(3.5 - \frac{2h}{D}\right) \frac{\rho u_o^2}{2} \qquad (5-42)$$

式中 F_s——壳程结垢校正系数，对液体可取 $F_s = 1.15$，对气体或蒸汽可取 $F_s = 1.0$；

   F——管子排列方式对压强降的校正系数，正三角形排列 $F = 0.5$，正方形斜转 45℃，$F = 0.4$，正方形直列 $F = 0.3$；

   f_o——壳程流体摩擦系数，当 $Re_o > 500$ 时，$f = 5.0 Re^{-0.228}$，其中 $Re_o = \dfrac{u_o d_o \rho}{\mu}$；

   n_c——水平管束在垂直列上的管数，当管子按正三角形排列时，有 $n_c = 1.1 \sqrt{n}$，当管子按正方形排列时，有 $n_c = 1.19 \sqrt{n}$（其中，n 为换热器的总管数）；

   N_B——折流挡板数；

   h——折流挡板间距，m；

   u_o——按壳程最大流动截面积 $S_o = h(D - n_c d_o)$ 计算的流速，m/s。

5.7 主体构件的设计与连接

列管式换热器的主要构件有管箱、壳体、管板、折流板、拉杆和定距管、分程隔板以及波形膨胀节等。

主要连接有：管箱与管板的连接、壳体与管板的连接、管子与管板的连接、拉杆与管板的连接及其分程隔板与管板的连接等。

5.7.1 管束分程

在设计中，为了提高管内流体流速，强化对流传热，常常采用多管程。这可在流道（管箱）中安装与管子中心轴线相平行的分程隔板来实现。分程时，应使各程管子数目大致相等。此外，从制造、安装和操作的角度考虑，通常采用偶数管程，但程数不宜过多，否则隔板本身将占去相当大布管面积，而在壳程中形成许多旁路，影响传热。

管束分程方法常采用平行和 T 形方式。当管程流体进、出口温度变化很大时，应避免流体温差较大的两部分管束紧邻，否则在管束与管板中将产生很大的温差应力。根据经验，跨程温差最大不得超过 28℃，故程数小于 4 时，采用平行隔板更为有利。

管束分程前后管箱中隔板形式及介质的流通顺序见图 5-10。

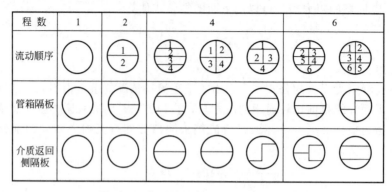

图 5-10　常用隔板分程与流体流通顺序

5.7.2　壳程分程

换热器壳程分程的型式见图 5-11。其中中 E 型是最普通的一种，壳程是单程，管程可为单程，也可为多程。F 型与 G 型均为双程。它们的不同之处在于壳侧流体进、出口位置不同。G 型壳体又称分流壳体，当用作水平的热虹吸式再沸器时，壳程中的纵向隔板起着防止轻组分的闪蒸与增强混合的作用。H 型与 G 型相似，只是进、出口接管与纵向隔板均多了一倍，故称为双分流壳体。G 型与 H 型均可用于以压力降为控制因素的换热器中。考虑到制造上的困难，一般的换热器壳程数很少超过 2。

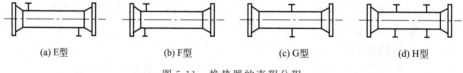

(a) E型　　　(b) F型　　　(c) G型　　　(d) H型

图 5-11　换热器的壳程分程

5.7.3　管板

管板的作用是将受热管束连接在一起，并将管程和壳程的流体分隔开来。管板在换热器的制造成本中占相当大的比重，管板设计与管板上的孔数、外径、孔间距、开孔方式以及连接方式有关，其计算过程较为复杂，而且从不同角度出发计算出管板厚度往往差别很大。管板厚度的计算可参考有关文献。管板与壳体的连接方法与换热器的形式有关。对固定管板式换热器，常采用不可拆连接方式，即直接将两端管板焊接在壳体上。对浮头式、U 形管式换热器，由于管束要从壳体中抽出，故常采用可拆连接方式，即把管板夹于壳体法兰与顶盖法兰之间，用螺栓紧固，必要时卸下顶盖就可把管板连同管束从壳体中抽出。

5.7.4　管箱和封头

换热器管内流体进、出口的空间称为管箱。管箱结构如图 5-12 所示。由于清洗、检修管子时需要拆下管箱，因此，管箱的结构应便于清洗。

图 5-12（a）所示结构，在清洗、检修时必须拆下外部管道。图 5-12（b）所示结构，由于有侧向的接管，可不必拆下外部管道就可将管卸下。图 5-12（c）所示结构是将管箱上盖做

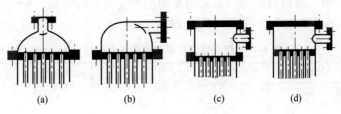

(a)   (b)   (c)   (d)

图 5-12　管箱的结构

成可拆的，清洗或检修时只需拆下盖子即可，不必拆管箱，但需要增加一对法兰连接。图 5-12(d) 所示结构省去了管板与壳体的法兰连接，使结构简化，但更换管子不方便。

封头的类型有很多。在列管式换热器中，常用的封头型式有椭圆封头、平形封头和碟形封头。封头的计算复杂，在设计中有关封头的尺寸可从有关标准中直接查取。

5.7.5　折流板

安装折流板的目的，是为了加大壳程流体的湍流速度，使湍流程度加剧，提高壳程流体的对流传热系数。在卧式换热器中折流板还起到支承管束的作用。常用折流板有弓形（或称圆缺形）和圆盘-圆环形两种，如图 5-13 所示。

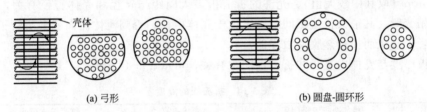

(a) 弓形　　　　　　　　　　(b) 圆盘-圆环形

图 5-13　折流板

弓形折流板结构简单，性能优良，在实际中最为常用。弓形折流板切去弓形高度为壳体内直径 D_i 的 $10\%\sim40\%$。常用值为 $20\%\sim25\%$。

为了检修时能完成排除卧式换热器壳体内的剩余液体，折流板下部应开有小缺口，其尺寸如图 5-14 所示。对于立式换热器则不必开此缺口。

弓形折流板在卧式换热器中的排列分为圆缺上下方向和圆缺左右方向两种。上下方向排列，可造成液体的剧烈扰动，增大传热膜系数，这种排列最为常见，如图 5-15(a) 所示；如果有悬浮物颗粒液，应采用左右方向排列，如图 5-15(b) 所示。

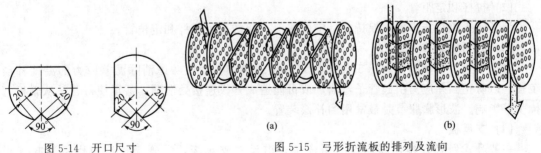

图 5-14　开口尺寸　　　　　图 5-15　弓形折流板的排列及流向

折流板直径 D_c 取决于它与壳体之间的间隙大小。间隙过大时，流体由间隙直接流过而根本不与换热器接触；间隙过小时，又会引起制造和安装上的困难。折流板直径 D_c 与壳体内直径 D_i 间的间隙可依表 5-13 中所列数值选定。

表 5-13　折流板直径与壳体内直径间的间隙

壳体内直径 D_i/mm	间隙/mm	壳体内直径 D_i/mm	间隙/mm	壳体内直径 D_i/mm	间隙/mm
325	2.0	700	4.0	1000	4.5
400	3.0	800	4.0	1100	4.5
500	3.5	900	4.5	1200	4.5
600	3.5				

折流板的数量可用下面公式计算。计算时先依折流板间距的系列标准取 h_0' 值，然后根据计算结果取整，再计算出实际板间距 h_0 值。

$$N_B = \frac{L - 0.1}{h_0'} - 1 \tag{5-43}$$

式中　L——换热管管长，m；

h_0'——折流板间距系列标准值，m，对于固定管板式换热器有 150mm、300mm、600mm 三种；对于浮头式换热器有 150mm、200mm、300mm、450mm、600mm 五种。

折流板间距，在阻力允许的条件下应尽可能小，允许的折流板最小间距为壳体内径的 20% 或 50mm（取其中较大值）。允许的折流板最大间距与管径和壳体直径有关，当换热器内流体无相变时，其最大折流板间距不得大于壳体内径，否则流体流向就会与管子平行而不是垂直于管子，从而使传热膜系数降低。

折流板厚度与壳体内直径和折流板间距有关，可依表 5-14 选取。

表 5-14　折流板的厚度

壳体内直径 D_i/mm	相邻两折流板间距/mm			壳体内直径 D_i/mm	相邻两折流板间距/mm		
	≤300	>300~450	>450~600		≤300	>300~450	>450~600
200~400	3	5	6	700~1000	6	8	10
400~700	5	6	10	≥1000	6	10	12

5.7.6　其他主要构件

(1) 分程隔板

为了把换热器做成多管程，可在流道室（管箱）中心安装与管子中心线平行的分程隔板。管程分程可采用各种不同的组合形式，但每一程中的管数应该大致相等，隔板的形式应简单，其密封长度应短。

(2) 拉杆和定距管

为了使折流板能牢靠地保持在一定位置上，通常采用拉杆和定位管。

(3) 波形膨胀节

对于管壁与壳壁温差大于 50℃ 的固定管板式换热器，应考虑消除温差应力的温度补偿装置，以防止温差应力引起管子弯曲，或可能造成管板连接处泄漏，甚至使得管子从管板上拉脱等影响。波形膨胀节是最常用的补偿装置。

(4) 支承板

一般卧式列管式换热器均没有折流板，需设置支承板，它既起折流板作用又起支承作用。

(5) 旁通挡板

如果壳体和管束之间间隙过大，则流体不通过管束而通过这个间隙旁通，为了防止这种情形，往往采用旁通挡板。

(6) 假管

为减少管程分程所引起的中间穿流的影响，可设置假管。假管的表面形状为两端堵死的管子，安置于分程隔板槽背面两管板之间，但不穿过管板，可与折流板焊接以便固定。假管通常是每隔 3~4 排换热管安置一根。

5.7.7 换热器主要连接

(1) 管子与管板的连接

管子与管板通常采用胀接或焊接方法固定。胀接法多用于压力低于 3.92MPa 和温度低于 300℃ 的场合；而当温度高于 300℃ 或压力高于 3.92MPa 时，一般采用焊接法。但在有些情况下，如对高温高压换热器，管子于管板的连接处，在操作时受到反复热变形、热冲击、腐蚀与流体压力的作用，很容易遭到破坏，仅单独采用胀接或焊接都难以解决问题。此时常采用胀焊结合的方法，不仅能提高连接处的抗疲劳性能，还可以消除应力腐蚀和间隙腐蚀，提高使用寿命。目前胀焊结合的方法已得到比较广泛的应用。

(2) 管板与壳体的连接

管板与壳体的连接方式与换热器的型式有关。在刚性结构、两端管板均固定换热器中，常采用不可拆连接，这时两端管板直接焊在壳体上。对于浮头式、U 形管式和填料函式换热器的管束要从壳体中抽出，以便进行清洗，故需将固定管板作成夹于壳体法兰和封头法兰之间的可拆连接。

(3) 管板与分程隔板的连接

管板与分程隔板的连接可有单层隔板与管板之间的密封连接和双层隔板与管板之间的密封连接。

(4) 拉杆与管板的连接

拉杆与管板的连接通常采用将拉杆拧入管板的可拆螺纹连接。对不锈钢可采用焊接的不可拆连接。

5.7.8 支座

列管式换热器常用支座有鞍式、支承式、腿式等类型。对于卧式换热器常采用鞍式支座，选用时可参见有关化工设备手册。

5.8 列管式换热器设计计算示例

【设计条件】 某炼油厂拟采用列管式换热器，用 175℃ 的柴油将原油从 70℃ 加热至 110℃。已知：柴油的处理量为 34000kg/h，原油的处理量为 44000kg/h。

柴油平均温度下的有关物性数据为：$\rho = 715\text{kg/m}^3$；$C_p = 2.48\text{kJ/(kg·℃)}$；$\lambda = 0.133\text{W/(m·℃)}$；$\mu = 0.64 \times 10^{-3}\text{Pa·s}$

原油的有关物性数据为：$\rho = 815\text{kg/m}^3$；$C_p = 2.20\text{kJ/(kg·℃)}$；$\lambda = 0.128\text{W/(m·℃)}$；$\mu = 6.65 \times 10^{-3}\text{Pa·s}$

管、壳程内两侧的压降皆不应超过 0.03MPa，试选用一适当型号的列管式换热器。

【设计计算】

该设计为两流体均无相变的列管式换热器的设计计算。

1. 试算并初选换热器规格

(1) 确定流体通入的空间

柴油温度高，走管程可以减少热损失，原油的黏度较大，当装有折流板时，走壳程可在较低的雷诺数下即能达到湍流，有利于提高壳程一侧的对流传热系数。

(2) 计算传热热负荷 Q

按原油所需的热量计算：

$$Q = W_c C_{pc}(t_2 - t_1) = 44000 \times 2.20 \times (110 - 70) = 3.87 \times 10^6 \, \text{kJ/h} = 1.08 \times 10^6 \, \text{W}$$

若忽略热损失，柴油的出口温度可通过热量衡算求得：

$$T_2 = T_1 - \frac{Q}{W_h C_{ph}} = 175 - \frac{3.87 \times 10^6}{34000 \times 2.48} = 129 \, \text{℃}$$

(3) 确定流体的定性温度、物性数据并选择列管换热器的型式

加热介质为柴油，取柴油、原油的定性温度为各自的平均温度。

柴油的定性温度为：$(175 + 129)/2 = 152 \, \text{℃}$

原油的定性温度为：$(110 + 70)/2 = 90 \, \text{℃}$

则两流体在定性温度下的物性数据如表 5-15 所示。

表 5-15 两流体在定性温度下的物性数据

流体物性	温度/℃	密度 ρ/(kg/m³)	黏度 μ/Pa·s	比热容 C_p/[kJ/(kg·℃)]	热导率 λ/[W/(m²·℃)]
柴油	152	715	0.64×10^{-3}	2.48	0.133
原油	90	815	6.65×10^{-3}	2.20	0.128

由于两流体温差较大，故选用浮头式列管换热器。

(4) 计算平均传热温差

计算逆流平均温差

柴油　　175℃ ⟶ 129℃

原油　　110℃ ⟵ 70℃

————————————————

温差　　65℃ ⟶ 59℃

$$\Delta t'_m = \frac{65 + 59}{2} = 62 \, \text{℃}$$

暂按单壳程、偶数管程来考虑，则

$$R = \frac{T_1 - T_2}{t_2 - t_1} = \frac{175 - 129}{110 - 70} = 1.15; \quad P = \frac{t_2 - t_1}{T_1 - t_1} = \frac{110 - 70}{175 - 70} = 0.381$$

由 R 和 P 查图 5-8 得：温差校正系数 $\varphi_{\Delta t} = 0.92$，因 $\varphi_{\Delta t} > 0.8$，故可行。

两流体的平均温差为：

$$\Delta t_m = \varphi_{\Delta t} \Delta t'_m = 0.92 \times 62 = 57.04 \, \text{℃}。$$

(5) 选 K 值，估算传热面积

为求得传热面积 A，需先求出总传热系数 K，而 K 值又和对流传热系数、污垢热阻等因素有关。在换热器的直径、流速等参数未确定时，对流传热系数也无法计算，所以只能进行试算。

参照表 5-8，初选 $K = 250 \, \text{W/(m²·℃)}$，则估算面积为：

$$A = \frac{Q}{K \Delta t_m} = \frac{1.08 \times 10^6}{250 \times 57} = 75.7 \text{m}^2$$

(6) 初选换热器型号

由于两流体温差较大和为了清洗壳程污垢，采用 FB 系列的浮头式列管换热器。由 FB 系列标准，初选 FB-600-95-16-4 型换热器，有关参数列表见表 5-16。

表 5-16　FB-600-95-16-4 浮头式列管换热器的主要参数

项　目	参　数	项　目	参　数
外壳直径 D/mm	600	管子尺寸/mm	$\phi 25 \times 2.5$
公称压强/MPa	1.6	管长 L/m	6
公称面积/m²	95	管数 N	192
管程数 N_p	4	管中心距 t/mm	32
管子排列方式	三角形		

按上列数据核算管程、壳程的流速及雷诺数。

① 管程

流通截面积：$\qquad A_i = \frac{\pi}{4} d_i^2 \frac{N}{N_p} = \frac{\pi}{4} (0.02)^2 \times \frac{192}{4} = 0.0151 \text{m}^2$

管内柴油流速：$\qquad u_i = \frac{W_h}{3600 \rho A_i} = \frac{34000}{3600 \times 715 \times 0.0151} = 0.875 \text{m/s}$

雷诺数：$\qquad Re_i = \frac{u_i \rho d_i}{\mu} = \frac{0.875 \times 715 \times 0.02}{0.64 \times 10^{-3}} = 19500$

② 壳程

流通截面积：$\qquad A_o = (D - n_c d_o) h$

$$n_c = 1.19 \sqrt{n} = 1.19 \sqrt{192} = 16.5$$

取 $n_c = 16$，取折流挡板间距 $h = 0.2$m，则　$A_o = (0.6 - 16 \times 0.025) \times 0.2 = 0.04 \text{m}^2$

壳内原油流速：$\qquad u_o = \frac{W_c}{3600 \rho_c A_o} = \frac{44000}{3600 \times 815 \times 0.04} = 0.375 \text{m/s}$

当量直径：$d_e = \frac{4\left(t^2 - \frac{\pi}{4} d_o^2\right)}{\pi d_o} = \frac{4 \times (0.032^2 - 0.785 \times 0.025^2)}{\pi \times 0.025} = 0.027 \text{m}$

$$Re_o = \frac{u_o \rho_c d_e}{\mu_c} = \frac{0.375 \times 815 \times 0.027}{6.65 \times 10^{-3}} = 1240$$

$$Re_o' = \frac{u_o \rho_c d_o}{\mu_c} = 1149$$

由以上核算看出，采用 FB-600-95-16-4 型换热器，管程、壳程的流速和雷诺数都是合适的。

2. 传热系数的校核

已选定的换热器型号是否适用，还要核算 K 值和传热面积 A 才能确定。

(1) 管程的对流传热系数 α_i

$$Re_i = 19500 > 10^4$$

$$Pr = \frac{\mu C_p}{\lambda} = \frac{0.64 \times 10^{-3} \times 2.48 \times 10^3}{0.133} = 11.9$$

$$\alpha_i = 0.023 \frac{\lambda}{d_i} Re^{0.8} Pr^{0.3} = 0.023 \times \frac{0.128}{0.02} \times (19500)^{0.8} \times (11.9)^{0.3} = 870 \text{W/(m}^2 \cdot \text{℃)}$$

（2）壳程的对流传热系数 α_o

$$Re_o = 1240$$

$$Pr = \frac{\mu C_p}{\lambda} = \frac{6.65 \times 10^{-3} \times 2.2 \times 10^3}{0.128} = 114$$

$$\alpha_o = 0.36 \frac{\lambda}{d_e} Re^{0.55} Pr^{1/3} \varphi_u$$

取 $\varphi_u = 1.05$，则

$$\alpha_o = 0.36 \times \frac{0.128}{0.027} \times (1240)^{0.55} \times (114)^{1/3} \times 1.05 = 437 \mathrm{W/(m^2 \cdot ^\circ\!C)}$$

（3）确定污垢热阻

取 $R_{si} = R_{so} = 0.0002 \ (\mathrm{m^2 \cdot ^\circ\!C}) / \mathrm{W}$。

（4）计算总传热系数 K

以外表面为基准计算总传热系数 K，由下式可得：

$$
\begin{aligned}
K &= \cfrac{1}{\cfrac{1}{\alpha_o} + R_{so} + \cfrac{b d_o}{\lambda d_m} + R_{si} \cfrac{d_o}{d_i} + \cfrac{d_o}{\alpha_i d_i}} \\
&= \left(\frac{1}{437} + 0.0002 + \frac{0.0025 \times 0.025}{45 \times 0.0225} + 0.0002 \times \frac{0.025}{0.020} + \frac{0.025}{870 \times 0.02} \right) \\
&= 236 \mathrm{W/(m^2 \cdot ^\circ\!C)}
\end{aligned}
$$

3. 计算所需传热面积 A

$$A = \frac{Q}{K \Delta t_m} = \frac{1.08 \times 10^6}{236 \times 57.04} = 80.2 \mathrm{m^2}$$

所选换热器的实际传热面积为：

$$A' = \pi d_o L n = \pi \times 0.025 \times 6 \times 192 = 90.5 \mathrm{m^2}$$

$$\frac{A' - A}{A} = \frac{90.5 - 80.2}{80.2} = 12.8\%$$

核算结果表明，换热器的传热面积有 12.8% 的裕度，故可用。

4. 计算阻力损失

（1）管程阻力损失

$$\sum \Delta p_i = (\Delta p_1 + \Delta p_2) F_t N_s N_p$$

当 $Re = 19500$ 时，查得摩擦系数 $\lambda = 0.03$

$$\Delta p_1 = \lambda \frac{l}{d} \times \frac{\rho_h u_i^2}{2} \qquad \Delta p_2 = 3 \times \frac{\rho_h u_i^2}{2}$$

$$\Delta p_1 + \Delta p_2 = \left(\lambda \frac{l}{d} + 3 \right) \frac{\rho_h u_i^2}{2} = \left(0.03 \times \frac{6}{0.02} + 3 \right) \times \frac{715 \times 0.875^2}{2} = 3285 \mathrm{Pa}$$

$$\sum \Delta p_i = 3285 \times 1.4 \times 4 \times 1 = 18400 \mathrm{Pa} < 0.03 \mathrm{MPa}$$

（2）壳程阻力损失

$$\sum \Delta p_o = (\Delta p_1' + \Delta p_2') F_s N_s$$

$$\Delta p_1' = F f_o n_c (N_B + 1) \frac{\rho u_o^2}{2}$$

因 $Re > 500$，故

$$f_o = 5.0 Re^{-0.228} = 5 \times (1149)^{-0.228} = 1.0$$

管子排列为正方形45°错列，取 $F=0.4$。为挡板数

$$N_B = \frac{L}{h} - 1 = \frac{6}{0.2} - 1 = 29$$

则

$$\Delta p'_1 = 0.4 \times 1 \times 16 \times (29+1) \times \frac{815 \times 0.375^2}{2} = 1.1 \times 10^4 \, \text{Pa}$$

$$\Delta p'_2 = N_B \left(3.5 - \frac{2h}{D}\right)\frac{\rho u_o^2}{2} = 29 \times \left(3.5 - \frac{2 \times 0.2}{2}\right) \times \frac{815 \times 0.375^2}{2} = 5710 \, \text{Pa}$$

取污垢校正系数 $F_s = 1.15$，则

$$\sum \Delta p_o = (11000 + 5710) \times 1.15 \times 1 = 19200 \, \text{Pa} < 0.03 \, \text{MPa}$$

流经管程和壳程流体的压力降均未超过 0.03MPa。以上核算结果表明，选用 FB-600-95-16-4 型换热器能符合工艺要求。

应予指出，此例仅介绍了换热器选型的一般原则和计算过程。在实际选型计算时，需做反复计算，有时要多次试算，对各次计算结果进行比较，对传热的要求、成本、设备尺寸和压力降等因素进行综合分析，以便最后从中做出最优设计。

5.9 换热器设计任务书示例

【**题目1**】 处理量____吨/年煤油冷却器的设计

1. 操作条件

(1) 煤油：入口温度 140℃；出口温度 40℃。

(2) 冷却介质：采用循环水，入口温度 30℃，出口温度 40℃。

(3) 允许压降：不大于 10^5 Pa。

(4) 煤油定性温度下的物性数据：

$\rho_c = 825 \, \text{kg/m}^3$，$\mu_c = 7.15 \times 10^{-4} \, \text{Pa} \cdot \text{s}$，$C_{pc} = 2.22 \, \text{kJ/(kg} \cdot \text{℃)}$，$\lambda_c = 0.14$ W/(m·℃)

(5) 每年按 330 天计，每天 24h 连续生产。

2. 设计任务

(1) 处理能力：$10 \times 10^4 \sim 31 \times 10^4$ 吨/年煤油。

(2) 设备型式：列管式换热器。

(3) 选择适宜的列管换热器并进行核算。

(4) 绘制带控制点的工艺流程图和设备结构图，并编写设计说明书。

3. 设计要求

为使学生独立完成课程设计，每个学生的原始数据均在处理量上不同，即学号在 $1\sim20$ 号中，每上浮 1×10^4 吨/年为一个学号的处理量（例如 1 号换热器处理量为 10×10^4 吨/年；2 号换热器处理量为 11×10^4 吨/年等依此类推）。

【**题目2**】 处理量为____吨/年苯冷却器的设计

1. 操作条件

(1) 苯：入口温度 82.1℃；出口温度 35℃。

(2) 冷却介质：采用循环水，入口温度 25℃，出口温度 35℃。

(3) 允许压降：不大于 10^5 Pa。

(4) 每年按 300 天计，每天 24h 连续生产。

2. 设计任务

(1) 处理能力：$1 \times 10^3 \sim 21 \times 10^3 \, t/年苯$。

(2) 设备型式：列管式换热器。

(3) 选择适宜的列管式换热器并进行核算。

(4) 绘制带控制点的工艺流程图和设备结构图，并编写设计说明书。

3. 设计要求

为使学生独立完成课程设计，每个学生的原始数据均在处理量上不同，即学号在 $1 \sim 20$ 号中，每上浮 $1 \times 10^3 \, t/年$ 为一个学号的处理量（例如 1 号换热器处理量为 $1 \times 10^3 \, t/年$；2 号换热器处理量为 $1 \times 10^3 \, t/年$ 等依此类推）。

本章符号说明

英文字母

A——传热面积，m^2；

b——厚度，m；

b——润湿周边，m；

C_p——定压比热容，$kJ/(kg \cdot ℃)$；

d——管径，m；

D——换热器壳程，m；

f——摩擦系数；

f——温差校正系数；

F——管子排列方式对压强降的校正系数；

F_t——结垢校正系数；

F_s——壳程结垢校正系数；

g——重力加速度，m/s^2；

h——挡板间距，m；

K——总传热系数，$W/(m^2 \cdot ℃)$；

L——长度，m；

m——程数；

M——冷凝负荷，$kg/(m \cdot s)$；

n——管数；

n——指数；

n_s——单程管子数；

N_p——管程数；

N_s——串联的壳程数；

Nu——努塞尔数；

p——压强，Pa；

P——因数；

Pr——普朗特数；

q——热通量，W/m^2；

Q——传热速率，W；

r——半径，m；饱和蒸汽的冷凝潜热，J/kg 或 kJ/kg；

R——热阻，$W/(m^2 \cdot ℃)$；

R——因数；

Re——雷诺数；

t——冷流体温度，$℃$；

t——管心距，m。

第6章

干燥器的设计

6.1 概述

化学工业中，有些固体物料、半成品和成品中含有水分或其他溶剂（统称为湿分）需要除去，简称去湿。常用的去湿方法有机械去湿法和加热去湿法。对湿物料加热，使所含的湿分汽化，并及时移走所生成的蒸气，这种去湿法称为物料的干燥，该过程热能消耗较多。在工业生产中，通常将机械去湿法和加热去湿法进行联合操作，先用机械去湿法除去物料中的大部分湿分，然后用加热法进行干燥，使物料中含湿量达到规定的要求。干燥操作广泛应用于化工、食品、造纸、医药、农副产品加工等领域。

由于被干燥物料的形状（如块状、粒状、溶液、浆状及膏糊状等）和性质（如耐热性、含水量、分散性、黏性、耐酸碱性、防爆性及湿度等）不同，生产规模和生产能力也相差很大，对于干燥后的产品要求（如含水量、形状、强度及粒度等）也不尽相同，因此，所采用的干燥方法和干燥器的型式也是多种多样的。

干燥器可从多个角度进行分类：

① 按操作压力分为常压干燥和真空干燥。真空干燥适用于处理热敏性及易氧化的物料，或要求成品中湿含量低的场合。

② 按操作方式分为连续干燥和间歇干燥。连续干燥具有生产能力大、产品质量均匀、热效率高以及劳动条件好等优点。间歇干燥适用于处理小批量、多品种或要求干燥时间较长的物料。

③ 按热量传递的方式可分为：

• 对流干燥器，如喷雾干燥器、气流干燥器、流化床干燥器等；

• 传导干燥器，如耙式真空干燥器、滚筒干燥器、真空盘式干燥器、冷冻干燥器；

• 辐射干燥器，如红外线干燥器；

• 介电加热干燥器，如微波加热干燥器；

• 以及由上述两种或多种方式组合成的联合干燥。

在众多的干燥器中，对流加热型干燥器应用得最多。因此，本章主要讨论对流加热型的气流干燥器的工艺设计。

6.2 设计方案

在干燥装置的工艺设计中，设计方案的确定主要包括干燥装置的工艺流程、干燥方法及干燥器型式的选择、操作条件的确定等，一般要遵循下列原则。

① 满足工艺要求。所确定的工艺流程和设备，必须保证产品的质量能达到规定的要求，而且质量要稳定。这就要求各物流的流量和操作参数稳定。同时设计方案要有一定的适应性，例如能适应季节的变化、原料湿含量及粒度的变化等。因此，应考虑在适当的位置安装测量仪表和控制调节装置等。

② 经济上要合理。要节省热能和电能，尽量降低生产过程中各种物料的损耗，减少设备费和操作费，使总费用尽量降低。

③ 保证安全生产，注意改善劳动条件。当处理易燃易爆或有毒物料时，要采取有效的安全和防污染措施。

6.2.1 干燥装置的工艺流程

对流加热型干燥装置的一般工艺流程如图 6-1 所示。主要包括：干燥介质加热器、干燥器、细粉回收设备、干燥介质输送设备、加料器及卸料器等。

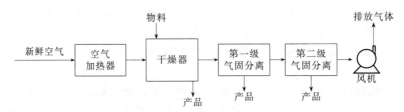

图 6-1 对流加热型干燥装置的一般工艺流程

6.2.2 干燥介质及加热器的选择

干燥介质为物料升温和湿分蒸发提供热量，并带走蒸发的湿分。干燥介质的选择，取决于干燥过程的工艺及可利用的热源，此外还应考虑介质的经济性及来源。基本的热源有热气体、液态或气态的燃料以及电能。在对流干燥中，干燥介质可采用空气、惰性气体、烟道气和过热蒸汽等。热空气是最廉价易得的热源，但对某些易氧化的物料，或从物料中蒸发出的气体易燃、易爆时，则需用氮气或二氧化碳等惰性气体作为干燥介质，也可用过热蒸汽或与蒸发的湿分相同的过热有机溶剂蒸气作为干燥介质。采用烟道气为干燥介质，除了可以满足高温干燥的要求外，对于低温干燥也有其优点。如消耗的燃料比用热空气为干燥介质时少；同时，由于不需要锅炉、蒸汽管道和预热器等，所以投资费用减少很多，但要求被干燥的物料不怕污染，且不与烟道气中的 SO_2 和 CO_2 等气体发生作用。

加热干燥介质的热源根据干燥工艺要求和工厂的实际条件而定。根据热源不同，干燥介质的加热器可以选择锅炉、翅片式加热器、热风炉等。

6.2.3 干燥器的选择

干燥是热质反向传递的过程，由于被干燥物料的形态（如溶液、浆状、膏状、粒状、块状、片状等）和性质不同，生产能力不同，对干燥产品的要求（如含水量、粒径、溶解性、色泽、光泽等）均不相同，使得干燥器的型式多种多样，因此，干燥器的选择是干燥器技术领域最复杂的一个问题。要从理论上精确计算出干燥器的主要工艺尺寸是比较困难的，还必须借助于许多实际经验。

在选择干燥器时，首先应根据物料的形状、特性、处理量、处理方式及可选用的热源等选择出适宜的干燥器类型。

通常，干燥器选型应考虑以下因素：

① 被干燥物料的性质。如热敏性、黏附性、颗粒的大小与形状、物料含水量、水分与物料的结合方式、磨损性以及腐蚀性、毒性、可燃性等物理化学性质。

② 对干燥产品的要求。对干燥产品的含水量、形状、粒度分布、粉碎程度等有要求。如干燥食品时，产品的几何形状、粉碎程度均对产品的质量及价格有直接的影响。干燥脆性物料时应特别注意成品的粉碎与粉化。

③ 干燥速率快，以缩短干燥时间，减小设备体积，提高设备的生产能力。

④ 干燥器热效率高。干燥是能量消耗较大的单元操作之一，在干燥操作中，热能的利用率是技术经济的一个重要指标。

⑤ 环境污染小，劳动条件好。

⑥ 操作简便、安全、可靠，对于易燃、易爆、有毒物料的干燥，要采取特殊的技术措施。

除上述因素以外，还应考虑环境湿度改变对干燥器选型及干燥器尺寸的影响。例如，以湿空气作为干燥介质时，同一地区冬季和夏季空气的湿度会有相当明显的差别，而湿度的变化将会影响干燥产品质量及干燥器的生产能力。

表 6-1 列出了主要干燥器的选择表，可供选型时参考。

表 6-1 主要干燥器的选择表

湿物料的状态	物料实例	处理量	适用的干燥器
液体或泥浆状	洗涤剂、树脂溶液、盐溶液、牛奶等	大批量	喷雾干燥器
		小批量	滚筒干燥器
泥糊状	染料、颜料、硅胶、淀粉、黏土、碳酸钙等的滤饼或沉淀物	大批量	气流干燥器 带式干燥器
		小批量	真空转筒干燥器
粉粒状 (0.01～20 μm)	聚氯乙烯等合成树脂、合成肥料、磷肥、活性炭、石膏、钛铁矿、谷物	大批量	气流干燥器 转筒干燥器 流化床干燥器
		小批量	转筒干燥器 厢式干燥器
块状 (20～100 μm)	煤、焦炭、矿石等	大批量	转筒干燥器
		小批量	厢式干燥器
片状	烟叶、薯片	大批量	带式干燥器 转筒干燥器
		小批量	穿流厢式干燥器
短纤维	醋酸纤维、硝酸纤维	大批量	带式干燥器
		小批量	穿流厢式干燥器
一定大小的物料或制品	陶瓷器、胶合板、皮革等	大批量	隧道干燥器
		小批量	高频干燥器

6.2.4　风机的选择及配置

为了克服整个干燥系统的流体阻力以输送干燥介质，必须选择适当形式的风机，并确定其配置方式。风机的选择主要取决于系统的流体阻力、干燥介质的流量、干燥介质的温度等。风机的配置方式主要有以下三种。

① 送风式　风机安装在干燥介质加热器的前面，整个系统处于正压操作。这时，要求系统的密闭性要好，以免干燥介质外漏和粉尘飞入环境。

② 引风式　风机安装在整个干燥系统后面，整个系统处于负压操作。这时，同样要求系统的密闭性要好，以免环境空气漏入干燥器内，但粉尘不会飞出。

③ 前送后引式　两台风机分别安装在干燥介质加热器前面和系统的后面，一台送风，一台引风。调节系统前后的压力，可使干燥室处于略微负压下操作，整个系统与外界压差较小，即使有不严密的地方，也不至于产生大量漏气现象。

6.2.5　细粉回收设备的选择

由于从干燥器出来的废气夹带细粉，细粉的收集将影响产品的收率和劳动环境等，所以，在干燥器后都应设置气固分离设备。最常用的气固分离设备是旋风分离器，对于粒径大于 $5\mu m$ 的颗粒具有较高的分离效率。旋风分离器可以单台使用，也可以多台串联或并联使用。为了进一步净化含尘气体，提高产品的回收率，一般在旋风分离器后安装袋滤器或湿式除尘器等第二级分离设备。袋滤器除尘效率高，可以分离旋风分离器不易除去的粒径小于 $5\mu m$ 的微粒。

6.2.6　加料器及卸料器的选择

加料器和卸料器对保证干燥器的稳定操作及干燥产品质量很重要。因此，在设计时要根据物料的特性和流量等综合进行考虑，选择适当的加、卸料设备。

总之，在确定工艺设计方案过程中，往往需要对多种方案从不同角度进行对比，从中选出最佳方案。

6.3　气流干燥装置的工艺设计

6.3.1　气流干燥装置的工艺流程和特点

气流干燥是采用适当的加料方式，将湿物料加入干燥器内，在高速流动的气流输送过程中，使之呈悬浮状态，是一种经加热器加热的热空气与湿物料直接接触而进行干燥的方法。

气流干燥装置的工艺流程如图 6-2 所示，主要由空气加热器、加料器、气流干燥器、旋风分离器、风机等组成。

气流干燥器有如下几个主要特点。

① 干燥效率高。在气流干燥中，由于物料呈悬浮状态，粒子在热空气涡流的搅动下均匀分散，物料的比表面积大为增加。同时，其传热系数也提高，使传热更为有利。粉碎作用使物料的表面不断更新和增加，这样，物料与热空气的接触面积增大，因此干燥效率显著提高。带粉碎设备的气流干燥器，在搅拌机中可除去 65％水分，在粉磨机中可达 70％以上。

② 干燥时间短。在气流干燥器中，热空气与湿物料接触时间短，一般为 0.5～2s，最长为 10s，因此可采用较高的干燥温度。例如，煤粉干燥可采用 700～800℃的高温烟道气作为干燥介质。在生产实际中，气流温度在 2s 内由 700℃降到 300℃，或在 4s 内由 700℃降到 180℃，而湿物料温度不会超过 40℃。

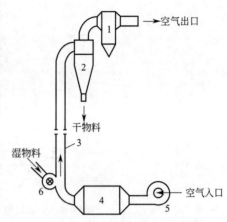

图 6-2　气流干燥装置的工艺流程

1—袋滤器；2—旋风分离器；3—干燥管；
4—空气加热器；5—风机；6—加料器

③ 不会过度干燥。由于气流干燥是使被干燥物料呈单颗粒状态分散于热气流中进行瞬间干燥的方法，故水分全部变成表面水分，同时颗粒与热空气的接触面积大，水分几乎全部以表面蒸发方式被干燥，因此不会产生过度干燥。用物料与热空气并流操作，即使吹入的热空气温度为 700～800℃，产品的温度也不会超过 70～80℃。

④ 处理量大。一根直径为 0.7m、长为 10～15m 的气流干燥管，处理量可达 25t 煤/h 或 25t 硫酸铵/h。国外已有直径为 1.5m 的气流干燥器，最大处理量可达 80t/h，蒸发水分为 8t/h。

⑤ 结构简单。气流干燥器结构简单，制造方便，占地面积小，投资费用低，易于维修。

6.3.2　气流干燥器的结构类型及其特点

气流干燥器适用于干燥粉状或颗粒状物料，粒子直径一般为 0.5～0.7mm，最大不超过 10mm。对于块状、膏糊状或滤饼状物料，应选用带有分散、搅拌器或粉碎机等类型的气流干燥器。气流干燥器一般适用于进行物料表面蒸发的恒速干燥过程，物料中的水分主要是非结合水，此时可获得含水率低于 0.3%～0.5%的干燥产品。对于吸附性或细胞质物料，若采用气流干燥，干燥产品的含水率在 2%～3%。对于水分在物料内部迁移以扩散为主的湿物料，一般不采用气流干燥。

气流干燥压力损失大，不适宜干燥磨损性大的物料。由于气流速度较高，对颗粒有一定的磨损和粉碎，对于要求有一定形状的颗粒产品不宜采用。

气流干燥器有以下几种主要类型。

(1) 直管式气流干燥器

① 一级直管式气流干燥器

一级直管式气流干燥器是气流干燥器中最常用的一种，由鼓风机、加热器、螺旋加料器、气流干燥器、旋风除尘器、储料斗、螺旋出料器和袋式除尘器等组成。图 6-3 为干燥吡唑酮的一级直管式气流干燥器流程。

② 二级直管式气流干燥器

为了利用排出气体的余热，提高气流干燥器的热效率，常采用二级直管式气流干燥器。干燥淀粉的工艺流程如图 6-4 所示。其工作原理是将风机置于一级与二级干燥管之间，湿物料先由二级干燥管排出的高温气体与补充热空气的混合气体进行一级干燥，一级干燥的半成品由新鲜热空气进行二级负压干燥，获得干燥产品。补充的热空气可以进行调节，一般进入二级干燥管与进入一级干燥管的热风量为 6∶4 或 7∶3。表 6-2 为 FG 型二级直管式气流干燥器系列的主要技术参数。

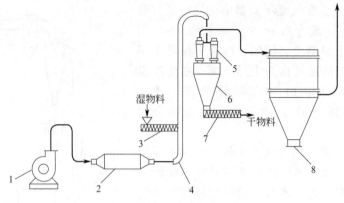

图 6-3　干燥吡唑酮的一级直管式气流干燥器流程

1—鼓风机；2—翅片加热器；3—螺旋加料器；

4—干燥管；5—旋风除尘器；6—储料斗；

7—螺旋出料器；8—袋式除尘器

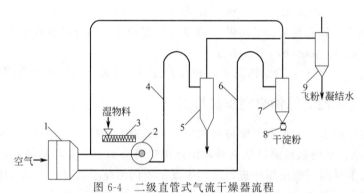

图 6-4　二级直管式气流干燥器流程

1—蒸汽加热器；2—风机；3—螺旋加料器；4——级干燥管；

5——级旋风除尘器；6—二级干燥管；7—二级旋风除尘器；

8—出料器；9—除尘装置

表 6-2　FG 型二级直管式气流干燥器系列的主要技术参数

型号	FG0.25	FG0.5	FG1.0	FG1.5	FG2.0	FG3.0
干燥淀粉生产率/(t/h)	0.25	0.5	1.0	1.5	2.0	3.0
热风温度/℃	130~145	130~145	130~145	130~145	130~145	130~145
热效率/%	80~83	80~83	80~83	80~83	>80	>80
换热器面积/m²	6.32	6.32	6.32	6.32	6.32	6.32
降水率/%	14~40	14~40	14~40	14~40	14~40	14~40
排气温度/℃	40±3	40±3	40±3	40±3	40±3	40±3
风量/(m³/h)	12600	12600	12600	12600	12600	12600
装机功率/kW	11	18.5	22	55	75	90
比耗气量/(kg/kg)	1.34±0.2	1.34±0.2	1.34±0.2	1.34±0.2	1.34±0.2	1.34±0.2
噪声/dB	<85	<85	<85	<85	<85	<85
高度/m	8	9	10	12	12	13
占地面积/(m×m)	3.5×2.5	7×5	7×5	9×6	11×6	12×8
湿淀粉含水率/%	<40	<40	<40	<40	<40	<40
成品淀粉含水率/%	12~14	12~14	12~14	12~14	12~14	12~14
水分蒸发量/(kg/h)	113	225	450	675	900	1350
粉尘量/(mg/m³)	10	10	10	10	10	10

③ 短管气流干燥器

根据气流干燥原理,传热主要在气流干燥器管内的加速段,而加速段的长度一般为2～3m。因此,对于干燥产品含水率要求不高,或者水分与物料的结合力不强而易干燥的散状物料,可采用短管气流干燥器,其短管的长度一般为3～6m。干燥对氨基酚的短管气流干燥器流程如图6-5所示。

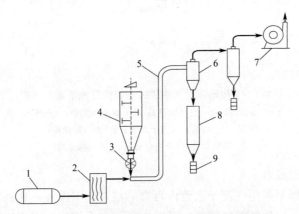

图 6-5　干燥对氨基酚的短管气流干燥器流程
1—蒸汽加热器;2—电加热器;3—星形加料器;
4—加料斗;5—干燥管;6—旋风除尘器;7—鼓
风机;8—储料斗;9—包装袋

④ 倾斜直管式气流干燥器

为了降低气流干燥器的高度,以及减少物料颗粒被粉碎的程度,可采用倾斜直管式气流干燥器。但在实际使用时,倾斜直管式气流干燥器有气体分布不均和易积料的缺点。干燥保险粉的倾斜直管式气流干燥器如图6-6所示。

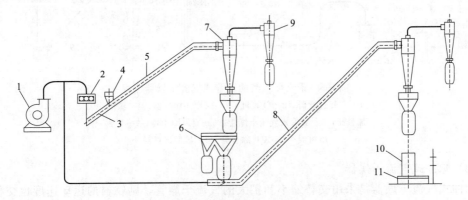

图 6-6　干燥保险粉的倾斜直管式气流干燥器流程
1—鼓风机;2—电加热器;3—文丘里加料器;4—加料斗;5——级
倾斜干燥管;6—滚动筛;7——级旋风除尘器;8—二级倾斜干燥管;
9—二级旋风除尘器;10—包装桶;11—储料斗

⑤ 倒锥式直管式气流干燥器

倒锥式直管式气流干燥器的结构特点是采用气流干燥管直径上大下小的倒锥形,因此,气流速度由大逐渐减小,增加了物料在气流干燥管内的停留时间,降低了气流干燥管的高度。干燥小苏打的倒锥式直管式气流干燥器流程如图6-7所示。

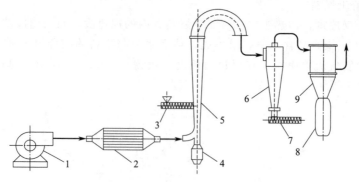

图 6-7　干燥小苏打的倒锥式直管式气流干燥器流程

1—鼓风机；2—空气加热器；3—螺旋加料器；4—导

向器；5—倒锥式气流干燥管；6—旋风除尘器；

7—螺旋出料器；8—布袋；9—袋式除尘器

(2) 套管式气流干燥器

套管式气流干燥器是采用气流干燥管内再套一根气流干燥管，物料和热空气由内管下部进入，然后在顶部导入内外管的环隙内，最后由环隙向下排出。采用这种结构可避免内管的热损失，提高热效率，并适当降低干燥管的高度。干燥癸二酸的套管式气流干燥器的流程如图 6-8 所示。

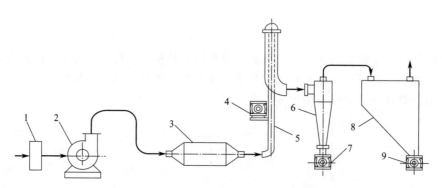

图 6-8　干燥癸二酸的套管式气流干燥器流程

1—空气过滤器；2—鼓风机；3—翅片式加热器；4—星形

加料器；5—套管式气流干燥管；6—旋风除尘器；7—星形

出料器；8—袋式除尘器；9—星形出料器

(3) 脉冲式气流干燥器

脉冲式气流干燥器是采用交替缩小和扩大的气流干燥管，则物料的运动速度也交替加速和减速，使空气和物料间的相对速度和传热面积均较大，从而强化了传热传质的速率，提高了设备的干燥能力，从而可进一步缩短干燥管的长度。同时，在扩大段气流速度下降也相应增加了干燥时间。干燥乙酰氨基苯磺酰氯（ASC）的脉冲式气流干燥器的流程如图 6-9 所示。

(4) 旋风式气流干燥器

旋风式气流干燥器是根据流态化结合管壁传热原理，使气流夹带物料颗粒从切线方向进入，沿管壁产生旋转运动，使物料处于悬浮、旋转运动状态。因此，即使在雷诺数较低的情况下，颗粒周围的气体边界处也能呈高度湍流状态。由于切线运动，使气固相对速度大大增

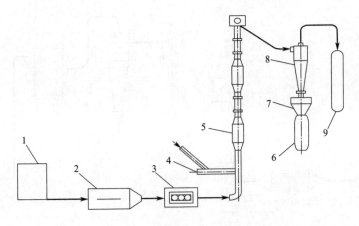

图 6-9　干燥 ASC 的脉冲式气流干燥器流程
1—鼓风机；2—蒸汽加热器；3—电加热器；
4—加料器；5—脉冲管；6—布袋；7—料斗；
8—旋风除尘器；9—袋式除尘器

加。此外，由于旋转运动使物料受到粉碎，气固相接触面积增大，强化了干燥过程。

旋风式气流干燥器特别适用于干燥憎水性强、不怕粉碎的热敏性散状物料。干燥工业磺胺（SN）的旋风式气流干燥器流程如图 6-10 所示。

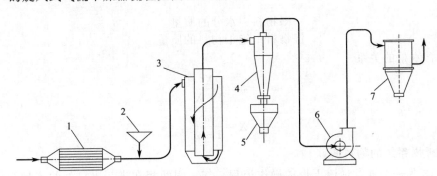

图 6-10　干燥 SN 的旋风式气流干燥器流程
1—空气预热器；2—加料器；3—旋风式气流干燥器；
4—旋风除尘器；5—储料斗；6—鼓风机；7—袋式除尘器

(5) 旋流式气流干燥器

旋流式气流干燥器是利用气流旋转流动原理，在旋转流动中使热空气与固体颗粒充分接触，以达到干燥目的。干燥过程所需的热量由热空气对流传热和干燥器壁夹套的热辐射供给。由于重力作用，粒度小、质量轻的固体颗粒在干燥器内停留时间短，粒度大、质量重的颗粒在干燥器内停留时间长，使大小不一的固体颗粒得到干燥程度均匀的产品。干燥聚氯乙烯（PVC）旋流式气流干燥器流程如图 6-11 所示。

6.3.3　干燥过程的物料衡算和热量衡算

(1) 物料中水分含量的表示方法

① 湿基含水量

湿基含水量是指以湿物料为基准时湿物料中水的质量分率或质量分数，以 ω 表示，即

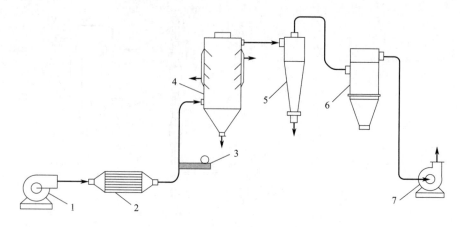

图 6-11 干燥 PVC 的 SKG 旋流式气流干燥器流程

1—鼓风机；2—加热器；3—加料器；4—旋流式气流
干燥器；5—旋风除尘器；6—袋式除尘器；7—排风机

$$\omega = \frac{\text{湿物料中水分的质量}}{\text{湿物料总质量}} \times 100\% \tag{6-1}$$

② 干基含水量

湿基含水量是指以绝干物料为基准时湿物料中水的质量，以 X 表示，单位 kg 水/kg 绝干料，即

$$X = \frac{\text{湿物料中水分的质量}}{\text{湿物料中绝干物料的质量}} \times 100\% \tag{6-2}$$

两种含水量的关系

$$\omega = \frac{X}{1+X} \tag{6-3}$$

$$X = \frac{\omega}{1-\omega} \tag{6-4}$$

（2）干燥系统的物料衡算

图 6-12 为一个连续逆流干燥的操作流程，气、固两相在进、出口处的流量及含水量均标注于图中。通过对此干燥系统作物料衡算，可算出：从物料中除去水分量（即水分蒸发量）；空气消耗量；干燥产品的流量。

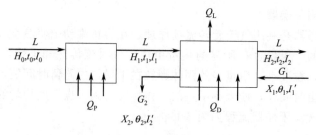

图 6-12 连续干燥器过程示意图

图中 H_0、H_1、H_2——湿空气进入预热器、离开预热器（即进入干燥器）及离开干燥器时的湿度，kJ/kg 绝干气；

t_0、t_1、t_2——湿空气进入预热器、离开预热器（即进入干燥器）及离开干

燥器时的温度,℃;

L——绝干空气流量,kg 绝干气/s;

Q_P——单位时间内预热器消耗的热量;kW;

G_1、G_2——湿物料进入和离开干燥器时的流量,kg 湿物料/s;

θ_1、θ_2——湿物料进入和离开干燥器时的温度,℃;

X_1、X_2——湿物料进入和离开干燥器时的干基含水量,kg 水/kg 绝干料;

I_1'、I_2'——湿物料进入和离开干燥器时的焓,kJ/kg;

Q_D——单位时间内干燥器补充的热量;kW;

Q_L——干燥器的热损失速率;kW。

① 水分蒸发量 W

围绕图 6-12 中干燥器作水分的物料衡算,以 1s 为基准,设干燥器内无物料损失,则

$$LH_1+GX_1=LH_2+GX_2 \tag{6-5}$$

或

$$W=L(H_2-H_1)=G(X_1-X_2) \tag{6-6}$$

式中 W——单位时间内水分的蒸发量,kg/s;

G_c——绝干物料的流量,kg 湿物料/s。

② 空气消耗量 L

由式(6-6)得

$$L=\frac{G(X_1-X_2)}{H_2-H_1}=\frac{W}{H_2-H_1} \tag{6-7}$$

式(6-7)的等号两侧均除以 W,得

$$l=\frac{L}{W}=\frac{1}{H_1-H_2} \tag{6-8}$$

式中 l——单位时间空气消耗量,kg 绝干气/kg 水分。即蒸发 1kg 水分,消耗的绝干空气量。

③ 干燥产品流量 G_2

由于假设干燥器内无物料损失,因此,进入干燥器的绝干物料量不变,即

$$G_2(1-\omega_2)=G_1(1-\omega_1) \tag{6-9}$$

得

$$G_2=\frac{G_1(1-\omega_1)}{1-\omega_2} \tag{6-10}$$

式中 ω_1——物料进干燥器时的湿基含水量,kg 水/kg 湿物料;

ω_2——物料离开干燥器时的湿基含水量,kg 水/kg 湿物料。

应予指出,G_2 是指离开干燥器的物料流量,其中包括绝干物料及仍含有的少量水分,与绝干物料 G 不同,G_2 实际上是含水分较少的湿物料。

(3) 干燥系统的热量衡算

① 热量衡算的基本方程

围绕图 6-12 作热量衡算,若忽略预热器的热损失,以 1s 为基准,则

对预热器 $$LI_0+Q_P=LI_1 \tag{6-11}$$

故单位时间内预热器消耗的热量为

$$Q_P=L(I_1-I_0)=L(1.01+1.88H_0)(t_1-t_0) \tag{6-12}$$

对干燥器 $$Q_D=L(I_2-I_1)+G(I_2'-I_1')+Q_L \tag{6-13}$$

联立式(6-12) 及式(6-13)，整理得单位时间内干燥系统消耗的总热量为：

$$Q = Q_P + Q_D = L(I_2 - I_0) + G(I_2' - I_1') + Q_L \tag{6-14}$$

其中物料的焓 I' 包括绝干物料的焓（以 0℃ 的物料为基准）和物料中所含水分的焓（以 0℃ 的液态水为基准），即

$$I' = c_s + X c_w \theta = (c_s + 4.187X)\theta = c_m \theta \tag{6-15}$$

其中
$$c_m = c_s + 4.187X \tag{6-16}$$

式中 c_s——绝干物料的比热容，kJ/(kg 绝干料·℃)；

      c_w——水的比热容，取为 4.187kJ/(kg 绝干料·℃)；

      c_m——湿物料的比热容，kJ/(kg 绝干料·℃)。

式(6-12)～式(6-14)为连续干燥系统热量衡算的基本方程式。为了便于应用，可通过以下分析得到简明的形式。

加热干燥系统的热量 Q 被用于：

a. 将新鲜空气 L（湿度为 H_0）由 t_0 加热至 t_2 所需的热量 $L(1.01 + 1.88H_0)(t_2 - t_0)$；

b. 原湿物料 $G_1 = G_2 + W$，其中干燥产品 G_2 由 θ_1 被加热至 θ_2 后离开干燥器，所消耗热量为 $Gc_m(\theta_2 - \theta_1)$；水分 W 由液态温度 θ_1 被加热并汽化，至气态温度 t_2 后，随气相离开干燥系统，所需热量 $W(2490 + 1.88t_2 - 4.187\theta_1)$；

c. 干燥系统损失的热量 Q_L。

故 $Q = Q_P + Q_D$
$$= L(1.01 + 1.88H_0)(t_2 - t_0) + Gc_m(\theta_2 - \theta_1) + W(2490 + 1.88t_2 - 4.187\theta_1) + Q_L$$

若忽略空气中水汽进出干燥系统的焓的变化和湿物料中水分带入干燥器系统的焓，则上式简化为：

$$Q = Q_P + Q_D = 1.01L(t_2 - t_0) + Gc_m(\theta_2 - \theta_1) + W(2490 + 1.88t_2) + Q_L \tag{6-17}$$

② 干燥系统的热效率

干燥系统的热效率定义为：

$$\eta = \frac{\text{蒸发水分所需的热量}}{\text{向干燥系统输入的总热量}} \tag{6-18}$$

即
$$\eta = \frac{W(2490 + 1.88t_2)}{Q} \times 100\% \tag{6-19}$$

热效率越高表明干燥系统的热利用率越好。提高干燥器的热效率，可以通过提高 H_2 而降低 t_2；提高空气入口温度 t_1；利用废弃（离开干燥器的空气）来预热空气或物料，回收废弃带走的热量，以提高干燥器的热效率；采用二级干燥；利用内换热器。此外还应注意干燥设备和管路的保温隔热，减少干燥系统的热损失。

6.3.4 颗粒在气流干燥器中的运动和传热

(1) 颗粒在气流干燥器中的运动

颗粒在气流干燥器中的运动时，其受力情况如图 6-13 所示。

① 颗粒在气流干燥器中的加速运动

在气流干燥器中，颗粒受到的曳力 F_r、重力 F_g 及浮力 F_b 分别为：

$$F_r = \xi A_d \rho_a \frac{(u_a - u_m)^2}{2} \tag{6-20}$$

$$F_g = V_m \rho_m g \tag{6-21}$$

$$F_b = V_m \rho_a g \qquad (6\text{-}22)$$

因此，颗粒在气流干燥管中作加速运动时的运动方程可表示为：

$$m \frac{\mathrm{d}u_m}{\mathrm{d}\tau} = \xi A_d \rho_a \frac{(u_a - u_m)^2}{2} - V_m (\rho_m - \rho_a) g \qquad (6\text{-}23)$$

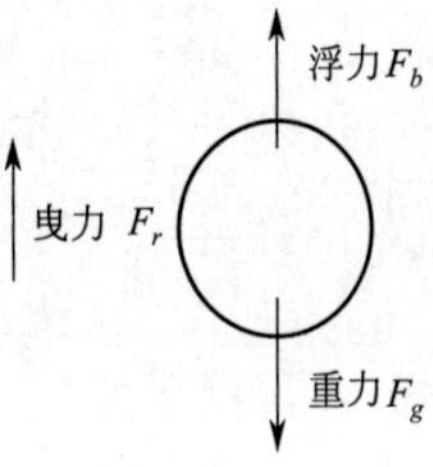

式中 F_r、F_g、F_b——颗粒受到的曳力、重力和浮力，N；

u_a、u_m——干燥介质（空气）、颗粒的运动速度，m/s；

V_m——颗粒的体积，m^3；

ρ_m——颗粒的密度，kg/m^3；

m——颗粒的质量，kg。

图 6-13 颗粒在气流干燥器中运动时的受力分析

对于球形颗粒，$V_m = \frac{\pi}{6} d_P^3$，$A_d = \frac{\pi}{4} d_P^2$，$m = \frac{\pi}{6} d_P^3 \rho_m$，则式（6-23）变成：

$$\frac{\mathrm{d}u_m}{\mathrm{d}\tau} = \frac{3\xi \rho_a (u_a - u_m)^2}{4 d_P \rho_m} - g \left(\frac{\rho_m - \rho_a}{\rho_m} \right) \qquad (6\text{-}24)$$

这就是球形颗粒在气流干燥器中作加速运动时运动微分方程的一般形式。设 $u_r = u_a - u_m$，$R_{er} = \frac{d_P u_r \rho_a}{\mu_a}$，则式（6-5）可整理为：

$$\frac{4\rho_m d_P^2 \mathrm{d}Re_r}{3\mu_a \mathrm{d}\tau} = \frac{4 d_P^3 \rho_a (\rho_m - \rho_a) g}{3\mu_a^2} - \zeta Re_r^2 = \frac{4}{3} Ar - \zeta Re_r^2 \qquad (6\text{-}25)$$

式中 Ar——阿基米德数，$Ar = \dfrac{d_P^3 \rho_a (\rho_m - \rho_a) g}{\mu_a^2}$；

u_r——颗粒的相对速度，m/s；其余符号同前。

② 颗粒在气流干燥器中的等速运动

当颗粒在气流干燥器中作等速运动时，$u_r = u_a - u_m = u_f$，因此式（6-24）式（6-25）的等号左边等于零，即颗粒在气流干燥器中的等速运动方程为：

$$\frac{3\xi_f \rho_a u_f^2}{4 d_P \rho_m} = g \left(\frac{\rho_m - \rho_a}{\rho_m} \right) \qquad (6\text{-}26)$$

或

$$Ar = \frac{3}{4} \xi_f Re_f^2 \qquad (6\text{-}27)$$

式中 $Re_f = \dfrac{d_P u_f \rho_a}{u_a}$

因此，只要已知颗粒直径、颗粒及干燥介质物性参数，就可以计算出 Ar，再由图 6-14 查得 Re_f，再根据式（6-28）～式（6-31）计算出颗粒的自由沉降速度。

$Ar \leqslant 1.83$ 时，
$$Re_f = \frac{Ar}{18} \qquad (6\text{-}28)$$

$Ar = 1.83 \sim 3.5 \times 10^5$ 时，
$$Re_f + 0.14 Re_f^{1.7} = \frac{Ar}{18} \qquad (6\text{-}29)$$

$Ar = 3.5 \times 10^5 \sim 3.25 \times 10^{10}$ 时，$Re_f = 1.74 Ar^{0.5}$ $\qquad (6\text{-}30)$

$Ar \geqslant 8.25 \times 10^{12}$ 时，$Re_f = 2.1 \times 10^5 + (4.4 \times 10^{10} + 7Ar)^{0.5}$ $\qquad (6\text{-}31)$

(2) 颗粒在气流干燥器中的传热

① 等速运动阶段颗粒与气流间的传热

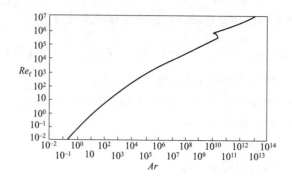

图 6-14　阿基米德数 Ar 和雷诺数 Re_f 的关系

对于空气-水系统，颗粒在气流干燥器内作等速运动时，颗粒与气流间的对流传热系数 α 为

$$\alpha = \frac{\lambda}{d_P}(2 + 0.54 Re_f^{0.5}) \tag{6-32}$$

② 加速运动阶段颗粒与气流间的传热

直径大于 $100\mu m$ 的颗粒，刚进入气流干燥器时，颗粒与气流间的对流传热系数 α_{max} 为

$$30 < Re_r < 400 \text{ 时}, Nu_{max} = 0.76 Re_r^{0.65} \tag{6-33}$$

$$400 < Re_r < 1300 \text{ 时}, Nu_{max} = 1.95 \times 10^{-4} Re_r^{2.15} \tag{6-34}$$

式中　Nu_{max}——努塞尔数，$Nu_{max} = \dfrac{\alpha_{max} d_P}{\lambda}$，其余符号同前。

在整个加速运动过程中，由于颗粒的相对速度是变化的，因此颗粒与气流间的对流传热膜系数也是变化的，即由进料处的最大值［可按式（6-33）或式（6-34）估算］。逐渐减小到加速段终了（即等速运动段开始）的最小值［可按式（6-32）估算］。在此二截面间，可近似地看作 N_u 与 Re_r 之间的变化在双对数坐标上为一直线关系。具体确定方法可见文献［17］。

6.3.5　气流干燥装置的设计

在讨论气流干燥装置的设计时，一般要做下列假定：
① 颗粒是均匀的球形，在干燥过程中不变形；
② 颗粒在重力场中运动，即颗粒在不旋转的、向上的热气流中运动；
③ 颗粒群的运动及传热等行为可用单个颗粒的特性来描述；
④ 忽略加速段的影响，把颗粒在干燥管内的运动看作是等速的。

（1）主要设计参数的确定
① 热风入口温度 t_1 的确定

热风入口温度 t_1 主要取决于被干燥物料的允许温度。一般为 $150 \sim 500℃$，最高可达 $700 \sim 800℃$。

② 热风出口温度 t_2 的确定

热风出口温度 t_2 的确定原则是避免在旋风分离器及袋滤器中出现"返潮"现象。对于一级旋风分离器，热风出口温度可取比其露点高 $20 \sim 30℃$，多级旋风分离器可取 $60 \sim 80℃$。

③ 产品出口温度 t_{m2} 的确定

在气流干燥器中，水分几乎完全是以表面蒸发的形式被除掉的，且物料和热风是并流运动，因而物料温度不高。如果产品的含水量高于物料的临界含水量，可以认为产品出口温度等于热风进口时的湿球温度。若干燥过程有降速阶段，产品出口温度比热风进口时的湿球温度高 $10 \sim 15 \, ℃$，也可用式(6-35)估算。

$$t_2 - t_{m2} = (t_2 - t_{w2}) \left[\frac{\gamma_{w2} X_2 - c_m (t_2 - t_{w2}) \left(\frac{X_2}{X_c} \right)^{\frac{X_c \gamma_{w2}}{c_m (t_2 - t_{w2})}}}{X_c \gamma_{w2} - c_m (t_2 - t_{w2})} \right] \tag{6-35}$$

式中　t_{w2}——热风在干燥器出口状态下的湿球温度，$℃$；

　　　γ_{w2}——t_{w2} 时水的汽化潜热，kJ/kg；

　X_c、X_2——物料临界、产品的干基含水量，%（质量分数）；

　　　c_m——产品的比热容，$kJ/(kg \cdot ℃)$，其余符号同前。

④ 气流速度 u_a 的确定

从气流输送的角度来看，只要气流速度大于最大颗粒的沉降速度 $u_{f,max}$，则全部物料便可被气流带走。但为了操作安全起见，在上升管中，取气流平均速度 $u_a = (2 \sim 5) u_{f,max}$ 或 $u_a = u_{f,max} + (3 \sim 5)$；在下降管中，$u_a = u_{f,max} + (1 \sim 2)$；在加速运动段，$u_a = 30 \sim 40 \, m/s$。有些设计中，不管颗粒的大小及物料的性质，气流平均速度一律按 $20 \, m/s$（甚至高达 $40 \, m/s$）左右选择。

⑤ 气流干燥管的压降

气流干燥管的压降主要包括：气、固相与管壁的摩擦损失；颗粒与气体位能提高引起的压力损失；颗粒加速引起的压力损失；局部阻力引起的压降等。一般直管气流干燥器的压降为 $1200 \sim 2500 \, Pa$。

(2) 主要结构尺寸的计算

① 干燥管直径 D 的计算

$$D = \sqrt{\frac{V_g}{3600 \times \frac{\pi}{4} \times u_a}} \tag{6-36}$$

式中　D——气流干燥管直径，m；

　　　V_g——干燥管内的平均气体体积流量，m^3/h。

② 干燥管长度 Y 的计算

根据传热速率基本方程可得

$$Y = \frac{Q}{\alpha \left(a \frac{\pi}{4} D^2 \right) \Delta t_m} \tag{6-37}$$

$$Q = Q_c + Q_d \tag{6-38}$$

$$Q_c = G_c \left[(X_1 - X_c) \gamma_w + (c_m + c_w X_1)(t_{m2} - t_{m1}) \right] \tag{6-39}$$

$$Q_d = G_c \left[(X_c - X_2) \gamma_{av} + (c_m + c_w X_2)(t_{m2} - t_w) \right] \tag{6-40}$$

$$\Delta t_m = \frac{(t_1 - t_{m1}) - (t_2 - t_{m2})}{\ln \frac{t_1 - t_{m1}}{t_2 - t_{m2}}} \tag{6-41}$$

式中　　Q——热空气传给物料的热量，kW；

　Q_c、Q_d——恒速、降速干燥阶段的传热量，kW；

　　　G_c——绝干物料的质量流量，kg/h；

t_w——入口状态下空气的湿球温度，℃；

c_w——水的比热容，kJ/（kg·℃）；

γ_w——t_w 时水的汽化潜热，kJ/kg；

γ_{av}——$\dfrac{t_w + t_{m2}}{2}$ 时水的汽化潜热，kJ/kg；

α——颗粒与流体间的对流传热膜系数，kW/（m²·℃）；

a——单位干燥管体积内的干燥表面积，m²/m³。

其余符号同前。

由于

$$a = \frac{G_c}{3600 a_v d_P^3 \rho_m} \times \frac{a_s d_P^2}{\frac{\pi}{4} D^2 u_m} \tag{6-42}$$

式（6-23）中的 a_s、a_v 为非球形颗粒的面积系数及体积系数。一般情况下，$a_s/a_v \approx 6$，故式（6-23）可简化为：

$$a \frac{\pi}{4} D^2 = \frac{G_c}{600 d_p \rho_m (u_a - u_f)} \tag{6-43}$$

6.4 气流干燥器设计示例

【设计题目】

Na_2ClO_3 晶体气流干燥器设计

【设计条件】

以空气为干燥介质，被干燥物料为 Na_2ClO_3 晶体。工艺设计条件见表 6-3。

表 6-3 空气干燥 Na_2ClO_3 晶体工艺设计条件

项目	工艺设计条件
产品产量	$G_2 = 730\,\text{kg/h}$
湿物料含水量	$\omega_1 = 2\%$（湿基，质量百分数）
产品含水量	$\omega_2 = 0.03\%$（湿基，质量百分数）
物料临界含水量	$\omega_c = 1\%$（湿基，质量百分数）
物料密度	$\rho_m = 2490\,\text{kg/m}^3$
空气入口温度	$t_1 = 146\,℃$
空气出口温度	$t_2 = 64\,℃$
物料进干燥器时的温度	$t_{m1} = 15\,℃$
产品出干燥器时的温度	$t_{m2} = 60\,℃$
颗粒平均直径	$d_P = 0.6\,\text{mm}$
颗粒最大直径	$d_{P,\max} = 1\,\text{mm}$
干物料比热容	$c_m = 1.005\,\text{kJ/(kg·℃)}$
年空气平均温度	$15\,℃$
年空气平均相对湿度	80%

【设计计算】

1. 物料衡算与热量衡算

（1）水分蒸发量 W

$$W = G_2 \frac{\omega_1 - \omega_2}{100 - \omega_1} = 730 \times \frac{2 - 0.03}{100 - 2} = 14.7\,\text{kg/h}$$

(2) 湿物料处理量 G_1

$$G_1 = G_2 + W = 730 + 14.7 = 744.7 \text{kg/h}$$

(3) 绝干物料量 G_c

$$G_c = G_c(1 - \omega_2) = 730 \times (1 - 0.03) = 708.1 \text{kg/h}$$

(4) 物料的干基湿含量

$$X_1 = \frac{\omega_1}{1 - \omega_1} = \frac{0.02}{1 - 0.02} = 0.0204$$

$$X_2 = \frac{\omega_2}{1 - \omega_2} = \frac{0.0003}{1 - 0.0003} = 0.0003$$

$$X_c = \frac{\omega_c}{1 - \omega_c} = \frac{0.01}{1 - 0.01} = 0.01$$

2. 热量衡算

(1) 物料升温所需的热量 q_m

$$q_m = \frac{G_c c_m (t_{m2} - t_{m1})}{W} = \frac{708.1 \times 1.005 \times (60 - 15)}{14.7} = 2178.5 \text{kJ/kg 水}$$

(2) 热损失 q_1

根据年平均空气温度15℃，年平均相对湿度 80%，查空气的湿焓图 H-I 得，$H_0 = 0.0085 \text{kg}$ 水/kg 干空气，$I_0 = 37.67 \text{kJ/kg}$，即图 6-15 中的 $A(H_0, I_0)$点。空气在加热器出口（即干燥器入口）状态为图中的 $B(H_1, I_1)$点，$H_1 = H_0 = 0.0085 \text{kg}$ 水/kg 干空气，$I_1 = 169.53 \text{kJ/kg}$ 干空气。若为绝热冷却过程，即出口状态为图 6-15 中的 C' (H'_2, I'_2) 点。$H'_2 = 0.0435$ 水/kg 干空气，$I'_2 = 175.8 \text{kJ/kg}$ 干空气，则绝热干燥过程单位热量消耗 q' 为：

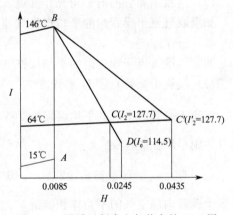

图 6-15　设计示例求空气状态的 H-I 图

$$q' = \frac{I_1 - I_0}{H'_2 - H_1} = \frac{169.53 - 37.67}{0.0435 - 0.0085} = 3767 \text{kJ/kg 水}$$

取实际干燥过程的热损失为绝热干燥过程耗热量（即理论耗热量）的 10%，即

$$q_1 = 10\% q' = 376.7 \text{kJ/kg 水}$$

(3) 实际干燥过程干燥器出口空气的湿含量 H_2

$$\frac{I_2 - I_1}{H_2 - H_1} = c_w t_{m1} - \sum q = c_w t_{m1} - (q_m + q_1)$$

$$= 4.186 \times 15 - (376.7 + 2178.5) = -2492.4$$

任取 $H_e = 0.03 \text{kg}$ 水/kg 干空气，代入上式得

$$I_e = 169.53 - 2492.4 \times (0.03 - 0.0085) = 115.9 \text{kJ/kg}$$

如图 6-15 所示，由点 $B(H_1, I_1)$ 至点 $D(H_e, I_e)$ 连线并与 $t_2 = 64$℃ 线相交于 C 点。C 点就是所求的空气出口状态点，查 I-H 图得：

$$H_2 = 0.0245 \text{kg}$$ 水/kg 干空气，$I_2 = 127.7 \text{kJ/kg}$ 干空气

(4) 干空气用量 L 及热量消耗 Q 的计算

干空气用量　$L = \dfrac{W}{H_2 - H_1} = \dfrac{14.7}{0.0245 - 0.0085} = 919 \text{kg 干空气/h}$

汽化 1kg 水需要的热量 $q=\dfrac{I_1-I_0}{H_2-H_1}=\dfrac{169.53-37.67}{0.0245-0.0085}=8241\mathrm{kJ/kg}$ 水

总热量消耗 $Q=qW=\dfrac{8241\times14.7}{3600}=33.7\mathrm{kW}$

3. 气流干燥管直径 D 的计算

(1) 最大颗粒沉降速度 $u_{\mathrm{f,max}}$

干燥管内空气的平均物性温度为 $(146+64)/2=105℃$，该温度下空气的黏度 $\mu_a=0.022\times10^{-3}\mathrm{Pa\cdot s}$，密度 $\rho_a=0.935\mathrm{kg/m^3}$。

对于最大颗粒

$$A_{\mathrm{f,max}}=\dfrac{d_{\mathrm{P,max}}^3\rho_a(\rho_m-\rho_a)g}{\mu_a^2}=\dfrac{(10^{-3})^3\times0.935\times(2490-0.0935)\times9.81}{(0.022\times10^{-3})^2}=47122.5$$

由图 6-14 可查，$Re_{\max}\approx300$，据式(6-29) 计算得 $Re_{\max}\approx303$，故

$$u_{\mathrm{f,max}}=\dfrac{Re_{\max}\mu_a}{d_{\mathrm{P,max}}\rho_a}=\dfrac{303\times0.022\times10^{-3}}{10^{-3}\times0.935}=7.1\mathrm{m/s}$$

(2) 气流干燥管内的平均操作气速 u_a

如果取气流干燥管内的平均操作气速为最大颗粒沉降速度的 2 倍，即 $u_a=2u_{\mathrm{f,max}}=2\times7.1=14.2\mathrm{m/s}$

圆整后取气流干燥管内的平均操作气速 $u_a=15\mathrm{m/s}$。

(3) 气流干燥管直径 D 的计算

气流干燥管内空气的平均温度为 $105℃$，平均湿度 $H_m=\dfrac{H_1+H_2}{2}=0.0165\mathrm{kg}$ 水/kg 干空气，则平均比热容 ν_m 为：

$$\nu_m=(0.773+1.244\times0.0165)\times\dfrac{273+105}{273}=1.099\mathrm{m^3/kg}$$ 干空气

气流干燥管内湿空气的平均体积流量 V_g 为：

$$V_g=L\nu_m=919\times1.099=1010\mathrm{m^3/h}$$

所以，气流干燥管直径为：

$$D=\sqrt{\dfrac{V_g}{3600\times\dfrac{\pi}{4}\times u_a}}=\sqrt{\dfrac{1010}{3600\times\dfrac{\pi}{4}\times15}}=0.154\mathrm{m}$$

圆整后，取气流干燥管直径 $D=160\mathrm{mm}$。

4. 气流干燥管长度 Y

物料和气体在气流干燥管内的温度及湿含量变化如图 6-16 所示。

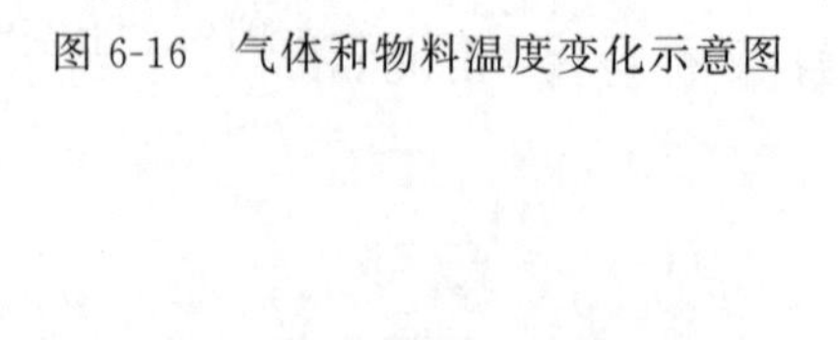

图 6-16 气体和物料温度变化示意图

在预热段和恒速干燥阶段，水的汽化温度为 41℃，水的汽化潜热 γ_w＝2402.8kJ/kg；在降速干燥阶段，取水的汽化温度为 (41＋60)/2＝50.5℃，水的汽化潜热 γ_{av}＝2380.6kJ/kg。气流干燥管内空气的平均温度为 105℃，空气的平均热导率 λ＝0.03256W/(m·℃)。

(1) 恒速干燥阶段所需的热量 Q_c

$$Q_c＝G_c\left[(X_1-X_c)\gamma_w+(c_m+c_wX_1)(t_w-t_{m1})\right]$$
$$＝\frac{730}{3600}\left[(0.0204-0.01)\times2402.8+(1.005+4.186\times0.0204)(41-15)\right]$$
$$＝10.8\text{kW}$$

(2) 降速干燥阶段所需的热量 Q_d

$$Q_d＝G_c\left[(X_c-X_2)\gamma_{av}+(c_m+c_wX_2)(t_{m2}-t_w)\right]$$
$$＝\frac{730}{3600}\left[(0.01-0.0003)\times2380.6+(1.005+4.186\times0.0003)(61-41)\right]$$
$$＝8.6\text{kW}$$

(3) 物料干燥所需的总热量 Q

$$Q＝Q_c+Q_d＝10.8+8.6＝19.4\text{kW}$$

(4) 平均传热温度差 Δt_m

$$\Delta t_m＝\frac{(t_1-t_{m1})-(t_2-t_{m2})}{\ln\dfrac{t_1-t_{m1}}{t_2-t_{m2}}}＝\frac{(146-15)-(64-60)}{\ln\dfrac{146-15}{64-60}}＝36.4℃$$

(5) 传热膜系数 α

对于平均直径 d_P＝0.6mm 的颗粒，

$$Ar＝\frac{d_P^3\rho_a(\rho_m-\rho_a)g}{\mu_a^2}＝\frac{(0.6\times10^{-3})^3\times0.935\times(2490-0.935)\times9.81}{(0.022\times10^{-3})^2}＝10178.5$$

由图 6-14 可知，$Re_f\approx110$，据式(6-29) 计算得，$Re_f＝115.6$，故

$$u_f＝\frac{Re_f\mu_a}{d_p\rho_a}＝\frac{115.6\times0.022\times10^{-3}}{10^{-3}\times0.935}＝4.5\text{m/s}$$

则 $\quad\alpha＝\dfrac{\lambda}{d_P}(2+0.54Re_f^{0.5})＝\dfrac{0.03256}{0.6\times10^{-3}}(2+0.54\times115.6^{0.5})＝424\text{W/(m}^2\cdot℃)$

(6) 气流干燥管长度 Y

由于

$$\left(a\frac{\pi}{4}D^2\right)＝\frac{G_c}{600d_P\rho_m(u_a-u_f)}＝\frac{708.1}{600\times0.6\times10^{-3}\times2490\times(15-4.5)}$$
$$＝0.0753\text{m}^2/\text{m}^3$$

$$Y＝\frac{Q}{\alpha\left(a\dfrac{\pi}{4}D^2\right)\Delta t_m}＝\frac{19.4\times10^3}{424\times0.0753\times36.4}$$

则　　$Y = \dfrac{Q}{\alpha \left(a \, \dfrac{\pi}{4} D^2\right) \Delta t_{\mathrm{m}}} = \dfrac{18.818}{424 \times 0.0776 \times 36.4} = 16.4\mathrm{m}$

圆整后，取干燥管的有效长度为 $Y = 17\mathrm{m}$。

6.5 气流干燥器设计任务书示例

【题目 1】直管式气流干燥器的设计

1. 设计条件

生产能力（按进料量计）：5000kg/h；

物料形态：散粒状，圆球形；

物料颗粒直径：平均粒径 $d_{\mathrm{P}} = 200\mu\mathrm{m}$，最大粒径 $d_{\mathrm{P,max}} = 500\mu\mathrm{m}$；

物料含水量（干基）：$X_1 = 25\%$，$X_2 = 0.5\%$，$X_0 = 2\%$；

物料进口温度：$\theta = 20℃$；

物料参数：干料的比热容 $c_{\mathrm{s}} = 1.26\mathrm{kJ/(kg \cdot ℃)}$；密度 $\rho_{\mathrm{s}} = 2000\mathrm{kg/m^3}$；

干燥介质：空气稀释重油燃烧气（其性质与空气相同）；

空气性质：进口温度 $t_1 = 400℃$；初始湿度 $H_1 = 0.025\mathrm{kg/kg}$ 绝干料；

操作压力：常压。

2. 设计内容

(1) 设计方案确定及流程说明；

(2) 工艺计算；

(3) 干燥器主体工艺尺寸计算；

(4) 辅助设备的选型及核算；

(5) 设计结果汇总；

(6) 工艺流程图及气流干燥器装置图；

(7) 设计评述。

【题目 2】直管式气流干燥器的设计

试设计一台气流干燥器，用于干燥 Na_2ClO_3 晶体。将其含水量从 0.02 干燥到 0.0003（含水量为湿基），生产能力（以干燥产品计）800t/h。

1. 设计条件

干燥介质为湿空气。当地的年平均空气温度为 15℃，年平均相对湿度为 80%，空气进入干燥器的温度为 $t_1 = 140℃$，出口温度为 $t_2 = 60℃$。物料进入干燥器的温度为 15℃，物料出干燥器的温度为 56℃，物料的临界含水量为 0.01（湿基）。颗粒平均粒径为 0.6mm，颗粒最大粒径为 1mm，干物料比热容为 $c_{\mathrm{s}} = 1.005\mathrm{kJ/(kg \cdot ℃)}$，物料的密度为 $2490\mathrm{kg/m^3}$，操作压力为常压，热源自选，取干燥装置热损失为理论耗热量的 10%。

2. 设计内容

(1) 干燥流程的确定和说明；

(2) 干燥器主体尺寸计算及结构设计；

(3) 辅助设备的选型及核算（气固分离器、空气加热器、供风装置、供料器）。

3. **任务分配**：可按学号改变生产能力。

本章符号说明

英文字母

A——干燥面积，m^2；

Ar——阿基米德数；

c_s——绝干物料的比热容，kJ/(kg 绝干料·℃)；

c_w——水的比热容，kJ/(kg·℃)；

d_P——颗粒直径，m；

D——干燥管直径，m；

F——颗粒受到的力，N；

G——湿物料的流量，kg 湿物料/s；

G_c——绝干物料的流量，kg 湿物料/s；

H——空气的湿度，kg 水/kg 干空气；

I——空气的焓值，kJ/kg 干空气；

L——绝干空气流量，kg 干空气/h；

m——颗粒的质量，kg；

Nu——努塞尔数；

Q——传热速率，kW；

Re——雷诺数；

t——空气温度，℃；

u_r——颗粒的相对速度，m/s；

X——干基含水量，kg 水/kg 绝干物料；

Y——干燥器高度，m。

希腊字母

α——对流传热膜系数，kW/(m^2·℃)；

γ——水的汽化潜热，kJ/kg；

ρ_a——空气密度，kg/m^3；

ρ_1——料液密度，kg/m^3；

ρ_m——颗粒的密度，kg/m^3；

ρ_w——水的密度，kg/m^3；

η——干燥系统的热效率；

θ——湿物料的温度，℃；

τ——时间，s；

ω——湿基含水量，kg 水/kg 湿物料。

第7章
课程设计说明书撰写

课程设计说明书是学生在教师指导下，对所从事设计工作和取得的设计结果的表述。课程设计说明书的撰写要有严谨求实的科学态度。为规范课程设计教学管理，提高课程设计说明书的质量，现对课程设计说明书的写作要求作如下规定。

7.1 课程设计说明书的基本要求

化工原理课程设计说明书的基本要求如下。

① 文字要求：文字通顺，语言流畅，无错别字，不得请他人代写。

② 图表要求：图表整洁美观，布局合理，按国家规定的绘图标准绘制。

③ 字数要求：课程毕业设计说明书的字数（包含计算图表、公式、计算数据及程序段等）不少于 3000 字，非文字部分按每页 1000 字折算。

④ 页面设置：纸张大小，A4 打印纸（所附的较大的图纸、数据表格及计算机程序段清单等除外）；页边距，左 3cm（装订），上、下、右各 2cm；页眉 1.5cm，页脚 0.75cm。

⑤ 页眉格式：×××大学化工原理课程设计说明书（宋体，小五号，居中）。

⑥ 页脚格式：正文必须从正面开始，并设置为第 1 页。页码在页末居中打印，其他要求同正文（如正文第 5 页格式为"—5—"）。

7.2 课程设计说明书的构成

课程设计说明书大体上可以分为三大部分：前置部分、主体部分、后置部分。

① 前置部分，包括封面、设计任务书、目录、中文及外文摘要。

② 主体部分，包括引言（或绪论）、正文、结论（设计结果）、主要符号表、参考文献、结束语。

③ 后置部分，包括附录、封底。

7.3 说明书撰写基本要求及格式

7.3.1 前置部分

(1) 封面

见 7.4.1 实例。

(2) 目录

目录由任务书、章、节、附录等及页码组成。前置部分中的内容页码与正文及后置部分的页码要区分开来（具体格式见 6.4.2 实例）。

(3) 任务书

设计任务书应包括：设计题目；设计条件；设计任务；指导教师；设计时间；专业、班级、姓名、学号。

(4) 摘要

摘要也称为内容提要（具体格式见 6.4.5 实例）。它不是原文的解释，而是原文的浓缩。它具有指示性、报道性和资料性的作用，用以传达原文的主要信息。摘要的写作要求完整、准确和简洁，并自成一体，有时需翻译成外文。

7.3.2 主体部分

(1) 内容与基本要求

课程设计主要内容说明部分：

① 设计方案简介，对给定或选定的工艺流程，主要设备的形式进行简要的论述；

② 设计计算主要内容（参照任务书要求）；

③ 设计结果汇总；

④ 设计评述。

课程设计撰写的基本要求是：条理清晰、层次分明、逻辑性强、客观真实、准确完备、行文规范、语言流畅、简短明了、可读性强，无错别字。

(2) 序号

作为课程设计，一般不用分篇，章、节、条已足够将设计清楚地表达。章、节、条均用阿拉伯数字表示。每一章必须单独成页，不与其他内容连写在一起。节、条的内容不一定另起一页，但最好将每节、每条的内容安排在同一页上，以便于阅读。

章、节的表示方法可参见下面的例子。

    第 1 章　引言
    第 2 章　文献综述
      2.1　银催化剂发展历史
      2.2　银催化剂上反应机理研究现状
        2.2.1　氧原子吸附机理
        2.2.2　氧分子吸附机理

    ....

结论

参考文献

主要符号表

致谢

附录

标题的层次如下：

```
1

      ⎧ 2.1    ⎧ 2.2.1    ⎧ 2.2.2.1
2 ─────⎨ 2.2 ──⎨ 2.2.2 ───⎨ 2.2.2.2
      ⎩ 2.3    ⎩ 2.2.3    ⎨ 2.2.2.3
                          ⎩ 2.2.2.4……

3

……      ……      ……       ……
第一级   第二级   第三级     第四级  ……
```

(3) 公式、方程式

公式、方程式等应准确无误并标明序号。其标注原则为：按章排序。

具体格式为：章序号-公式或方程式序号（加括号，位于每行的最右端）。多个公式同时出现时，一般应以等号"＝"为基准对齐。

例如，第三章第 125 个公式应表示为：

$$y_i = N_i / N_T \qquad (3\text{-}125)$$

(4) 表

表的标注原则与公式、方程式一样，按章排序。如无特殊情况表均应采用三线表。表应有表序号、中英文表题（中文在上，英文在下）、表中项目应注明单位，如需作特殊说明，可以在表的下方用小字号加以注释。

例：

表 2-2　SPSR 法实验测定结果

Table 2-2 Experimental results of SPSR dynamic state method

催化剂	温度/℃	系统	示踪剂	δ_A	δ_{adv}	备注
A 型	40	He-N2	N_2	2.3317	2.1337	环柱状
A 型	60	He-N2	N_2	2.3974	2.1790	环柱状
B 型	40	Ar-N2	N_2	2.3726	2.2801	环柱状
B 型	60	Ar-N2	N_2	2.3823	2.2881	环柱状

注：δ_A—按孔径分布计算的结果；δ_{adv}—按平均孔径计算的值。

(5) 图

图的要求与公式、表类似即按章排序。图的大小要适中，中英文图题位于图的正下方，中文图题在上，英文图题在下。图中的量要用具有明确意义的符号表示，且应注明单位。图中数据产生的条件如文中没有说明，应在图题的下方以简明的方式标明，但最好在文中说明，以避免图题和说明过于繁杂。

例：

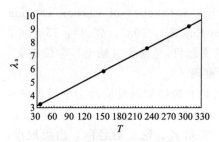

图 2 λ_s 与温度 T 的关系

Fig2-2 Relation between λ_s and T

（6）参考文献标注

标注方式为：在某最恰当的位置的右上角用小号阿拉伯数字置于方括号表示，一般选宋六号字体，上标磅值为 4～5。

例 1：Batt 等人对这一问题作这样的论述[1]

例 2：本文采用 Fuzzy 方法处理该过程[2~4]

（7）计算单位

必须采用 1984 年 2 月 27 日国务院发布的《中华人民共和国计算单位》并遵照《中华人民共和国法定计算单位使用方法》执行。单位名称和书写方式一律采用国际通用符号。单位不用方括号括起，而在单位间用实原点隔开，相除关系不用除号，而用负指数（−n 次方）表示。

例：$kg \cdot m \cdot T^{-1}$；$J \cdot mol^{-1}$。

（8）缩略词和其他特殊符号

符号和缩略词应遵照国家标准。无标准时可按本学科或本专业权威机构或学术团体所公布的决定执行。如不得不引用某些不是公知公用的、或自定义的符号及缩略语，均应在第 1 次出现时给出明确的定义。

（9）主要符号说明

一般为了便于阅读，在课程设计结果汇总之后有一个主要符号说明表将课程设计中主要的符号加以说明。内容包括符号，符号的意义、单位。符号按先英文、希腊文，再其他文字的顺序编写。单位的写法与前相同。字体采用宋五号字体。

（10）参考文献

参考文献的书写格式为：序号＋著录格式。

序号以阿拉伯数字表示（宋五）。

著录格式因著录内容不同而有差别。

① 书籍　作者，作者，作者．书名．版本．出版地：出版社，出版年：参考起止页。超过三个作者时在第三个作者后加等字，后面的作者略去不写。如果是第一版，可以不写。

例：1. 周敬思．环氧乙烷与乙二醇生成．北京：化学工业出版社，1979：1～150

2. 贝伦斯 M，霍夫曼 H，林肯 A．化学反应工程（中译本）．北京：中国石化出版社，1994：83～122

3. 丁百全，朱辰等．无机化工实验．上海：华东理工大学出版社，1993：2～32

4. Smith J，Kjaer M，Froment B A. Mathematical Modeling of the Monolith Converter. 3th. New York ：Harperand Row，1979：25～59

② 期刊　作者，作者，作者．文章名．期刊名．年，卷（期）：起止页码

例：1. 王少宇，姚佩芳，朱炳辰．孔径分布对催化剂选择性的影响．燃料化学学报，

1993，21(2)：245～251

2. Vayenas C G，Pavlou S. Kinetics of Carbon Dioxide Absorption in Solutions of Methyldiethanolamine. Chem Eng Sci，1987，42(4)：15～19

③ 学位论文　作者．论文题目：［博士（硕士）学位论文］．授予学位地点：学位授予单位，学位授予时间：起止页码

例：3. 李杰．钴钼催化剂上烯烃加氢反应动力学模型研究：［博士学位论文］．上海：华东理工大学，1993：45～65

④ 会议论文集　作者．文章名．论文集名称．出版地点：论文集出版单位，出版年：起止页码

例：4. 王寿．内循环反应器研究．第一届全国有机化工学术会议论文集．北京：化学工业出版社，1988：64～68

⑤ 专利　国家名缩写＋专利号，年

例：1. US 5173469，1992

2. EP 428845，1991

3. DE 3937247，1991

(11) 结束语

结束语应单独成页，不与其他内容连写。可对合同单位、资助单位以及其他给予协助、帮助的组织、个人表示感谢。致谢应针对作者有直接帮助、协助的组织或个人。本内容不用属名、不写时间。由于本部分内容文字较少，可用宋小四字体。同时也要表达在本次课程设计中的体会。

(12) 字体

目录、摘要、章、结论、参考文献、致谢、主要符号说明、附录等大标题采用黑小三号字体；

每节的标题采用黑四号字体；

每条的标题采用黑五号字体（条以下的小条也采用黑五号字体）；

正文采用宋五号字体；

表题中文采用宋小五号字体；

表题英文采用 Times New Ronam 6～10 号字体（为美观可适当变化、灵活掌握）；

表的注解一般采用宋小五或宋六号字体；

图题文字采用与表一样的表示方法；

英文摘要用 Times New Ronam 12～14 号字体；

中文"关键词"三个字用黑五号字体；

英文关键词"Keywords"用黑体 Times New Ronam 12～14 号字体；

Abstract 用 Times New Ronam 14～16 号字体；

目录中文字采用宋小四号字体，英文采用 Times New Ronam 10 号字体；

文献标注采用宋六号字体上标榜值可选为 4～5。

(13) 页眉、页脚与页码

一般论文应有页眉、页脚和页码。

页眉居中印有"×××大学化工原理课程设计"的字样（楷体五号字），离上边距为 2.3cm。

页脚也是不可缺少的，一般离下边距为 2.3cm。

页码处于页脚下方，居中标有阿拉伯数字（宋五号字），一般应从第一章开始编页码。

前置部分应单独编号，不与后面正文编号连在一起，一般采用罗马数字表示。

（14）纸张、页面规格、行间距、字间距

课程设计规定采用统一的课程设计用纸或标准的 B5 复印纸。

为了统一起见，页面规格采用如下设置：

天头（上方）为 20mm、地脚（下方）为 20mm、订口（左侧）为 25mm、切口（右侧）20mm。正文的标题栏宽为 14.5cm。

字间距选"标准"。

行间距选"1.25 倍间距"。

7.3.3　后置部分

（1）附录

为了不影响课程设计说明书的逻辑性、条理性，有些内容放入附录中更为合适。如：计算机程序、大量的图、表以及其他内容。

附录按 A、B、C 英文字母顺序排列。如：附录 A、附录 B、……

附录中的图、表 等也按英文字母顺序排列。如图 A1、图 B2、图 C3……

附录中的参考文献也按附录中的顺序单独编号。

其他附录按实际需要编入，不需要时可以不设其他附录。

附录中的文字、图表、公式等要求与正文的要求一致。

（2）封底

封底的主要作用是保护、装饰设计，一般用较好的纸张。

7.4　示例

7.4.1　封面示例

吉林化工学院

课　程　设　计

设计题目：<u>乙醇-水筛板精馏塔设计</u>

设计者姓名：　　<u>张设计</u>

指导教师：　　　<u>赵指导</u>

<u>化学工程</u>系　　　<u>化学工程</u>　专业

<u>化工 1001</u> 班　　　<u>30</u> 号

说明书＿＿＿页　　　图纸＿＿＿张

设计时间：<u>2010</u>年 <u>7</u> 月 <u>15</u>日至 <u>2010</u>年 <u>7</u> 月 <u>25</u>

完成时间：＿＿＿年＿＿＿月＿＿＿日 于吉林

7.4.2 目录示例

目　录

7.4.3 正文示例

第3章　反应动力学研究

3.1　本征反应动力学研究

反应动力学是催化剂工程设计研究的基础，因而获得能准确描述整个系统反应特性的反应动力学方程是需要解决的关键问题之一。

关于银催化剂上反应动力学研究的报道极多，但动力学方程形式、动力学参数之间的差别极大，甚至出现很多相互矛盾的结论。造成这种结果的主要原因如下。

（1）催化剂差异较大

研究所用催化剂绝大多数由研究者自制，催化剂组成、制备过程不尽相同，因而，不可避免地造成催化剂结构、性能等方面的较大差异。

（2）反应机理不清[6,16~17]

经过几十年反复研究、激烈争论，在某些问题上已达成共识：如 CO_2 对反应有阻碍作用、氧以不同的状态吸附在银表面上，然后以吸附态参与反应。但对于某些关键问题如分子态氧还是原子态氧是环氧化反应的真正氧化剂？哪种是完全氧化反应的氧化剂？仍没有取得完全一致的意见，故得到的机理反应动力学方程必然不同。

(3) 实验条件差别较大[18～28]

每个研究者由于大多采用自行研制的催化剂，因而在反应温度、反应压力、原料组成、抑制剂用量等诸多方面实验条件相差较大，所以得出形式不同、参数差别较大的反应动力学方程是必然的结果。

由此看来，只有采用工业催化剂，在与工业生产条件类似的条件下进行反应动力学研究才具有现实意义。

浙江大学曾对国产 YL-016 型银催化剂进行过反应动力学研究[11]，实验条件与空气氧化法制环氧乙烷的条件相似，反应温度为 190～230℃，反应压力为 1.0MPa，原料气组成为：乙烯 4.0%～4.4%，氧 6.0%～6.7%，其余为氮。

张丽萍等曾对国产 YS-8309 型环柱状银催化剂进行过反应动力学研究[7]，实验条件与氧气法工业生产极为相似。反应温度为 225～250℃，空速为 $0.39～2.67 \times 10^4 h^{-1}$。据报道，该反应动力学方程能较好地反映工业生产实际情况[21～22]。但该动力学方程不包含环氧乙烷进一步氧化生成二氧化碳和水的反应，且当乙烯转化率较高时误差较大[8]。

7.4.4　设计任务书示例

化工原理课程设计任务书

设计题目：乙醇-水筛板精馏塔设计

设计条件：1. 常压　$p = 1atm$（绝压）；

2. 原料来自粗馏塔，为 95～96℃饱和蒸汽，由于沿程热损失，进精馏塔时，原料温度约为 90℃；

3. 塔顶浓度为含乙醇 92.41%（质量分数）的药用酒精，产量为 25 吨/天；

4. 塔釜采用饱和蒸汽直接加热，从塔釜出来的残液中乙醇浓度要求不大于 0.3%（质量分数）；

5. 塔顶采用全凝器，泡点回流，回流比 $R = (1.1～2.0) R_{min}$。

设计任务：1. 完成该精馏塔的工艺设计，包括辅助设备及进出口管路的计算和选型；

2. 画出带控制点工艺流程图、x-y 相平衡图、塔板负荷性能图、塔板布置图、精馏塔工艺条件图；

3. 写出该精馏塔的设计说明书，包括设计结果汇总和设计评价。

专业：<u>化学工程</u>　　班级：<u>化工 1001</u>　　姓名：<u>张设计</u>　　学号：<u>　39　</u>

设计日期：<u>2010</u> 年 <u>7</u> 月 <u>15</u> 日 至 <u>2010</u> 年 <u>7</u> 月 <u>25</u> 日

指导教师签字：<u>赵指导</u>

7.4.5　摘要示例

味精厂设计说明书的摘要示例。

摘　要

味精是助鲜剂，是当今食品烹调中不可缺少的调味品。它是谷氨酸的单钠盐，而谷氨酸是人体的重要营养成分。因此，味精有营养、味道好、市场需求量大，应设计建厂。

本设计按设计任务书要求，遵循技术上先进、工艺上可靠、经济上合理、系统上最优的原则完成。所采用的原料是大米，生产方法是发酵法，即大米制浆后通过液化、糖化、发酵、提取谷氨酸，再中和、精制、蒸发结晶、过滤、干燥而制得商品味精。

本设计说明书的主要内容包括：生产方法的论证、物料衡算、热量衡算、主体设备设计、主要设备的选型和工艺尺寸的计算、车间的布置以及技术经济指标分析。本设计说明书有如下附图：生产工艺流程图、生产设备连接系统图、主体设备总装配图和生产车间的平、立面布置图。

另外，说明书还简要介绍了选作的设计项目内容：管路计算布置、与工艺配套的工程、生活设施和工厂的总平面布置等。

附　　录

附录1　人孔

附录1表1　回转盖带颈对焊法兰人孔尺寸（摘自 HG/T 21518—2005）　　　　mm

密封面形式	公称压力/MPa	公称直径 DN/mm	$d_w \times S$	d	D	D_i	A	B	H_1	H_2	H_3	b	b_1	b_2	d_0	栓柱数量	栓柱 直径×长度	总质量/kg
凸面型	2.5	450	480×12	450	670	600	375	175	250	124	505	46	40	44	24	20	M33×2×175	243
		500	530×12	500	730	660	405	200	270	128	535	48	44	48	30	20	M33×2×180	302
	4.0	450	480×14	448	685	610	390	175	270	134	513	60	50	54	30	20	M36×3×215	323
		500	530×14	495	755	670	430	225	290	140	548	62	56	60	30	20	M36×3×225	418
凹凸面型	2.5	450	480×12	450	670	600	375	175	250	119	505	46	39	44	24	20	M33×2×175	238
		500	530×12	500	730	660	405	200	270	123	535	48	43	48	30	20	M33×2×180	297
	4.0	450	480×14	448	685	610	390	175	270	129	513	60	49	54	30	20	M36×3×215	319
		500	530×14	495	755	670	430	225	290	135	549	62	55	60	30	20	M36×3×225	413
	6.3	400	426×18	386	670	585	385	175	280	137	505	66	57	62	30	16	M39×3×235	363
榫槽面型	4.0	(450)	480×14	448	685	610	390	175	270	129	513	60	49	54	30	20	M36×3×215	313
		(500)	530×14	495	755	670	430	225	290	135	549	62	55	60	30	20	M39×3×225	430
	6.3	(400)	426×18	386	670	585	385	175	280	137	505	66	57	62	30	16	M39×3×235	378
环连接型	4.0	400	426×14	398	660	585	380	175	260	139	500	67	50	62	30	16	M36×3×235	327
		450	480×14	448	685	610	390	175	270	143	513	69	54	63	30	20	M36×3×240	363
	6.3	400	426×18	386	670	585	385	175	280	150	505	74	62	70	30	16	M39×3×260	378

注：1. 对部分不推荐采用的尺寸没摘进本表中（如公称直径 400mm，600mm），若需采用可查取标准原文；

2. 表中的尺寸符号含义可参考附录1图1。

附录1表2　回转盖带颈对焊法兰人孔明细

件号	标准号	名称	数量	材　　料 类　别　代　号					
				V	VI	VII	VIII	IX	X
1		筒节	1	20R		16MnDR	16MnR		15CrMoR
2	HG/T 20613	螺柱		35	40Cr	35CrMoA	35	40Cr	35CrMoA
3	HG/T 20613	螺母		25	45	30CrMoA	25	45	30CrMoA
4	HG/T 20595	法兰	1	20(锻)		16MnD(锻)	16Mn(锻)		15CrMo(锻)
5	HG/T 20606~20612	垫片	1	石棉橡胶板,柔性石墨复合垫,聚四氟乙烯包覆垫		缠绕垫,金属环垫	石棉橡胶板,柔性石墨复合垫,聚四氟乙烯包覆垫		缠绕垫,金属环垫

件号	标准号	名称	数量	材料					
				类 别 代 号					
				V	VI	VII	VIII	IX	X
6	HG/T 20601	法兰盖	1	20R	16MnDR 16MnD(锻)		16MnR		15CrMoR
7		把手	1	Q235-A F					
8		轴销	1	Q235-A F					
9		销	2	低碳钢					
10		垫圈	2	Q235-A F					
11		盖轴耳 1	1	Q235-A F					
12		法兰轴耳 1	1	Q235-A F					
13		法兰轴耳 2	1	Q235-A F					
14		盖轴耳 2	1	Q235-A F					

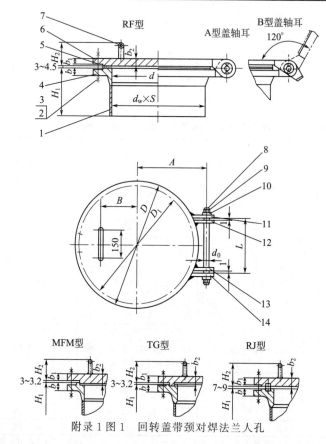

附录 1 图 1　回转盖带颈对焊法兰人孔

附录 1 表 3　垂直吊转盖带颈平焊法兰人孔尺寸(公称压力 1.0MPa、1.6MPa，摘自 HG/T 21520—2005)　mm

密封面形式	公称压力/MPa	公称直径 DN/mm	$d_w \times S$	D	D_i	A	B	H_1	H_2	H_3	b	b_1	b_2	d_0	栓柱数量	栓柱 直径×长度	总质量/kg
凸面型	1.0	450	480×8	615	565	360	250	230	110	478	28	26	30	36	20	M24×125	132
		500	530×8	670	620	385	300	250	112	505	28	28	32	36	20	M24×125	161
	1.6	450	480×10	640	585	370	300	240	116	490	38	32	36	36	20	M27×150	177
		500	530×10	715	650	410	300	260	120	528	42	36	40	36	20	M30×2×160	241
凹凸面型	1.0	450	480×8	615	565	360	250	230	105	478	28	25	30	36	20	M24×125	134
		500	530×8	670	620	385	300	250	107	505	28	27	32	36	20	M24×125	158
	1.6	450	480×10	640	585	370	300	240	111	490	38	31	36	36	20	M27×150	174
		500	530×10	715	650	410	300	260	115	528	42	35	40	36	20	M30×2×160	237

附录1表4　垂直吊转盖带颈平焊法兰人孔尺寸（公称压力2.5~6.3MPa，摘自 HG/T 21521—2005）　　mm

密封面形式	公称压力/MPa	公称直径DN/mm	$d_w \times S$	d	D	D_i	A	B	H_1	H_2	H_3	b	b_1	b_2	d_0	栓柱数量	栓柱 直径×长度	总质量/kg
凸面型	2.5	450	480×12	450	670	600	375	175	250	124	505	46	40	44	24	20	M33×2×175	250
	2.5	500	530×12	500	730	660	405	200	270	128	535	48	44	48	30	20	M33×2×180	313
	4.0	450	480×14	448	685	610	390	175	270	134	513	60	50	54	30	20	M36×3×215	334
	4.0	500	530×14	495	755	670	430	225	290	140	548	62	56	60	30	20	M36×3×225	429
凹凸面型	2.5	450	480×12	450	670	600	375	175	250	119	505	46	39	44	24	20	M33×2×175	245
	2.5	500	530×12	500	730	660	405	200	270	123	535	48	43	48	30	20	M33×2×180	308
	4.0	450	480×14	448	685	610	390	175	270	129	513	60	49	54	30	20	M36×3×215	330
	4.0	500	530×14	495	755	670	430	225	290	135	549	62	55	60	30	20	M36×3×225	423
	6.3	400	426×18	386	670	585	385	175	280	137	505	66	57	62	30	16	M39×3×235	375
榫槽面型	4.0	(450)	480×14	448	685	610	390	175	270	129	513	60	49	54	30	20	M36×3×215	342
	4.0	(500)	530×14	495	755	670	430	225	290	135	549	62	55	60	30	20	M39×3×225	440
	6.3	(400)	426×18	386	670	585	385	175	280	137	505	66	57	62	30	16	M39×3×235	390
环连接型	4.0	400	426×14	398	660	585	380	175	260	139	500	67	50	59	30	16	M36×3×235	338
	4.0	450	480×14	448	685	610	390	175	270	143	513	69	54	63	30	20	M36×3×240	374
	6.3	400	426×18	386	670	585	385	175	280	150	505	74	62	70	30	16	M39×3×260	413

注：1. 对部分不推荐采用的尺寸没摘进附录1表3和表4中（如公称直径400mm，600mm），若需采用可查取标准原文。

2. 附录1表3和表4的尺寸符号含义可参考附录1图2。

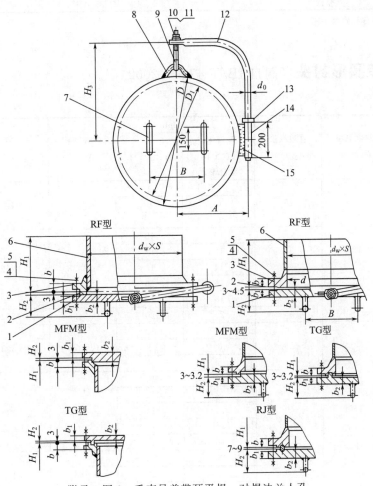

附录1图2　垂直吊盖带颈平焊、对焊法兰人孔

件号	标准号	名称	数量	材料					
				类别代号					
				V	VI	VII	VIII	IX	X
1		筒节	1	20R		16MnDR	16MnR		15CrMoR
2	HG/T 20613	螺柱		35	40Cr	35CrMoA	35	40Cr	35CrMoA
3	HG/T 20613	螺母		25	45	30CrMoA	25	45	30CrMoA
4	HG/T 20595	法兰	1	20(锻)		16MnD(锻)	16MMn(锻)		15CrMo(锻)
5	HG/T 20606 ~20612	垫片	1	石棉橡胶板,柔性石墨复合垫,聚四氟乙烯包覆垫		缠绕垫,金属环垫	石棉橡胶板,柔性石墨复合垫,聚四氟乙烯包覆垫		缠绕垫,金属环垫
6	HG/T 20601	法兰盖	1	20R		16MnDR 16MnD(锻)	16MnR		15CrMoR
7		把手	1	Q235-A F					
8		吊环	1	Q235-A F					
9		吊钩	1	Q235-A F					
10	GB 41	螺母	2	4级					
11	GB 95	垫圈	1	100HV					
12		转臂	1	Q235-A F					
13		环	1	Q235-A F					
14		无缝钢管	1	20					
15		支撑板	1	Q235-A F					

注：件号、名称见附录1图2。

附录 2　椭圆形封头（摘自 JB/T 4746—2002）

公称直径 DN/mm	曲面高度 h₁/mm	直边高度 h₂/mm	厚度 δ/mm		内表面积 A/m²	容积 V/m³	质量 m/kg
			碳素钢、低合金钢、复合钢板	高合金钢板			
500	125	25	4	4	0.3103	0.0123	9.62
			6	6			14.57
			8	8			19.61
		40	10	10	0.3338	0.0242	26.62
			12	12			32.23
			14	14			37.92
			16	16			43.72
			18	18			49.61
		50	20	20	0.3495	0.0262	58.16
600	150	25	4	4	0.4374	0.0353	13.52
			6	6			20.44
			8	8			27.47
		40	10	10	0.4656	0.0396	36.86
			12	12			44.56
			14	14			52.37
			16	16			60.29
			18	18			68.33
		50	20	20	0.4845	0.0424	79.54
			22	22			88.12
			24	24			96.82

公称直径 DN/mm	曲面高度 h_1/mm	直边高度 h_2/mm	厚度 δ/mm		内表面积 A/m²	容积 V/m³	质量 m/kg
			碳素钢、低合金钢、复合钢板	高合金钢板			
650	162	25	4	4	0.5090	0.0442	15.72
			6	6			23.75
			8	8			31.89
		40	10	10	0.5397	0.0492	42.59
			12	12			51.46
			14	14			60.45
			16	16			69.56
			18	18			78.80
		50	20	20	0.5601	0.0525	91.46
			22	22			101.27
			24	24			111.22
700	175	25	4	4	0.5861	0.0545	18.07
			6	6			27.30
			8	8			36.64
		40	10	10	0.6191	0.0603	48.73
			12	12			58.86
			14	14			69.11
			16	16			79.49
			18	18			90.01
		50	20	20	0.6411	0.0641	104.20
			22	22			115.34
			24	24			126.61
800	200	25	4	4	0.7566	0.0796	23.29
			6	6			35.14
			8	8			47.13
		40	10	10	0.7943	0.0871	62.26
			12	12			75.14
			14	14			88.16
			16	16			101.33
			18	18			114.64
		50	20	20	0.8194	0.0922	132.15
			22	22			146.17
			24	24			166.34
900	225	25	4	4	0.9487	0.1113	29.16
			6	6			43.97
			8	8			58.93
		40	10	10	0.9911	0.1209	77.42
			12	12			93.39
			14	14			109.51
			16	16			125.79
			18	18			142.24
		50	20	20	1.0194	0.1272	163.39
			22	22			180.62
			24	24			198.03

公称直径 DN/mm	曲面高度 h_1/mm	直边高度 h_2/mm	厚度 δ/mm 碳素钢、低合金钢、复合钢板	高合金钢板	内表面积 A/m²	容积 V/m³	质量 m/kg
1000	250	25	4	4	1.1625	0.1505	35.68
			6	6			53.78
			8	8			72.05
		40	10	10	1.2096	0.1623	94.24
			12	12			113.61
			14	14			133.16
			16	16			152.89
			18	18			172.79
		50	20	20	1.2411	0.1702	197.91
			22	22			218.69
			24	24			239.66
			26	—			260.80
1200	300	25	—	5	1.6652	0.2545	63.52
			6	6			76.37
			8	8			102.34
		40	10	10	1.7117	0.2714	132.79
			12	12			159.97
			14	14			187.37
			16	16			214.97
			18	18			242.78
		50	20	20	1.7494	0.2827	276.83
			22	22			305.68
			24	24			334.75
			—	26			364.04
1400	350	25	6	6	2.2346	0.3977	102.91
			8	8			137.69
		40	10	10	2.3005	0.4202	177.92
			12	12			214.23
			14	14			250.78
			16	16			287.57
			18	18			324.61
		50	20	20	2.3445	0.4362	368.90
			22	22			407.14
			24	24			445.63
			26	—			484.37
1600	400	25	6	6	2.9007	0.5864	133.39
			8	8			178.40
		40	10	10	2.9761	0.6166	229.63
			12	12			276.37
			14	14			323.40
			16	16			370.70
			18	18			418.27
		50	20	20	3.0263	0.6367	474.12
			22	22			523.06
			24	24			572.29
			26	—			621.80

公称直径 DN/mm	曲面高度 h_1/mm	直边高度 h_2/mm	厚度 δ/mm 碳素钢、低合金钢、复合钢板	高合金钢板	内表面积 A/m²	容积 V/m³	质量 m/kg
1800	450	25	8	8	3.6535	0.8270	224.36
		40	10	10			287.91
			12	12			346.41
			14	14	3.7383	0.8652	405.22
			16	16			464.35
			18	18			523.78
		50	20	20			592.50
			22	22	3.7949	0.8906	653.46
			24	24			714.74
			26	—			838.24
2000	500	25	8	8	4.4930	1.1257	275.59
		40	10	10			352.77
			12	12			424.34
			14	14	4.5873	1.1729	496.26
			16	16			568.52
			18	18			641.12
		50	20	20			724.02
			22	22			798.32
			24	24	4.6501	1.2043	872.96
			26	—			947.96
			30	—			1098.99
2200	550	25	8	8	5.4193	1.4889	332.09
			9	9			374.01
		40	10	10			424.21
			12	12			510.17
			14	14	5.5229	1.5459	596.50
			16	16			683.21
			18	18			770.29
		50	20	20			868.70
			22	22			975.65
			24	24	5.5921	1.5839	1046.98
			26	—			1136.68
			30	—			1317.24
2500	625	40	10	10			543.69
			12	12			653.70
			14	14	5.5229	1.5459	764.12
			16	16			874.97
			18	18			986.26
		50	20	20			1110.39
			22	22			1223.77
			24	24	5.5921	1.5839	1337.59
			26	—			1451.83
			30	—			1681.61
2800	450	40	12	12			814.98
			14	14	8.8503	3.1198	953.46
			16	16			1090.42
			18	18			1228.85

公称直径 DN/mm	曲面高度 h_1/mm	直边高度 h_2/mm	厚度 δ/mm 碳素钢、低合金钢、复合钢板	厚度 δ/mm 高合金钢板	内表面积 A/m^2	容积 V/m^3	质量 m/kg
2800	450	50	20	20	8.9383	3.1814	1381.66
			22	22			1522.45
			24	24			1663.71
			26				1805.45
			28				1947.67
			30				1090.38

注：1. 本标准所列封头公称直径从 $DN300\sim DN6000$，这里只摘选常用的公称直径范围，且每一种公称直径下部分封头的壁厚没全列出，涉及其他厚度的封头只有重量参数不同，可以按比例换算出。

2. 封头公称直径标准从 $DN300\sim DN800$ 内每增加 50mm 为一档，$DN800\sim DN6000$ 内每增加 100mm 为一档。

3. 内径为1600mm，名义厚度为18mm，材质为16MnR的椭圆形封头。标记：椭圆封头 $DN1600\times18$-16MnR JB/T 4746—2002。

附录3 输送流体用无缝钢管常用规格品种

壁厚/mm，钢管理论质量/(kg/m)

公称直径 DN/mm	外径 /mm	1.0	2.0	2.5	3.0	3.5	4.0	4.5	5.0	6.0	8.0	10	12	15	18	20
	10	0.222	0.395	0.462	0.518	0.561										
10	14	0.321	0.592	0.709	0.814	0.906	0.986									
15	18	0.419	0.789	0.956	1.11	1.25	1.38	1.50	1.60							
	19	0.444	0.838	1.02	1.18	1.34	1.48	1.61	1.73	1.92						
	20	0.469	0.888	1.08	1.26	1.42	1.58	1.72	1.97	2.07						
20	25	0.592	1.13	1.39	1.63	1.86	2.07	2.28	2.47	2.81						
25	32	0.715	1.48	1.82	2.15	2.46	2.76	3.05	3.33	3.85	4.74					
32	38	0.912	1.78	2.19	2.59	2.98	3.35	3.72	4.07	4.74	5.92					
	42	1.01	1.97	2.44	2.89	3.32	3.75	4.16	4.56	5.33	6.71					
40	45	1.09	2.12	2.62	3.11	3.57	4.04	4.49	4.93	5.77	7.30	8.63				
	50			2.93	3.48	4.01	4.54	5.05	5.55	6.51	8.29	9.86				
50	57			3.36	4.00	4.62	5.23	5.82	6.41	7.55	9.67	11.59	13.32			
	70				4.96	5.74	6.51	7.27	8.01	9.47	12.23	14.82	17.16	20.35		
65	76				5.40	6.26	7.10	7.93	8.75	10.36	13.42	16.28	18.94	22.57	25.75	
80	89				6.36	7.38	8.38	9.38	10.36	12.28	15.98	19.48	22.79	27.37	31.52	34.03
100	108				7.77	9.02	10.26	11.49	12.70	15.09	19.73	24.17	28.41	34.40	39.95	43.40
	127						12.13	13.59	15.04	17.09	23.48	28.85	34.03	41.43	48.39	52.78
125	133				9.62	11.18	12.73	14.26	15.78	18.79	24.66	30.33	35.81	43.56	51.05	55.73
150	159					13.51	15.39	17.15	18.99	22.64	29.79	36.75	43.50	53.27	62.59	68.56
175	194								23.31	27.82	36.70	45.38	53.86	66.22	78.13	85.28
200	219									31.52	41.63	51.54	61.26	75.46	89.23	98.15
225	245										46.76	57.95	68.95	83.08	100.8	111.0
250	273										52.28	64.86	77.24	95.44	113.2	124.8
300	325										62.54	77.68	92.63	114.7	136.3	150.4
350	377											90.51	108.02	133.9	159.4	176.1
400	426											102.6	122.5	152.1	181.1	200.3
	450											108.5	130.6	160.9	191.8	212.1
450	480											115.9	139.5	172.0	205.1	226.9
	500											120.8	145.4	179.4	214.0	236.7
500	530											128.2	154.3	190.5	227.3	251.5

附录4 填料吸收塔工艺条件图示例

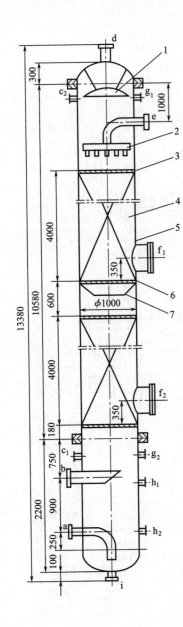

技术特性表

序号	名称	指标
1	操作压强	0.8MPa
2	操作温度	40℃
3	工作介质	交换气乙醇水
4	填料型式	阶梯环
5	塔径	1m
6	填料高度	2m

接管表

符号	公称尺寸	连接方式	用途
a	100		富液处口
b	200		气体进口
$c_{1,2}$	40		测温口
d	200		气体出口
e	100		贫液进口
$f_{1,2}$	400		人孔
$g_{1,2}$	25		测压口
$h_{1,2}$	25		液面计接口
i	50		排液口

序号	图号	名称	数量	材料	备注
7		再分布器	1		
6		填料支承板	2		
5		塔体	1		
4		塔填料	1		
3		床层限制板	2		
2		液体分配器	1		
1		除沫器	1		
		学校 系 专业化工原理课程设计			

职务	签名	日期	二氧化碳吸收塔
设计			工艺条件图
制图			
审核			比例

附录5   双溢流浮阀精馏塔工艺条件图示例

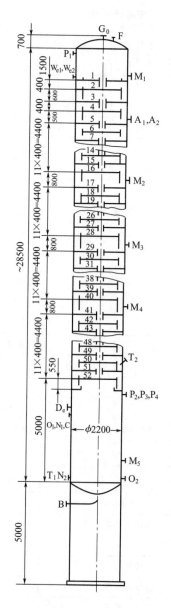

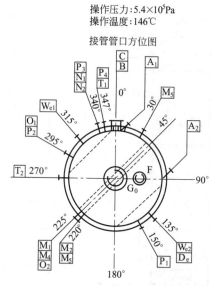

操作压力:5.4×10⁵Pa
操作温度:146℃

接管管口方位图

注:其余的辅助接管由机械设计酌定

接管符号	说明	公称直径	尺寸
C	氮气进口管	φ25	φ32×2.5
O₂	液位调节接管	φ80	φ89×3.5
O₁	液位调节接管	φ25	φ32×2.5
N₁,N₂	液位指示接管	φ25	φ32×2.5
T₁,T₂	测温接管	φ25	φ32×2.5
M₁~M₅	人孔	φ500	
P₁~P₄	测压接管	φ25	φ32×2.5
F	排气管	φ50	φ57×2.5
B	釜底釜液出口管	φ300	φ325×8
Dₑ	塔底直接蒸汽进口管	φ400	φ426×9
A₁,A₂	料液进口管	φ100	φ108×4
G₀	塔顶气体出口管	φ300	φ325×8
Wₑ₁,Wₑ₂	塔顶水进口管	φ80	φ89×3.5
接管符号	说明	公称直径	尺寸
浮阀精馏塔工艺条件图			
设计者	指导者	(日期)	班号	备注

附录6 浮阀精馏塔工艺条件图示例

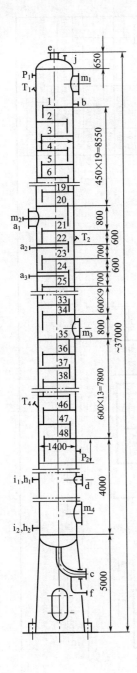

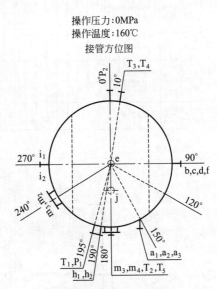

操作压力:0MPa
操作温度:160℃
接管方位图

注:其余的辅助接管由机械设计酌定

接管符号	说明	公称直径	尺寸
$T_{1\sim5}$	测温接管	$\phi25$	$\phi32\times3$
$P_{1,2}$	测压接管	$\phi25$	$\phi32\times3$
$m_{1\sim4}$	人孔	$\phi600$	
j	排空管	$\phi50$	$\phi57\times3.5$
$i_{1,2}$	自控液位接管	$\phi25$	$\phi32\times3$
$h_{1,2}$	液位指示接管	$\phi20$	$\phi25\times3$
f	排液管	$\phi80$	$\phi89\times5$
e	塔顶蒸汽出口管	$\phi300$	$\phi377\times10$
d	塔顶蒸汽返回接管	$\phi300$	$\phi377\times10$
c	釜液循环管	$\phi89$	$\phi89\times5$
b	回流接管	$\phi89$	$\phi89\times5$
$a_{1\sim3}$	进料管	$\phi133$	$\phi133\times6$
接管符号	说明	公称直径	尺寸
浮阀精馏塔工艺条件图			
设计者	指导者	(日期)	班号	备注

附录 7　精馏工艺流程图示例

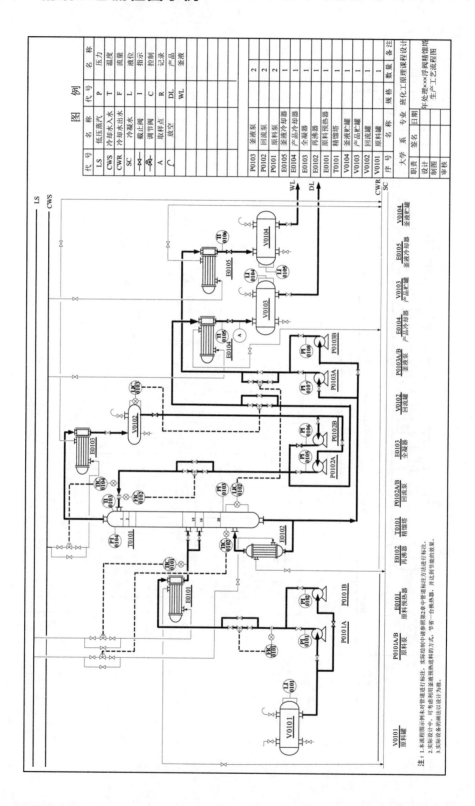

附录8 吸收工艺流程图示例

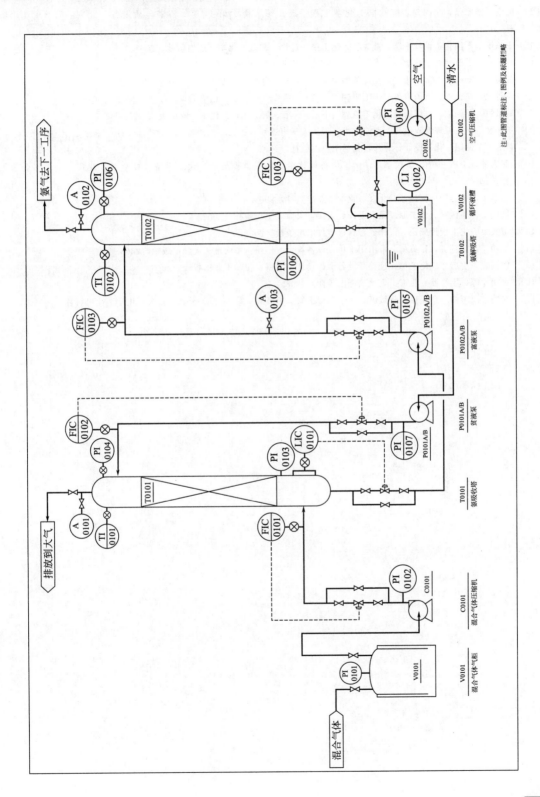

参 考 文 献

［1］ 时钧，汪家鼎，余国琮，陈敏恒．化学工程手册．第2版．第1篇．化工基础数据．北京：化学工业出版社，1996.

［2］ 时钧，汪家鼎，余国琮，陈敏恒．化学工程手册．第2版．第14篇．汽液传质设备．北京：化学工业出版社，1996.

［3］ 王松汉．石油化工设计手册．第3卷．化工单元过程．北京：化学工业出版社，2002.

［4］ 卢焕章等．石油化工基础数据手册．北京：化学工业出版社，1982.

［5］ 陈英南，刘玉兰．常用化工单元设备的设计．上海：华东理工大学出版社，2005.

［6］ 陈敏恒，丛德滋，方图南等．化工原理（上册）．第3版．北京：化学工业出版社，2006.

［7］ 陈敏恒，丛德滋，方图南等．化工原理（下册）．第3版．北京：化学工业出版社，2006.

［8］ 王国胜．化工原理课程设计．大连：大连理工大学出版社，2006.

［9］ 黄璐，王保国．化工设计．北京：化学工业出版社，2002.

［10］ 路秀林，王者相等．塔设备∥《化工设备设计全书》编辑委员会．化工设备设计全书．北京：化学工业出版社，2004.

［11］ 董其伍，张垚等．换热器．北京：化学工业出版社，2009.

［12］ 贾绍义，柴诚敬．化工原理课程设计．天津：天津大学出版社，2002.

［13］ 黄文焕．化工设计概论．吉林：吉林科学技术出版社，2008.

［14］ 李功样，陈兰英，崔英德．常用化工单元设备设计．广州：华南理工大学出版社，2003.

［15］ 匡国柱，史启才．化工单元过程及设备课程设计．北京：化学工业出版社，2008.

［16］ 金国淼等．干燥器．北京：化学工业出版社，2008.

［17］ 时钧、汪家鼎、余国琮、陈敏恒．化学工程手册．第2版．第17篇．干燥．北京：化学工业出版社，1996.